Ernst-Erich Doberkat
Python 3
De Gruyter Studium

Weitere empfehlenswerte Titel

Informatik, 2. Auflage
T. Häberlein, 2016
ISBN 978-3-11-049686-4, e-ISBN (PDF) 978-3-11-049687-1,
e-ISBN (EPUB) 978-3-11-049569-0

Analyse und Design mit der UML 2.5, 11.Auflage
B. Oestereich, A. Scheithauer, S. Bremer, 2014
ISBN 978-3-486-72140-9

C-Programmieren in 10 Tagen
J. P. Gehrke, P. Köberle, C. Tenten, 2018
ISBN 978-3-11-048512-7, e-ISBN (PDF) 978-3-11-049476-1,
e-ISBN (EPUB) 978-3-11-048629-2

Web Applications with Javascript or Java, Volume 1
G. Wagner, M. Diaconescu, 2017
ISBN 978-3-11-049993-3, e-ISBN 978-3-11-049995-7,
e-ISBN (EPUB) 978-3-11-049724-3

Web Applications with Javascript or Java, Volume 2
G. Wagner, M. Diaconescu, 2017
ISBN 978-3-11-050024-0, e-ISBN 978-3-11-050032-5,
e-ISBN (EPUB) 978-3-11-049756-4

Ernst-Erich Doberkat

Python 3

Ein Lern- und Arbeitsbuch

DE GRUYTER
OLDENBOURG

Autor
Prof. Dr. Ernst-Erich Doberkat
Technische Universität Dortmund
Fakultät für Informatik und Fakultät für Mathematik
Otto-Hahn-Str. 12
44227 Dortmund
eed@doberkat.de

ISBN 978-3-11-054412-1
e-ISBN (PDF) 978-3-11-054413-8
e-ISBN (EPUB) 978-3-11-054458-9

Library of Congress Control Number: 2018936204

Bibliografische Information der Deutschen Nationalbibliothek
Die Deutsche Nationalbibliothek verzeichnet diese Publikation in der Deutschen
Nationalbibliografie; detaillierte bibliografische Daten sind im Internet über
http://dnb.dnb.de abrufbar.

© 2018 Walter de Gruyter GmbH, Berlin/Boston
Umschlaggestaltung: Autor
Satz: le-tex publishing services GmbH, Leipzig
Druck und Bindung: CPI books GmbH, Leck

www.degruyter.com

Inhalt

VIII — Inhalt

Einführung

Bei einem Besuch in Catania hatte ich gerade in einigen Antiquariaten vergeblich nach Büchern gesucht, die den Ursprung des mittelalterlichen Namens *Trinacia* für Sizilien erklären, und vermutlich dabei einige Antiquare mit meinen Fragen zur Verzweiflung gebracht. Auf dem Weg zu Freunden kam ich an der größten Buchhandlung der Stadt vorbei, und da ich allem widerstehen kann, nur keiner ordentlichen Versuchung, ging ich hinein, um ein wenig zu stöbern. In der Ecke mit den Computerbüchern sah ich es dann, ein großes Plakat

> Lerne[1] heute noch **PYTHON**, die Sprache, in der die NASA und Google
> ihre Programme schreiben!

Ich wollte das so ein- und nachdrücklich angekündigte Buch dann kaufen. Aber, leider, andere Leser waren mir zuvorgekommen und programmieren jetzt vermutlich für die NASA oder Google, wer weiß. Das Buch aber war ausverkauft, schade, wieder eine Chance vertan.

Dieses Buch ist ein Lern- und Arbeitsbuch zu Python 3. Es soll Lesern, die bereits einige Kenntnisse der Programmierung in einer prozeduralen oder einer objekt-orientierten Sprache haben, den Einstieg in Python erleichtern. Es ist jedoch kein Handbuch der Sprache, hierzu sei auf das Literaturverzeichnis am Ende des Buches, vor allem auf [1, 2, 11, 13][2] verwiesen. Weil es kein Handbuch ist, werden Funktionen, Module oder Bibliotheken nicht immer vollständig beschrieben. So werden gelegentlich nur diejenigen Optionen für die Parameterliste einer Funktion angegeben und besprochen, die für die Lösung des gerade zu lösenden Problems relevant sind, und es werden bei importierten Modulen nicht immer alle Möglichkeiten angeführt, die der Modul sonst noch bietet. Ich bin mit gutem Gewissen so vorgegangen, weil die Dokumentation zu Python im Netz bemerkenswert vielfältig und vollständig ist, zudem gibt es eine reichhaltige Auswahl von Diskussionsforen, die mehr Antworten bereithalten, als man Fragen hat.

Der Schwerpunkt des vorliegenden Buchs liegt auf der Nutzung der Sprache für unterschiedliche Problemstellungen innerhalb wie außerhalb der Algorithmik [12]. Wir[3] zeigen, wie Python für die Formulierung klassischer Algorithmen verwendet wer-

---

1 Das *Du* springt mich unvermutet an, wie das Schlagloch einen Autoreifen. Aber in einer fremden Sprache ist man halt zu Gast ...

2 Zahlen in eckigen Klammern verweisen auf das Literaturverzeichnis am Ende des Buchs.

3 Das Wir ist kein *pluralis maiestatis* (dann hätte ich es auch groß geschrieben). Ich zitiere W. G. Bloch, der in seinem schönen Buch über die mathematischen Ideen des argentinischen Schriftstellers J. L. Borges in einer ähnlichen Situation schreibt: „This should not be construed as a ‚royal we.' It has been a construct of the community of mathematicians for centuries and it traditionally signifies two ideas: that ‚we' are all in consultation with each other through space and time, making use of

https://doi.org/10.1515/9783110544138-001

den kann, wie sich die Sprache zum Prototyping für Algorithmen eignet, aber auch, wie vielfältige praktische Problemstellungen mit den Werkzeugen der Sprache bewältigt werden können. Das reicht von der Bearbeitung von Videodateien über symbolisches Rechnen bis hin zum Zugriff auf Dateien im Web.

Den weiten Bereich des *data mining* [19] und des Maschinellen Lernens [20] habe ich jedoch ausgeklammert. Das liegt zum einen daran, dass ich auf diesen umfangreichen Gebieten keine praktische Erfahrung habe, zum anderen aber eben an ihrem Umfang. Ich verweise lieber auf die wachsende Spezialliteratur auf diesem Gebiet, statt eine notwendig an der Oberfläche bleibende Einführung zu geben. Der Hinweis sei jedoch gestattet, dass eine Einführung in Python sicherlich beim Einarbeiten in diese Themen hilft.

Übersicht über die Kapitel

Es folgt ein kurzer Überblick über den Inhalt der einzelnen Kapitel.

Ein erstes Beispiel

In Kapitel 1 diskutieren wir ein erstes Beispiel, nämlich die Implementierung der Fibonacci-Zahlen. Diese Zahlen, deren rekursive Definition wohlbekannt ist, werden rekursiv implementiert, mit einer Implementation freilich, die von der gängigen, die die Definition direkt überträgt, abweicht. Wir zeigen, dass diese Implementierung korrekt ist und leiten auf diese Weise eine Diskussion elementarer Kontrollstrukturen ein. Damit stehen bereits elementare Funktionen zur Verfügung, mit denen man jetzt schon eine ganze Menge anfangen kann. Das zeigen die Aufgaben zu diesem Kapitel.

Eine interaktive Umgebung

In Kapitel 2 wird eine interaktive Programmierumgebung eingeführt. Das führt unmittelbar zu der Frage, welche der zahlreichen verfügbaren Implementierungen von Python verwendet werden sollten. Ich mache hier eigentlich keine Vorgaben. Vielmehr habe ich bei der Formulierung der Programme für dieses Buch gefunden, dass die ANACONDA-Umgebung recht praktisch ist, weil sie einmal eine Umgebung wie etwa SPYDER einführt, zum anderen einen komfortablen Interpreter enthält und zum dritten mit den JUPYTER-Notebooks die Möglichkeit eröffnet, Code und Dokumentation gemeinsam zu entwickeln, also die alte, schöne, auf D. Knuth zurückgehende Idee des *literate programming* zu realisieren. Die verwendete Programmierumgebung bleibt je-

---

each other's insights and ideas to advance the ongoing human project of mathematics, and that ‚we' – the author and reader – are together following the sequences of logical ideas that lead to inexorable … conclusions." [3, S. 19] Als Informatiker sind wir an konstruktiven Ideen interessiert, sodass wir uns dieses Argument ausleihen können.

doch ganz deutlich im Hintergrund, ich gebe hier einige Hinweise auf die Verwendung der iPython-Variante, die im interaktiven Modus einige komfortable Möglichkeiten bietet. Die Umgebung sollte die Möglichkeit bieten, Module und Pakete auf komfortable Art zu importieren; dies ist bei allen Umgebungen, die ich betrachtet habe, der Fall. Daher möchte ich von der verwendeten Umgebung wenig Aufhebens machen und sie so verwenden, wie ich es getan habe, mit dem Hinweis, dass die Programme sämtlich unter WINDOWS wie unter MAC OS laufen; für (andere) LINUX-Implementierungen kann ich keine Gewissheit bieten, weil ich sie nicht probiert habe.

Elementare Datentypen

In Kapitel 3 werden dann nun endlich die elementaren Datentypen der Sprache diskutiert, zunächst die bekannten primitiven Typen, dann aber auch sequenzielle Typen, die zentral für die Verwendung von Python sind. Das Kapitel dient auch als Katalog für diese Operationen. Es ergeben sich einige Fragen zur Reihenfolge der Auswertung, die hier beantwortet werden. Dann tauchen wir in ein umfangreicheres Beispiel ein, wir zeigen nämlich, wie der abstrakte Datentyp *Prioritätswarteschlange* mit den hier bereits zur Verfügung stehenden Hilfsmitteln realisiert werden kann. Das führt dann recht schnell zur Datenstruktur *Heap*, einer impliziten Datenstruktur, die üblicherweise in prozeduralen Sprachen durch Felder realisiert wird, hier jedoch durch Lexika, und gibt uns ohne großen Aufwand den Sortieralgorithmus *Heapsort*. Er wird diskutiert, obgleich natürlich Python einen schnellen Sortieralgorithmus zur Verfügung stellt. Der Grund für die Diskussion von Heapsort liegt jedoch darin, die Datenstruktur verwendbar zu machen und prototypisch zu zeigen, wie ein wichtiger Sortieralgorithmus realisiert werden kann, in Python, C++, Java, oder welcher Sprache auch immer.

Es zeigt sich an diesem Beispiel, dass sich Python gut dazu eignet, Algorithmen prototypisch zu realisieren, also eine Art Machbarkeitsstudie durchzuführen, die dann entweder in eine effizientere Implementierung in einer anderen Sprache einmünden kann, oder aber die vorgelegte Implementierung beibehält, wenn sie den Ansprüchen an die Laufzeit oder andere Qualitäten wie etwa die Generalisierung und Wartbarkeit erfüllen.

Funktionen

Das Kapitel 4 diskutiert Funktionen und einige der damit zusammenhängenden Fragen. Dies betrifft *Namensräume*, also eine Abstraktion für die Lokalität von Variablen, und damit verbunden die Suchstrategie, die zur Anwendung kommt, wenn ein Name im Rumpf einer Funktion verwendet wird. Auf der anderen Seite sind Funktionen Objekte mit Bürgerrechten erster Klasse, sie können also auf der rechten Seite einer Zuweisung auftauchen oder als Resultat eines Funktionsaufrufs, und sie können als Parameter an andere Funktionen übergeben werden. Ein Teil der programmiersprachlichen Kraft von Python beruht auf diesen Bürgerrechten. Gleichwohl sind mit der Parameterübergabe einige Fragen verbunden, die geklärt werden müssen. Wir finden –

wieder wie in funktionalen Sprachen – anonyme Funktionen, und wir finden eine sehr bequeme Art von Koroutinen, die hier *Generatoren* genannt werden und die im Zusammenhang mit Funktionen gegen Ende des Kapitels ebenfalls besprochen werden.

Module, Dateien und anderen Überlebenshilfen

In Kapitel 5 finden wir dann eine Diskussion von Modulen, Dateien und anderen Rettungsringen, die für die Konstruktion größerer Programme so hilfreich sind. Zum einen wird der Import von Modulen besprochen, und es wird gezeigt, wie eigene Module definiert werden können. Eng damit verbunden sind Fragen der Ein- und Ausgabe, die durch Dateien geregelt werden, hier behandeln wir nicht nur Text-Dateien, auch binäre Dateien werden eingeführt. Mit ihnen können strukturierte Daten auf überraschend einfache Art und Weise geschrieben und gelesen werden. Ein wichtiges Hilfsmittel ist der Umgang mit praktischen, direkt handhabbaren grafischen Werkzeugen, und wir diskutieren ein leicht zugängliches Grafikpaket, mit dem aber schon erstaunlich viele Dinge erledigt werden können. Ebenfalls sind gelegentlich Zugriffe auf das Betriebssystem und seine Dateien notwendig, auch das wird in diesem Kapitel kurz diskutiert, und wir gehen schließlich auf das Lesen formatierter Daten ein, also auf spezielle Formate (csv, JSON, XML).

Muster in Zeichenketten

Ein nicht unbeträchtlicher Teil der Attraktivität von Python beruht darauf, dass Texte recht einfach manipuliert werden können. Das liegt daran, dass Muster in Zeichenketten unkompliziert spezifiziert werden können. Das ist das Thema in Kapitel 6, das sich der Spezifikation von Mustern mit regulären Ausdrücken widmet. Es findet sich in diesem Kapitel eine Diskussion von Operationen auf Mustern und auf regulären Ausdrücken, und wir zeigen an einem kleinen Beispiel, nämlich der Verarbeitung einer Textdatei, wie sie typischerweise im LaTeX-Rahmen auftaucht, auf welche Weise man diese Muster gewinnbringend einsetzen kann.

Klassen

Python gilt als objektorientierte Sprache, und die Konstruktion von Klassen steht in Kapitel 7 auf dem Programm. Wir diskutieren zunächst die Konstruktion und die Instanziierung von Klassen, gehen dabei auch auf Spezialfälle wie etwa statische Methoden oder Klassenmethoden ein, und vertiefen das am Beispiel von Listen als Prioritätswarteschlange, die jetzt als Klassen realisiert werden können. Aus naheliegenden Gründen stellt sich die Frage nach der Vererbung, hier wird der Mechanismus der einfachen Vererbung diskutiert. Python unterstützt zwar die mehrfache Vererbung, also die Möglichkeit, dass eine Klasse mehrere nicht miteinander in Beziehung stehende Oberklassen hat. Wir beschränken uns jedoch hier auf die einfache Vererbung. Zum einen, weil wir die Erfahrung gemacht haben, dass die einfache Vererbung konzeptionell schon kompliziert genug ist, aber für die Praxis in ihrer Mächtigkeit vollständig ausreicht, zum zweiten aber auch, um die Darstellung nicht zu überlasten mit eher randständigen Themen, die später auch keine Rolle mehr spielen werden.

Es ergeben sich unmittelbar Fragen der Typisierung, die dadurch zugespitzt werden, dass man Klassen zum Beispiel auch als Resultate von Funktionen erhalten kann, dass Klassen also ebenfalls Bürgerrechte erster Klasse besitzen. Das Stichwort, dass in diesem Zusammenhang gelegentlich fällt, ist das der *Metaklasse*. Diese Konstruktion wird hier kurz angesprochen und durch Beispiele erläutert, es wird gezeigt, dass es sich um eine zwar exotische, aber konsistente und klare Konstruktion handelt, auch wenn sie nicht im Vordergrund der weiteren Diskussion stehen wird. Metaklassen sind ein wichtiges Beispiel für die programmiersprachliche Konzeption von Python, deshalb werden sie hier eingeführt. Das Typparadigma, mit dem Python arbeitet, wird mitunter als *duck typing* oder als *dynamisches Binden* gekennzeichnet. Damit befasst sich der letzte Abschnitt in diesem Kapitel.

Ausnahmen
Kapitel 8 widmet sich der Ausnahmebehandlung. Die entsprechenden Mechanismen, die sich auf den ersten Blick von denen in Java wenig unterscheiden, werden hier eingeführt und diskutiert. Wie in Java sind Ausnahmen Objekte, also Instanzen von Klassen, sodass es möglich ist, auch Ausnahmen selbst zu definieren und in der Klassenhierarchie zu installieren. Python bietet zudem einen recht flexiblen Mechanismus für Zusicherungen, der dazu verwendet werden kann, Bedingungen an die Parameter einer Funktion oder Methode zu formulieren oder auch Bedingungen über den Rückgabewert zu spezifizieren. Der Mechanismus stellt kein Laufzeitkonzept dar, er ist hier wesentlich weiter gefasst. Er wird ebenfalls in diesem Kapitel diskutiert. Ausnahmen laufen in bestimmten Kontexten ab, die durch `try...finally` geklammert sind. Diese *Kontexte* werden syntaktisch in diesem Abschnitt eingeführt und genauer betrachtet. Sie erweisen sich in einem größeren Zusammenhang als nur dem der Behandlung von Ausnahmen als kompaktes Ausdrucksmittel: Kontexte lassen sich etwa dann sinnvoll verwenden, wenn man Dateien öffnen und schließen möchte oder dann, wenn es darum geht, Webseiten zu analysieren.

Damit ist die Einführung der Sprachelemente im Wesentlichen abgeschlossen, sodass wir uns daran machen können, einige Beispiele im Detail zu diskutieren.

Beispiele
In Kapitel 9 wird eine Galerie von Anwendungen präsentiert, es werden einige Klassiker in Python formuliert. Dazu gehört der *Algorithmus von Kruskal* zur Bestimmung minimaler Gerüste in einem ungerichteten Graphen, dazu gehören *Cliquen in ungerichteten Graphen*, ebenfalls die *Huffman-Verschlüsselung* und auch die *Mustererkennung mit Automaten*. Dieser letzte Punkt mag ein wenig überraschend erscheinen, da wir ja in einem der vorhergehenden Kapitel reguläre Ausdrücke behandelt haben. In diesem

Abschnitt geht es jedoch eher darum, prototypisch zu zeigen, wie diese Mustererkennung algorithmisch realisiert wird, es wird also überlegt, wie ein entsprechender Automat konstruiert werden kann. Zum Vergleich betrachten wir auch Implementierungen in Haskell und in Java, um die Unterschiede zwischen diesen Sprachen deutlich hervortreten zu lassen. Der Vergleich mit Java liegt fast auf der Hand, weil es sich auch hier um eine objektorientierte Sprache handelt. Es stellt sich jedoch heraus, dass die Implementierung in Java wesentlich umfangreicher und ins Einzelne gehend ist als die in Python, was auch daran liegt, dass die zugrunde liegende Maschinerie bereits in den Sprachelementen von Python gefunden werden kann, während man sie sich in Java erst mühsam erarbeiten muss.

Das Kapitel wird eingeleitet mit einem Abschnitt über die Behandlung von Fotos, es wird gezeigt, wie man etwa das Entstehungsdatum einer Fotografie ermitteln kann, und ein kleiner Spaziergang gibt einen Einblick in die Manipulation von Bilddateien.

Symbolisches Rechnen in Python

In Kapitel 10 wechseln wir ziemlich nachdrücklich die Bühne: Statt Klassiker der Algorithmik behandeln wir in diesem Kapitel das Symbolische Rechnen in Python, besprechen also die Benutzungsschnittstelle zu einem Formelmanipulationssystem. Das ist für eine Sprache, die sich zu den *general purpose languages* rechnet, einigermaßen ungewöhnlich. Es ist andererseits aber auch sehr praktisch, weil man in einem einzigen sprachlichen Ansatz symbolische und numerische Zugänge vereinigen kann. Es ist also möglich, ohne Medienbrüche zwischen symbolischer und numerischer Behandlung von Problemen hin und her zu schalten. Das wird in diesem Kapitel diskutiert: Es geht von Expansionen und Substitutionen in algebraischen Ausdrücken zum Lösen von Gleichungen und zu trigonometrischen Vereinfachungen, die Infinitesimalrechnung, also die Differenzial- und Integralrechnung, darf nicht fehlen, den Abschluss bildet die Bestimmung von Eigenwerten für Matrizen.

Manipulation von Video-Dateien

In Kapitel 11 widmen wir uns der Manipulation von Video-Dateien, wechseln also wieder ziemlich deutlich unsere Bezugsebene. Das zeigt, wie breit die Sprache eingesetzt werden kann. Es wird hier gezeigt, wie man Videodateien bearbeitet, also schneidet, sie kombiniert, sie mit Audio-Dateien verbindet, gif-Dateien daraus erzeugt etc.

Der Besuch von Web-Seiten

Kann man Video-Dateien manipulieren, so möchte man sie auch aus dem Netz laden können. Und so machen wir uns Gedanken darüber, wie wir Webseiten aus dem Netz herunterladen und bearbeiten können. Diesem Aspekt ist das Kapitel 12 gewidmet. Wir sehen uns zuerst die Baumstruktur von HTML-Dateien an und zeigen, wie man in diesen Bäumen navigieren kann, bevor wir mit BeautifulSoup ein Paket diskutieren, das genau diesen Aspekt realisiert. Es wird also gezeigt, wie man mit diesem Paket in einer HTML-Datei navigiert, wobei auch CSS berücksichtigt wird. Die eigentliche Web-schnittstelle wird auch diskutiert, es wird gezeigt, woraus Cookies bestehen und was eigentlich ein Cookie-Glas ist, das leitet dann über zur Analyse von URLs.

Leichtgewichtige Prozesse

Das letzte Kapitel 13 ist leichtgewichtigen Prozessen gewidmet, also spezialisierten Aspekten der parallelen Programmierung. Python stellt leichtgewichtige und schwer-gewichtige Prozesse zur Verfügung. Wir vernachlässigen die Schwergewichte und kon-zentrieren uns auf ihre leichtgewichtigen Verwandten, auch, weil eine Diskussion der Netzwerkprogrammierung, ihrer Techniken und ihrer Probleme, den Rahmen dieser Darstellung sprengen würde. In diesem Kapitel betrachten wir einige klassische Pro-bleme, wie etwa das Problem der Konsumenten und Produzenten, führen die übli-chen Hilfsmittel wie Semaphore und bedingte Sperren ein, haben einen kurzen Blick auf Koroutinen, die gewissermaßen außer Konkurrenz behandelt werden, weil sie ja eigentlich in den prozeduralen Kontext gehören, und betrachten als abschließendes Problem die dinierenden Philosophen. Die Lösung dieses Problems wird in zwei Vari-anten vorgestellt.

Aufgaben

Die Aufgaben sind nicht, wie sonst üblich, im Anhang jeden Kapitels zu finden, ich habe sie vielmehr in einen Anhang am Ende des Buches delegiert. Ursprünglich hatte ich sie für jedes Kapitel einzeln konzipiert und aufgeschrieben, bis mir auffiel, dass man viele Aufgaben doch mit unterschiedlichen programmiersprachlichen Konstruk-ten auf unterschiedliche Weise lösen kann, viele Wege führen schließlich nach Rom. Um also den übergreifenden Charakter der Aufgaben zu betonen, habe ich einen einzi-gen Anhang daraus gemacht; Sie finden alle neunundneunzig Aufgaben in Anhang A ab Seite 273.

Es fällt der Leserin oder dem Leser vielleicht auf, dass dieses Buch nicht durch ei-ne CD mit den Programmtexten begleitet wird, und dass diese Texte auch nicht auf ei-ner Web-Seite verfügbar gemacht werden. Das ist Absicht: Statt Programmtexte zu ko-pieren, sollen sie abgeschrieben werden. Man lernt nämlich mehr dadurch und macht sich schneller mit den Ideen eines Programms oder auch nur eines Programm-Aus-schnitts vertraut. Der interpretative Zugang zu Python erleichtert das[4].

---

4 Hier sei eine persönliche Anmerkung eingefügt. Welche Programmiersprache verwendet man als Informatiker, wenn *man schnell etwas programmieren möchte*? Bei mir war es jahrzehntelang LISP, zumal der Editor EMACS auf dieser Sprache aufbaut und einen Interpreter gleich mitbringt. Übersetzte Sprachen mit starken Typsystem wie C++ oder Java fand ich wegen des einigermaßen umständlichen Editor-Compiler-Debug-Zyklus dafür immer zu umständlich. Haskell ist ganz hübsch, aber zu streng, SETL oder unsere Variante ProSet waren mir zu langsam und liefen nicht gut auf Notebooks. Dann lernte ich Python kennen, und das ist für mich seitdem die Sprache der Wahl.

Weitere Anhänge

In Anhang B auf Seite 301 habe ich die vordefinierten Ausnahmen aufgeführt, sodass man sie schnell zur Hand hat. Eine Liste mit eingebauten Funktionen wäre vielleicht auch ganz praktisch, ist dann aber wegen des zu erwartenden Umfangs doch nicht realisiert worden. Statt dessen sei auf den Index verwiesen, der zwar nicht alle Funktionen referenziert, aber angibt, wo die wichtigsten Funktionsbereiche diskutiert sind.

Schließlich gibt Anhang C auf Seite 303 Hinweise auf die Installation des verwendeten und empfohlenen Python-Systems. Einige Verweise auf hilfreiche Quellen sind dort ebenfalls zu finden. Gelegentlich wird auf verwendete oder zu verwendende Dateien verwiesen. Sie sind unter `http://hdl.handle.net/2003/36234` abgelegt und können von dort heruntergeladen werden.

Danksagungen

Das Buch nahm seinen Anfang in vielen Diskussionen, die ich mit Dr. Stefan Dissmann in Dortmund und Prof. Eugenio Omodeo und Prof. Andrea Sgarro in Triest zur Anfänger-Ausbildung in der Programmierung hatte und bei denen die Sprache Python teils zustimmend, teils ablehnend kommentiert wurde. Mir erscheint heute Python als zweite Programmiersprache eine vorzügliche Wahl, wenn es sich um Informatiker handelt, und als erste Sprache, wenn es um die Vermittlung von Programmierkenntnissen für Naturwissenschaftler, Ingenieure und, zunehmend, Geisteswissenschaftler geht, also dort, wo die praktische Nutzung des Rechners das Interesse an seinen algorithmischen Grundlagen überwiegt.

Als dann Angelika Sperlich vom Verlag de Gruyter Interesse an einem Buch zu diesem Thema zeigte, kamen wir schnell überein, dass es sich hier um ein interessantes Vorhaben handelt. So ist das Buch entstanden, das Leonardo Milla betreut hat.

Julia Riediger hat bei der Korrektur geholfen, Claudia Jürgen und Dr. Kathrin Höhner haben dafür gesorgt, dass die Daten im *Eldorado*-System der Universitätsbibliothek der TU Dortmund zugänglich sind. Bei allen möchte ich mich herzlich bedanken, vor allem aber bei meiner Frau für ihre Hinweise, Ratschläge, und all das Andere ....

Bochum, im Dezember 2017   Ernst-Erich Doberkat

Das Titelbild zeigt das Eingabefeld einer Rechenmaschine des Typs **Hamann Automat Typ V**. Diese mechanischen Rechen*automaten* konnten auch dividieren. Sie wurden bis ca. 1950 gebaut.

1 Ein erstes Beispiel

Die Reihe der Fibonacci-Zahlen beginnt bekanntlich so:

$$0, 1, 1, 2, 3, 5, 8, 13, 21, 34, \ldots$$

Offensichtlich ist jede Zahl die Summe ihrer beiden Vorgänger, wenn wir 0, 1 als Anfang vorgeben. Die rekursive Definition der Folge $(F_n)_{n \in \mathbb{N}}$ sieht bekanntlich so aus:

$$F_n := \begin{cases} 0, & \text{falls } n = 0, \\ 1, & \text{falls } n = 1, \\ F_{n-2} + F_{n-1}, & \text{falls } n \geq 2. \end{cases}$$

1.1 Implementierungen

Ein Python-Skript, mit dem man die Zahlen rekursiv berechnet, lässt sich wie folgt formulieren:

```
def fib(a, b, n):
    if n <= 0:
        return a
    else:
        return fib(b, a+b, n-1)
```

Dann berechnet der Aufruf `fib(0, 1, n)` die Zahl F_n. In der Tat gibt der Aufruf `fib(0, 1, 0)` den Wert $0 = F_0$, der Aufruf `fib(0, 1, 1)` = `fib(1, 1, 0)` = 1 gibt also $1 = F_1$ zurück. Wir behaupten, dass for $n \geq 1$ der Aufruf `fib(a, b, n)` den Wert $F_{n-1} \cdot a + F_n \cdot b$ ergibt. Für $n = 1$ sehen wir `fib(a, b, 1)` = `fib(b, a+b, 0)` = b, wegen $b = F_0 \cdot a + F_1 \cdot b$ ist die Vermutung also für $n = 1$ bewiesen. Sehen wir uns an, was im Induktionsschritt geschieht. Wir nehmen also an, dass die Behauptung für den Wert $n \geq 1$ bewiesen ist, und rechnen aus

$$\mathrm{fib}(a, b, n + 1) = \mathrm{fib}(b, a + b, n)$$
$$\overset{(*)}{=} F_{n-1} \cdot b + F_n \cdot (a + b)$$
$$= F_n \cdot a + (F_{n-1} + F_n) \cdot b$$
$$\overset{(\ddagger)}{=} F_n \cdot a + F_{n+1} \cdot b$$

In $(*)$ wurde die Induktionsvoraussetzung benutzt, in $(\ddagger)$ die Definition der Fibonacci-Zahlen. Also ist die Behauptung auch for $n + 1$ bewiesen. Mit vollständiger Induktion ergibt sich also insgesamt, dass F_n durch den Aufruf `fib(0, 1, n)` berechnet wird.

https://doi.org/10.1515/9783110544138-002

Damit können wir eine Funktion definieren, die – wie üblich – mit einem Parameter auskommt, die allerdings `fib` als lokale Funktion verwendet:

```
def fibIterativ(k):
    def fib(a, b, n):
        if n <= 0: return a
        else: return fib(b, a+b, n-1)

    return fib(0, 1, k)
```

Aus den Überlegungen zur Korrektheit folgt, dass der Aufruf `fibIterativ(n)` die n-te Fibonacci-Zahl F_n liefert.

Der Leser, der schon rekursive Methoden in der Programmierung kennen gelernt hat, hat vermutlich als zweites Beispiel für den Gebrauch von Rekursion diese Formulierung gesehen:

```
def fibonacci(n):
    if n <= 0: return 0
    elif n == 1: return 1
    else: return fibonacci(n-1) + fibonacci(n-2)
```

Das ist die direkte Übertragung der Definition, man überlegt sich aber, dass hier Rechenzeit verschwendet wird, weil für jeden Aufruf Werte mehrfach berechnet werden.

1.2 Diskussion

Hier gibt es ja nun schon einiges zu diskutieren und zu erklären. Fangen wir mit der Definition der Funktion an: eine Funktion wird durch das Schlüsselwort `def` eingeleitet, dann folgt der Name der Funktion und, in Klammern, eine Parameterliste, die auch leer sein kann. In der Tat ist es so, dass jede Funktion eine Parameterliste mitbekommt: Auch wenn sie leer ist, muss sie notiert werden. In unserem Beispiel ist die Liste der Parameter eine durch Kommata abgetrennte Liste von Namen; im Gegensatz zu anderen populären Sprachen (Java, C, C++) benötigen wir keine Typangaben für die Parameter. Auf die schließende Klammer folgt ein Doppelpunkt, auf den der definierende Block der Funktion folgt.

Sie sehen, dass der *Block* eingerückt ist. Alle folgenden Anweisungen, die dieselbe oder eine größere Tiefe der Einrückung aufweisen, gehören zu diesem Block. Wir werden gleich sehen, dass Blöcke auch geschachtelt werden können, dadurch wird auch optisch klar, welche Anweisungen zu diesem Block gehören. Die Anzahl der Leerzeichen zur Definition eines Blocks ist beliebig. In der Regel findet man Einrückungen von sechs Leerzeichen, man muss ein wenig vorsichtig sein, weil manche Editoren das Einrücken durch das Setzen der Tabulatortaste bewerkstelligen. Das führt leicht zu Irritationen, die sich jedoch durch die Einstellungen beim Editor beseitigen lassen. Die Einrückung muss konsistent sein:

```
if a:
    Anweisung1 # das ist ok
    Anweisung2
else:
    Anweisung_a # das ist inkonsistent
     Anweisung_b
```

(alles, was in der Zeile auf # folgt, wird als Kommentar betrachtet). Ist eine Zeile zu lang, so kann durch \ angedeutet werden, dass sie in der nächsten Zeile fortgesetzt wird (das ist bei umfangreichen arithmetischen Ausdrücken oder Funktionsaufrufen mit einer langen Liste von Parametern hilfreich).

Halten wir also fest, dass die Definition des Rumpfs einer Funktion in einem Block erfolgt. Sehen wir uns den Block genauer an, in dem die erste Funktion definiert ist. Hier finden wir zunächst die durch das Schlüsselwort if eingeleitete Abfrage, ob das dritte Argument negativ oder null ist. Diese Abfrage wird durch einen Doppelpunkt, der auf die Bedingung folgt, abgeschlossen, hierauf folgt ein Block, in dem die entsprechende Aktion spezifiziert wird. In diesem Fall handelt es sich darum, den Wert des ersten Arguments zurückzugeben, was durch das Schlüsselwort return angedeutet wird. Dieser Block wird dann verlassen, um die Alternativen zu erkunden, die in diesem Fall durch das Schlüsselwort else angedeutet werden, hierauf folgt wieder ein Doppelpunkt, auf den ein Block folgt, der hier ebenfalls den Rückgabewert für die Funktion angibt, wobei die Parameter geeignet modifiziert werden.

Wenn wir uns die zweite Funktion ansehen, so stellen wir fest, dass der definierende Block dieser Funktion, der äußeren, eine lokale Funktion enthält (nämlich die, die wir gerade definiert haben), der Rückgabewert der äußeren Funktion ist gerade ein Aufruf der lokalen Funktion, der den obigen Überlegungen zur Korrektheit entspricht. Dieser Rückgabewert wird wieder durch das Schlüsselwort return eingeleitet, darauf folgt der Wert, der zurückgegeben werden soll.

Die innere Funktion ist *lokal*, das bedeutet insbesondere, dass sie von außen nicht sichtbar ist, also nicht aufgerufen werden kann. Wir werden uns mit der Lokalität und Sichtbarkeit von Namen in diesem Zusammenhang noch ausführlicher auseinandersetzen müssen. Sie sehen auch, dass ich zwischen der Definition der lokalen Funktion und dem Rest des Blocks, der diese Funktion definiert, eine Leerzeile gelassen habe. Das ist aber nicht weiter wesentlich, denn die Einrückung der return-Anweisung macht deutlich, dass sie nicht zu demjenigen Block gehört, der die lokale Funktion definiert.

Die dritte Funktion, die wir oben definiert haben, ist die direkte Umsetzung der rekursiven Definition der Fibonacci-Zahlen. Wir werden auf Seite 38 sehen, dass es sich hier nicht um eine besonders effektive Realisierung handelt. Gleichwohl habe ich sie hier aufgeführt, um noch einmal zu verdeutlichen, dass ein Block, der nur aus einer einzigen Anweisung besteht, auf die gleiche Zeile geschrieben werden kann wie der Doppelpunkt. Das erlaubt es, den Code zusammen zu halten und nicht den Eindruck einer flatternden Fahne entstehen zu lassen. Wir finden hier auch gleich eine Erweiterung der bedingten Anweisung, nämlich den Fall, dass wir mehr als eine Fallunterscheidung zu betrachten haben. Dies geschieht durch das Schlüsselwort `elif` (offensichtlich aus *else if* abgeleitet), das mit einer Bedingung versehen wird und dann nach dem Doppelpunkt einen Block erwartet. Auch hier haben wir wieder die sozusagen verkürzte Form gewählt, weil der Block lediglich aus einer einzigen Anweisung besteht.

Namen sind, lexikalisch gesehen, *Bezeichner*, die für Variablen, Funktionen, Klassen, Module und andere Objekte herangezogen werden. Bezeichner können Buchstaben, Ziffern und den Unterstrich _ enthalten, sie müssen stets mit einem nicht-numerischen Zeichen beginnen. Die Buchstaben sind die ISO-Latin-üblichen Zeichen A–Z und a–z ohne Umlaute oder ?, spezielle Symbole wie $, %, & und andere sind nicht zugelassen. Symbole, die mit einem Unterstrich beginnen, haben oft eine vereinbarte spezielle Bedeutung, das gilt insbesondere für Namen wie etwa `__init__` und ähnliche Bezeichner. Als Codierung nehmen wir hier stets **UTF-8** an.

Schlüsselwörter dürfen nicht als Bezeichner genommen werden. Das sind alle Schlüsselwörter:

Tab. 1.1: Schlüsselwörter

and	del	from	nonlocal	try
as	elif	global	not	while
assert	else	if	or	with
break	except	import	pass	yield
class	exec	in	print	
continue	finally	is	raise	
def	for	lambda	return	

1.3 Elementare Kontrollstrukturen

Wir haben oben die bedingte Anweisung kennen gelernt, die dem Muster

```
if Bedingung-1:
    Anweisungen-1
elif Bedingung-2:
    Anweisungen-2
...
elif Bedigung-n:
    Anweisungen-n
else
    Anweisungen-E
```

folgt. Hierbei stehen die Anweisungen entweder in einem eigenen, durch geeignete Einrückung gekennzeichneten Block; sie können direkt dem Doppelpunkt der Schlüsselwörter folgen, falls es sich um eine Anweisung handelt, die in eine Zeile passt. Die elif-Zweige können fehlen, das gilt auch für den else-Zweig.

Die bedingte Anweisung wird durch den bedingten Ausdruck ergänzt, der gelegentlich praktischer ist, wenn nämlich die Abweisung recht kurz ist. Sehen wir uns das Beispiel an:

```
if a <= b:
    c = a
else:
    c = b
```

Mit einem bedingten Ausdruck kann das kürzer so geschrieben werden:

```
c = a if a <= b else b
```

Hier wird also zunächst die Bedingung ausgewertet; ist das Resultat True, so ist der Wert des Ausdrucks a, sonst ist er b (eigentlich klar). Ähnlich wie der ?-Operator in Java oder C/C++ kann dieser Ausdruck leicht verwirrend wirken, er ist jedoch für die Formulierung von *list comprehensions* (vgl. Seite 28) und ähnlichen Konstrukten sehr hilfreich.

Python hat eine Zählschleife, die dem allgemeinen Muster

```
for i in IterObj:
    Anweisungen-1
else
    Anweisungen-2
```

folgt. Hierbei ist IterObj ein iterierbares Objekt, das auf Seite 26 zum ersten Mal behandelt wird. Auch für die spätere Nutzung werden die Funktionen enumerate und zip eingeführt. Ist IterObj ein Tupel, eine Liste oder eine Zeichenkette, so erzeugt enumerate(IterObj) ein iterierbares Objekt, das alle Paare (i, IterObj[i]) enthält, sodass es nicht nötig ist, für jedes Objekt in IterObj den Index nachzuhalten. Statt also zu schreiben

```
i = 0
for x in IterierMich:
    Tu_Was(x)
    i += 1
```

kann man einfacher schreiben

```
for i, x in enumerate(IterierMich):
    Tu_Was(x)
```

Die parallele Iteration über zwei gleichlange Listen, Tupel oder Zeichenketten wie etwa

```
i = 0
while i < len(Eins) and i < len(Zwei):
    Tu_Was(Eins[i], Zwei[i])
    i + = 1
```

läßt sich mit der Funktion zip einfacher schreiben als

```
for x, y in zip(Eins, Zwei):
    Tu_Was(x, y)
```

Die Funktion zip kombiniert die Elemente von Eins und Zwei in ein iterierbares Objekt, das aus Paaren (Eins[0], Zwei[0]),... besteht; sind Eins und Zwei nicht gleichlang, so hört die Paarbildung mit der kürzesten Folge auf.

Der else-Teil der for-Schleife wird genau einmal durchlaufen, wenn das iterierbare Objekt erschöpft ist und keine break-Anweisung ausgeführt wurde. Die Ausführung der Anweisungen unter Anweisungen-1 kann durch eine break-Anweisung abgebrochen werden. Dann wird die gesamte Schleife (einschließlich des else-Teils) verlassen, die unter Anweisungen-2 befindlichen Anweisungen werden also dann nicht ausgeführt.

Offensichtlich verfügt Python über eine while-Schleife, die syntaktisch so aussieht:

```
while Bedingung:
    Anweisungen-1
else:
    Anweisungen-2
```

Die Bedingung wird ausgewertet, ist sie wahr, so werden die Anweisungen unter Anweisungen-1 ausgeführt, dann wird die Bedingung wieder ausgewertet, etc. Ist die Bedingung zum ersten Mal falsch, so wird der die Anweisungen-1 enthaltende Block verlassen und die Anweisungen im else-Zweig werden genau einmal ausgeführt. Das ist die wesentliche Idee, die durch die Hinzunahme des else-Teils noch ein wenig verfeinert werden kann. Der else-Teil ist bei der for- wie bei der while-Schleife optional, kann also fehlen.

In diesem Beispiel werden die Fibonacci-Zahlen $F_0, \ldots, F_n$ aufaddiert[1]:

```
sum, k = 0, 0
while k <= n:
    sum += fibIter(k)
    k += 1
else:
    print('Die Summe von 0 bis ', n, 'ist: ', sum)
```

Die Ausgabe-Anweisung wird also ausgeführt, sobald die Bedingung, die die `while`-Schleife steuert, `False` ergibt. In diesem Beispiel hätte die `else`-Anweisung auch fehlen können, weil die Ausgabe ohnehin nach Durchlauf durch die Schleife ausgeführt werden würde.

Python hat neben der `break`-Anweisung auch eine `continue`-Anweisung, mit der man den Rest der Anweisung innerhalb einer Schleife überspringen kann (wohlgemerkt, der innersten Schleife, in der die Anweisung steht, falls die Schleifen geschachtelt sind).

---

1 Man zeigt durch vollständige Induktion leicht, dass $F_0 + \cdots + F_n = F_{n+2} - 1$ gilt, sodass die Schleife eigentlich überflüssig ist. Aber das Beispiel ist einfach und eingängig.

2 Eine interaktive Umgebung

Es erweist sich als hilfreich, eine angemessene Programmierumgebung zur Verfügung zu haben. Hier hat man einige zur Auswahl, ich habe mich dazu entschlossen, die ANACONDA-Umgebung mit iPython zu verwenden, die neben dem JUPYTER-Notebook auch SPYDER zur Verfügung stellt. Auf die Verwendung des ANACONDA-Notebooks gehe ich nicht ein, hier verweise ich auf die vorzüglichen Einführungen, die unter YOU-TUBE verfügbar sind. Im Anhang finden Sie Informationen darüber, wie man sich die entsprechenden Werkzeuge verschafft.

Die interaktiven Umgebungen python oder ipython können über die Kommandozeile gestartet werden (und werden mit quit() wieder verlassen). Wir sehen uns die Umgebung SPYDER ein wenig näher an, vieles kann auf den ipython-Interpreter übertragen werden.

Über das Kommando SPYDER in der Eingabeaufforderung unter WINDOWS oder dem Terminal-Fenster unter OS X öffnet man die Umgebung, Sie sehen in Abbildung 2.1, dass der Anfangsbildschirm dreigeteilt ist, auf der linken Seite finden Sie den Editor für **Python**, auf der rechten Seite finden Sie oben ein Fenster mit hilfreichen Informationen, unten finden Sie den Interpreter, mit der wir hauptsächlich arbeiten werden. Die Inhalte dieser Fenster lassen sich über View > Panes einstellen, was dem Ausprobieren weiten Raum gibt.

Wir wollen uns ansehen, wie wir mit dieser Umgebung arbeiten können; ich werde aber nicht alles erklären, jedoch Hilfestellung für den Umgang geben, sodass Sie selbst gut damit arbeiten können.

Beginnen wir unsere Explorationen, in dem wir in das interaktive Fenster die Zuweisung x=1 eingeben. Die Eingaben werden durchnummeriert, die Ausgaben beziehen sich dann direkt auf die Eingaben. Wir können in den Eingaben navigieren, das diskutieren wir weiter unten. Ich habe für das obere Fenster mit View > Panes > Variable Explorer Informationen über die Variablen ausgewählt (wir können uns auch Zugang zum Dateisystem verschaffen oder das Hilfesystem ansprechen: Spielen Sie ein wenig herum!). Sie sehen, dass wir zur Auflistung der Variablen eine Tabelle bekommen, in der jeweils der Name der Variable, ihr Typ und ihr Wert angegeben sind; im Augenblick ist da noch nicht viel zu sehen, aber das kann sich ja ändern. Zudem finden sich Informationen über die Größe der Variable. In dem interaktiven Fenster sehen Sie, dass der Wert der Variable nicht als Echo wiedergegeben wird, wir können jedoch mit print(x) den Wert der Variablen drucken: das finden Sie als Reaktion auf die Eingabe [2].

```
In [3]: print(
        Arguments
        print(value, ..., sep=' ', end='\n',
              file=sys.stdout, flush=False)
```

https://doi.org/10.1515/9783110544138-003

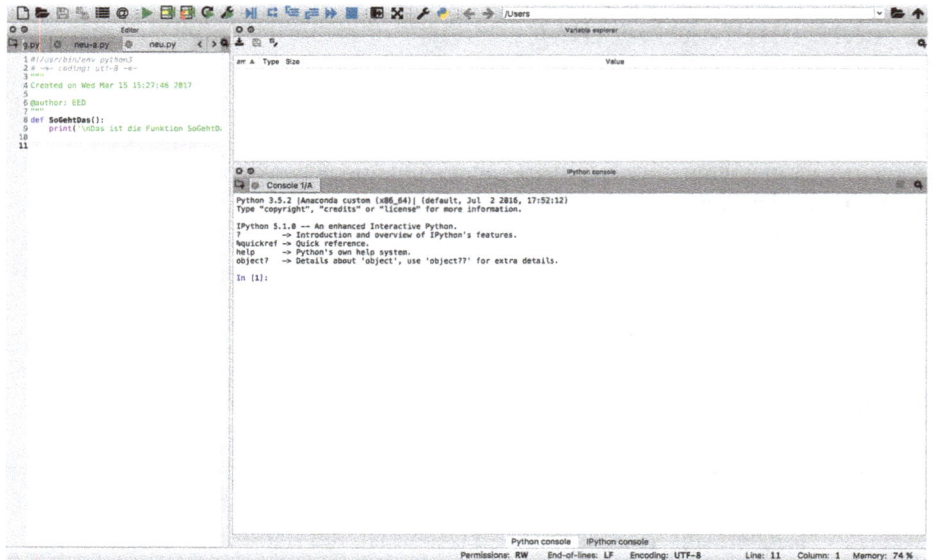

Abb. 2.1: Die SPYDER-Umgebung

Bevor wir das jedoch tun, halten wir fest, dass nach der Eingabe des partiellen Kommandos `print(` ein kleines Fenster erscheint, in dem die Parameter für diesen Befehl angegeben werden; was da steht ist im Augenblick noch nicht ganz verständlich, wird aber gleich klar werden.

Wir können also hier interaktiv arbeiten. Ich gebe die Funktion `fib` zur Berechnung der Fibonacci-Zahlen ein, die wir oben besprochen haben. Sie sehen, dass der Editor die Einrückungen selbstständig vornimmt, Sie sehen auch, dass die Einrückungen durch Punkte angedeutet werden, sodass klar ist, wenn wir uns innerhalb eines Blocks befinden. Allerdings wird die Tiefe der Einrückung innerhalb des Blocks nicht angedeutet, darauf müssen Sie schon selbst achten. Wir berechnen die siebte Fibonacci-Zahl: als Ergebnis erhalten wir 13, in der nächsten Zeile schreiben wir `fib(` und sehen, dass wir hier eine Funktion mit drei Parametern haben, deren Namen aus der Definition übernommen worden sind.

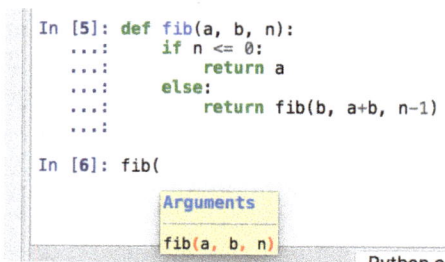

```
In [5]: def fib(a, b, n):
   ...:     if n <= 0:
   ...:         return a
   ...:     else:
   ...:         return fib(b, a+b, n-1)
   ...:

In [6]: fib(
```

Im Editor (linkes Fenster) definieren wir jetzt die rekursive Funktion `fibonacci`, mit der die Definition der Fibonacci-Zahlen unmittelbar wiedergegeben wird. In den Zeilen 10-14 finden Sie die Definition dieser Funktion. Wir kennen aber bis jetzt noch keinen unmittelbaren Weg im Interpreter, mit dieser Funktion zu arbeiten. Hierzu definieren wir eine Zelle, in der diese Definition zu finden ist; sie sehen, wie Beginn und Ende dieser Zelle durch #%% markiert sind (Zeilen 9 und 15).

```
 8
 9 #%%
10 def fibonacci(n):
11     if n <= 0: return 0
12     elif n == 1: return 1
13     else:
14         return fibonacci(n-1) + fibonacci(n-2)
15 #%%
16
```

Durch **Ctrl+Enter** übertragen Sie den Inhalt dieser Zelle in den Interpreter. Der Text dieser Zelle wird also hierhin kopiert, er ist im Interpreter verfügbar und kann auch editiert werden. Auf diese Weise wird der Transfer von Code zwischen dem Editorfenster und dem Interpreter gewährleistet.

Wir können unter zwei Systemen auswählen, dem sozusagen „normalen" Python-Interpreter und der Version, die unter dem Namen iPython entwickelt wurde, um insbesondere wissenschaftliches Rechnen zu unterstützen. Diese zweite Version ist die, mit der wir arbeiten werden, sie hat eine Reihe von wünschenswerten Eigenschaften und bietet eine Reihe von hilfreichen Konstruktionen an, die das Leben in der Programmentwicklung einfacher machen. Ich möchte gerne kurz auf einige der wichtigsten Eigenschaften dieser Version eingehen, damit wir später, wenn es gilt, kompliziertere Sachverhalte zu erläutern, dafür gewappnet sind. Zunächst ein Wort zur Installation: Der iPython-Interpreter ist in der ANACONDA-Umgebung enthalten. Sie können diesen Interpreter starten, indem Sie in der interaktiven Fläche auf der rechten Seite, in der Sie die Rechnungen durchführen, den Reiter für die iPython-Konsole auswählen.

Die erste hilfreiche Eigenschaft ist die Vervollständigung mithilfe der Tabulatortaste. Sehen wir uns ein Beispiel an.

```
In [10]: b = [1, 2, 3]
In [11]: b
Out[11]: [1, 2, 3]
In [12]: b.index?
Docstring:
L.index(value, [start, [stop]]) -> integer -- return first
                           index of value.
Raises ValueError if the value is not present.
Type:      builtin_function_or_method
```

Wenn wir jetzt im Interpreter `b.` und die Tabulatortaste drücken, so erhalten wir ein kleines Menü mit all den Attributen, die mit der Liste verbunden sind.

```
In [12]: b.
         b.append
         b.clear
         b.copy
         b.count
         b.extend
         b.index
         b.insert
         b.pop
         b.remove
         b.reverse
         b.sort
```

Nehmen wir an, wir wollen den Index des Elements 1 heraussuchen, wir wollen also b.index(1) ausführen, wissen aber nicht ganz genau, was die Indexfunktion tut, so geben wir oben b.index? ein, und erhalten als Antwort den Hinweis von oben, der vielleicht an dieser Stelle noch nicht vollständig verständlich ist, aber doch schon als hilfreich erscheint. In ähnlicher Weise können wir die anderen Attribute, die mit der Liste verbunden sind, zuerst durch das Drücken der Tabulatortaste vervollständigen, und dann durch ? genauer herausbringen, was die Funktion tut (b.index(k) gibt den ersten Index j an mit b[j] == k).

Dieses Verhalten ist nicht an Listen gebunden, wir können für jedes beliebige iPython-Objekt, für das Informationen verfügbar sind, über die Tabulatortaste entsprechende Informationen bekommen. Die Möglichkeit, über ? Informationen zu erhalten, wird gelegentlich *Introspektion* genannt. In unserem Beispiel sieht das für die Liste b wie folgt aus:

```
In [13]: b?
Type:        list
String form: [1, 2, 3]
Length:      3
Docstring:
list() -> new empty list
list(iterable) -> new list initialized from iterable's items
```

Definieren wir als weiteres Beispiel eine einfache Funktion, die ihr Argument quadriert, so antwortet das System auf die gestellte Frage so (der in drei Anführungsstrichen angeführte Kommentar wird weiter unten erläutert):

```
In [1]: def quadrat(x):
   ...:     """
   ...:     Die Funktion gibt das Quadrat ihres Arguments zurück.
   ...:     """
   ...:     return x*x
In [3]: quadrat?
Signature: quadrat(x)
Docstring: Die Funktion gibt das Quadrat ihres Arguments zurück.
File:      c:\users...\python\<ipython-input-1-d0faec237e5d>
Type:      function
```

Wir können das sogar noch ein wenig verfeinern, in dem wir zwei Fragezeichen eingeben, dann wird auch, falls es möglich ist, der Quellcode angegeben:

```
In [14]: quadrat??
Signature: quadrat(x)
Source:
def quadrat(x):
    """
    Die Funktion gibt das Quadrat ihres Arguments zurück.
    """
    return x*x
File:      c:\users...\python\<ipython-input-1-d0faec237e5d>
Type:      function
```

Die *Tastatur* ist ebenfalls ein interessantes Hilfsmittel, weil wir durch geeignete Kontroll-Befehle mit der Tastatur im Text navigieren können. Die folgende Tabelle gibt eine kleine Übersicht über die vorhandenen Möglichkeiten.

Ctrl-p oder ↑	Durchsucht die bisherige Befehle rückwärts, beginnt mit dem eingegebenen Text.
Ctrl-n oder ↓	Suche wie oben, vorwärts.
Ctrl-Groß-v	Text aus dem internen Puffer einfügen.
Ctrl-c	Unterbricht den gerade laufenden Befehl.
Ctrl-a, Ctrl-e	Cursor an den Anfang, das Ende der Zeile.
Ctrl-k	Entferne des Text vom Cursor bis zum Ende der Zeile.
Ctrl-u	Entferne die gesamte gegenwärtige Zeile.
Ctrl-f, Ctrl-b	Ein Zeichen nach rechts, links.
Ctrl-l	Löscht den Inhalt des Bildschirms.

Eine außerordentlich interessante Hilfe sind die *magischen Befehle* zur Bewältigung von Standardaufgaben. Sie sind im Interpreter vorzüglich dokumentiert, insgesamt (geben Sie %magic?? ein) und im Detail für einzelne Befehle (geben Sie z. B. %hist?? ein). Daher gebe ich nur eine kurze Übersicht über einige der vorhandenen magischen Befehle.

%quickref	Druckt die iPython-Kurzreferenz.
%magic	Dokumentation aller magischen Befehle.
%debug	Einstieg in den interaktiven Debugger.
%hist	Bisherige Ein- und Ausgaben.
%pdb	Der Debugger wird nach jeder Ausnahme automatisch aufgerufen.
%reset	Entfernt alle Variablen und Namen aus dem interaktiven Namensraum.
%run script.py	Führt das Skript script.py im Interpreter aus.
%time Anweisung	Die Ausführungszeit der Anweisung wird gemessen.
%timeit Anweisung	Die mittlere Ausführungszeit der Anweisung wird ermittelt.

Unter UNIX ist man es gewöhnt, die bereits ausgeführten Befehle noch einmal sehen zu können und möglicherweise auch noch einmal ausführen zu können. Das ist im iPython-Interpreter ebenfalls der Fall, man hat die letzte Ausgabe durch Angabe von _ zur Verfügung, die Ausgabe davor durch Angabe von __. Eingabevariablen werden in Variablen der Form _iX abgespeichert, wobei X die Zeilennummer ist. Für jedes solche X ist dann _X die entsprechende Ausgabe-Variable. Ein- und Ausgabevariablen werden als Zeichenketten gespeichert, mithilfe der Bibliotheksfunktion exec lassen sich dann Eingaben noch einmal ausführen (exec erwartet im Allgemeinen eine Zeichenkette, die als Befehl ausgeführt wird):

```
In [12]: print(3+6)
9
In [13]: _i12
Out[13]: 'print(3+6)'
In [14]: exec(_i12)
9
```

In UNIX hat man die Möglichkeit liebgewonnen, mit dem Betriebssystem direkt zu interagieren. Das geht auch hier, die folgende Tabelle gibt einen Überblick über die vorhandenen Möglichkeiten.

!cmd	Ausführen von cmd in der Systemumgebung.
%pwd, %pushd dir, %popd	Wie die entsprechenden UNIX-Befehle
output = !cmd args	Führt cmd aus und speichert die stdout-Ausgabe in der Zeichenkette output.
%bookmark	Lesezeichen (siehe %bookmark??).
%cd verzeichnis	Wechselt das Arbeitsverzeichnis zu verzeichnis.

Das beendet den kurzen Rundgang durch die Umgebung. Ich habe mich hier auf die ANACONDA-Welt beschränkt. Es gibt aber eine Vielzahl von Python-Umgebungen, die ich – scheinbar – nicht weiter berücksichtigt habe. Mir erscheint aus pragmatischer Sicht die ANACONDA-Welt als geeignet für die Entwicklung von Python-Programmen, zumindest in dem Umfang, wie es für dieses Buch erforderlich ist, weil sie mit drei hilfreichen Komponenten aufwartet: da ist einmal die SPYDER-Umgebung mit dem Zugang zu ipython, zum anderen die Interpreter für Python und für IPython, wie sie von der Kommandozeile direkt aufrufbar sind, und schließlich das JUPYTER-Notebook, auf das ich zwar nicht explizit eingehe, das ich aber durchgängig benutze (unerwähnt bleiben andere Komponenten wie etwa die qtconsole). All das ist unter WINDOWS 10 und unter MAC OS SIERRA ohne Brüche verfügbar, auch wenn die Installation von Komponenten gelegentlich für unterschiedliche Betriebssysteme geringfügig voneinander abweicht.

3 Elementare Datentypen

Wir wollen kurz die eingebauten Datentypen ansehen und die wichtigsten Operationen darauf diskutieren. Hierzu beginnen wir bei den primitiven Typen und gehen dann auf die zusammengesetzten Typen (Folgen, Abbildungen, Mengen) ein. Python verlangt nicht, dass Variablen deklariert werden, so dass der Typ einer Variablen nicht aus der Deklaration abgelesen werden kann. Die Standardfunktion `type` gibt den Typ zurück.

3.1 Primitive Typen

Der leere Typ `NoneType` enthält lediglich den Wert `None`; Python hat genau ein Nullobjekt; dieser Wert wird von Funktionen zurückgegeben, die keinen expliziten Wert zurückgeben.

Boolesche Werte

Die Booleschen Werte sind `True` und `False`, die auf die numerischen Werte 1 bzw. 0 abgebildet werden. So werden die üblichen Operationen auf Booleschen Werten ausgedrückt:

`x or y`	falls x falsch ist, wird y ausgegeben, sonst x.
`x and y`	falls x falsch ist, wird x ausgegeben, sonst y
`not x`	falls x falsch ist, wird `True` zurückgegeben, sonst `False`

Beachten Sie, dass Konjunktion und Disjunktion nur soweit ausgewertet werden, bis das Ergebnis feststeht.

```
In [21]: x, y = False, True
In [22]: x and y
Out[22]: False
In [23]: (not x) + y
Out[23]: 2
```

Offensichtlich sind `True` und `False` lediglich Abkürzungen für 1 bzw. 0, die Booleschen Operationen werden bitweise ausgeführt.

Numerische Typen

An numerischen Werten hält Python bereit

`int` Ganzzahlige Werte, deren Größe nur durch den verfügbaren Speicher beschränkt ist. Für ganzzahliges x sind (aus Kompatibilitätsgründen) die Attribute `x.numerator` und `x.denominator` definiert.

https://doi.org/10.1515/9783110544138-004

float Doppelt genaue relle Zahlen, mit in der Regel 17-stelliger Genauigkeit und einem Exponenten im Bereich -308 bis 308, ganz ähnlich dem Typ double in der Sprache C. Ist x reell, so testet x.is_integer(), ob x einen ganzzahligen Wert hat; x.hex() gibt die hexadezimale Darstellung von x an, ist y als Hexadezimal-Zahl gegeben, so ist y.fromhex() die dezimale Darstellung. Für eine reelle Zahl x wird durch x.as_integer_ratio() eine Liste von ganzen Zahlen berechet, die x als Bruch darzustellen gestattet, also zum Beispiel

$$3.14159 = \frac{3537115888337719}{1125899906842624}.$$

complex Komplexe Zahlen, notiert als, z.B. 3.4 + 8.6j (== 3.4 + 8.6J). Ist z einer komplexen Zahl zugewiesen, so ist z.real und z.imag der reelle bzw. der imaginäre Teil von z; das sind jeweils reelle Zahlen. Der konjugierte Wert von z wird durch z.conjugate() berechnet. Ist x ganzzahlig oder reell, so sind – ebenfalls aus Gründen der Kompatibilität – die Attribute x.real, x.imag und x.conjugate() definiert.

```
In [24]: 4/7
Out[24]: 0.5714285714285714
In [25]: w=4/7
In [26]: w.as_integer_ratio()
Out[26]: (2573485501354569, 4503599627370496)
In [27]: v=w.as_integer_ratio()
In [28]: v[0]/v[1]
Out[28]: 0.5714285714285714
In [29]: w-v[0]/v[1]
Out[29]: 0.0

In [33]: w.hex()
Out[33]: '0x1.2492492492492p-1'
```

Es ist bemerkenswert, dass w.hex() eine Zeichenkette zurückgibt.

Das sind die arithmetischen und relationalen Operationen, soweit sie anwendbar sind:

x + y	Addition
x - y	Subtraktion
x * y	Multiplikation
x / y	Division
x // y	rundet die Division zum nächsten ganzzahligen Wert ab
x ** y	Potenz
x % y	Modulo
-x	unäres Minus
+x	unäres Plus
abs(x)	absoluter Wert von x
divmod(x, y)	gibt das Paar (x // y, x % y) zurück (x, y nicht komplex)
x ρ y	relationale Operatoren ($\rho \in \{<, <=, ==, !=, >=, >\}$)

Es gilt `16//7 == 2`, aber `16.0//7.3 == 2.0`; für ganzzahlige Argumente x, y gibt x % y den Divisionsrest zurück, für Gleitpunktzahlen x, y gilt

```
x % y == x - (x//y)*y.
```

Für ganzzahlige x, y sind die folgenden Bit-Operationen definiert: x << y (left shift), x >> y (right shift), x & y (bitweise Konjunktion), x | y (bitweise Disjunktion), x^y (bitweises exklusives Oder), ~x (bitweise Negation).

Bei Operanden, die nicht demselben Typ angehören, werden diese Regeln der Reihe nach angewandt:

1. Ist einer der Operanden eine komplexe Zahl, so wird der andere in eine komplexe Zahl konvertiert.
2. Ist einer der Operanden eine Gleitpunktzahl, so wird der andere in eine Gleitpunktzahl verwandelt.
3. Sind beide Operanden ganzzahlig, so wird keine Konversion angewandt.

Der binäre Operator == fragt danach, ob derselbe Wert vorliegt, es ist also a == b genau dann, wenn a und b denselben Wert haben. Im Gegensatz dazu fragt der is-Operator nach der Identität von Objekten, es gilt also a is b genau dann, wenn a und b dasselbe Objekt bezeichnen. Die Funktion id gibt die Identität eines Objekts als eine ganze Zahl zurück, in der Regel ist das die Codierung für den Speicherort des Objekts, sodass a is b genau dann gilt, wenn id(a) == id(b). Da der Wert von id implementationsabhängig ist, sollte man diese ganze Zahl jedoch nicht direkt verwenden.

3.2 Sequentielle Typen

Python stellt sequentielle Typen zur Verfügung, die durch nicht-negative ganze Zahlen indiziert werden. Hierzu gehören Zeichenketten, Tupel und Listen. Zeichenketten sind Folgen von Zeichen, Listen und Tupel sind Folgen beliebiger Python-Objekte. Während Listen das Einfügen, Entfernen und Ersetzen von Elementen erlauben, sind Zeichenketten und Tupel nicht änderbar.

Das sind einfache Beispiele:

```
In [24]: EineZeichenkette = "abcdfegäÄß"
In [27]: EinTupel = (1, 'a', 0.765)
In [28]: EineListe = [EineZeichenkette, EinTupel, 55]
In [29]: EineListe
Out[29]: ['abcdfegäÄß', (1, 'a', 0.765), 55]
In [30]: EineListe[1][2]
Out[30]: 0.765
```

Sie sehen, dass die Inhalte von Listen und Tupeln nicht homogen sein müssen; der Zugriff geschieht über Indizes und beginnt mit 0, also

```
EineListe[0] == 'abcdfegäÄß'
EineListe[1]== (1, 'a', 0.765).
```

Die Zuweisung zu Listen macht nur eine flache Kopie, sodass Änderungen propagiert werden:

```
In [31]: li = [1, 2, 3]
In [32]: cli = li
In [33]: cli
Out[33]: [1, 2, 3]
In [34]: li[2] = 'a'
In [35]: print('li = ', li, ', cli = ', cli)
li = [1, 2, 'a'], cli = [1, 2, 'a']
```

Der Zugriff auf nicht existierende Folgenelemente wird mit der Aktivierung der Ausnahme IndexError geahndet, vgl. Kapitel 8.

Die Funktion range(i, j) erzeugt ein iterierbares Objekt, das alle ganzen Zahlen k im Intervall $i \leq k < j$ darstellt. *Iterierbares Objekt* bedeutet, dass wir über das Objekt iterieren können:

```
In [48]: w  = range(3, 14)
In [49]: w
Out[49]: range(3, 14)
In [50]: for i in w: print(i) # druckt alle Zahlen 3, ..., 13 aus
```

Der Ausdruck range(n) ist gleichwertig mit range(0, n), es ist möglich, einen weiteren Parameter zur Spezifikation der Schrittweite anzugeben. Dazu später. Die interne Darstellung von range ist verborgen.

Zurück zu den Folgentypen. Für alle Folgentypen F sind die Operationen in Tabelle 3.1 definiert, soweit sie anwendbar sind.

Die Werte müssen jeweils passend sein, also für die Summenfunktion eine Summe erlauben, und für all und any müssen sie Boolesche Werte sein.

Als Beispiel definieren wir, spätere Erklärungen vorwegnehmend (vgl. Seite 28), li = [j for j in range(12)], also li == [0, 1, 2, 3, 4, 5, 6, 7, 8, 9, 10, 11]. Dann berechnet li[3: 19: 3] diese Elemente: li[3], li[6], li[9], das nächste Element hätte den Index 12, aber li[12] ist nicht in li enthalten.

```
In[68]: sum(li), li[3:8], li[3: 19: 3], all([x>3 for x in li])
Out[68]: (66, [3, 4, 5, 6, 7], [3, 6, 9], False)
```

(Out[68] konstruiert ein Tupel, vgl. Seite 33). Für änderbare Folgen F sind zusätzlich diese Operationen verfügbar:

F[i] = Wert	Wertzuweisung
F[i:j] = Wert	Zuweisung an einen Ausschnitt
F[i:j:s] = Wert	Zuweisung an einen Ausschnitt mit Schrittweite
	(len(F[i:j:s]) == len(Wert))
del F[i],	
del F[i:j],	Entfernungen
del F[i:j:s]	

Alle diese Operationen modifizieren ihr Argument, sofern ein änderbarer Typ vorliegt.

```
In [113]: li
Out[113]: [0, 1, 2, 3, -3, 5, 6, 7, 8, 9]
In [114]: li[3:5] = ['a', 3, 'c']
In [115]: li
Out[115]: [0, 1, 2, 'a', 3, 'c', 5, 6, 7, 8, 9]
In [116]: li[2:7:2]
Out[116]: [2, 3, 5]
In [117]: li[2:7:2] = [1, 2, 3, 4]

Traceback (most recent call last): ...
    li[2:7:2] = [1, 2, 3, 4]
ValueError: attempt to assign sequence of size 4 to extended slice
            of size 3

In [118]: li
Out[118]: [0, 1, 2, 'a', 3, 'c', 5, 6, 7, 8, 9]
In [119]: del li[2:7:2]
In [120]: li
Out[120]: [0, 1, 'a', 'c', 6, 7, 8, 9]
```

Tab. 3.1: Operationen auf sequentiellen Typen

F[i]	Das i-te Element von F mit i < len(F) (wir beginnen bei Null).
F[-i]	F[len(F)-i] für positives i <= len(F).
F[i:j]	Ausschnitt F[i],...,F[j-1].
F[:i]	Für positives i Abkürzung für F[0:i],
	für negatives i Abkürzung für F[0:len(F)+i].
F[i:]	Für positives i Abkürzung für F[i:len(F)],
	für negatives i Abkürzung für F[len(F)+i:len(F)].
F[:]	Die gesamte Liste.
F[i:j:weite]	Ausschnitt mit Schrittweite weite
len(F)	Länge von F.
min(F), max(F)	minimaler, maximaler Wert von F.
sum(F, [InitalWert])	Summiert F mit gegebenem, optionalem InitialWert.
all(F), any(F)	Überprüft, ob alle bzw. einige Elemente von F wahr sind.

Die Notation `li[:]` ist gleichwertig mit `li[0:len(li)]`, und `li[::s]` ist dasselbe wie `li[0:len(li):s]`. Insbesondere kehrt `li[::-1]` dann li um, und `li[:]` liefert eine Kopie von li. Während `li[-1]` das letzte Element der Liste liefert, schneidet `li[:-1]` das letzte Element weg.

Für Folgentypen F (Listen, Tupel, Zeichenketten) sind weiterhin diese Operationen definiert:

F + r	Konkatenation. Beide müssen vom selben Typ sein (Liste, Tupel, Zeichenkette)
F * n, n * F	Macht n Kopien von F mit n ganzzahlig, nicht-negativ.
n1, n2, . . . , nk = F	Mehrfachzuweisung an die ersten k Komponenten von F, das mindestens k Komponenten haben muss.
x in F, x not in F	Enthaltensein
for x in F:	Iteration über s.

Das kann trickreich sein, wenn man daran denkt, dass für Listen flache Kopien gemacht werden:

```
In [50]: a
Out[50]: [-1, 0, 4]
In [51]: d=[a]*3
In [52]: d
Out[52]: [[-1, 0, 4], [-1, 0, 4], [-1, 0, 4]]
In [53]: a[0]=19
In [54]: d
Out[54]: [[19, 0, 4], [19, 0, 4], [19, 0, 4]]
```

Für ein iterierbares Objekt können wir eine Liste erzeugen, wie die folgenden Beispiele zeigen:

```
In [9]: w = [j for j in range(-12, 23, 4)]
In [10]: w
Out[10]: [-12, -8, -4, 0, 4, 8, 12, 16, 20]
In [11]: v = [k for k in w if k % 3 == 1]
In [12]: v
Out[12]: [-8, 4, 16]
```

Bei der Definition der Liste w werden alle j im Bereich zwischen -12 und 23 mit Schrittweite 4 erfasst, die Definition von v filtert durch den Test if k % 3 == 1 alle Elemente aus w heraus, deren Rest bei der Division durch 3 genau 1 ergibt. Die Iteration über ein iterierbares Objekt wird also ganz ähnlich zu einer for-Schleife durchgeführt, wobei vor dem for ein Ausdruck steht, der typischerweise die Iterationsvariable enthält; der Test verläuft analog zu einer bedingten Anweisung, mit naheliegenden Änderungen. Diese Konstruktion heißt in der englischsprachigen Literatur *list comprehension*; ich kenne keinen guten deutsche Ausdruck dafür.

3.2.1 Listen

Die leere Liste wird durch [] notiert. Die Operationen auf Listen Li sind in Tabelle 3.2 zusammengefasst.

Tab. 3.2: Zusätzliche Operationen auf Listen

list(s)	Konvertiert ein iterierbares Objekt s in eine Liste.
Li.append(x)	Fügt das Element x an die Liste Li an.
Li.extend(L)	Konkateniert die Liste Li mit der Liste L.
Li.count(x)	Zählt die Häufigkeit von x in Li.
Li.index(x)	Gibt den kleinsten Index i in Li mit Li[i]==x
Li.index(x, anf)	(Start bei anf, Suche bis einschließlich ende).
Li.index(x, anf, ende)	
Li.insert(i, x)	Fügt x in Li an der Stelle i ein.
Li.pop(i)	Gibt das Element Li[i] zurück und entfernt es.
Li.pop()	Gleichwertig mit Li.pop(len(Li)-1).
Li.remove(x)	entfernt das erste Vorkommen von x in Li.
Li.reverse()	Dreht die Liste um.
Li.sort([key,] [reverse])	Sortiert die Liste, die einen einheitlichen Type haben muss; key, reverse: siehe unten.

Durch Li.append(x) wird die Liste Li verändert, wir haben also eine Methode vor uns, die Änderungen vor Ort (*in place*) vornimmt. Es handelt sich also nicht um eine Funktion oder Methode, die eine Liste zurückgibt, der Methodenaufruf Li.append(x) gibt vielmehr None als Wert zurück. Analog wird Li durch Li.extend(L) erweitert, indem die Liste L an Li angehängt wird:

```
In [2]: Li
Out[2]: [0, 1, 2, 3, 4, 5, 6, 7, 8, 9]
In [3]: print(Li.append(11))
None
In [4]: Li
Out[4]: [0, 1, 2, 3, 4, 5, 6, 7, 8, 9, 11]
In [13]: Li.extend(Li[:-4])
In [14]: Li
Out[14]: [0, 1, 2, 3, 4, 5, 6, 7, 8, 9, 11, 0, 1, 2, 3, 4, 5, 6]
```

Falls x nicht in Li enthalten ist, wird durch Li.search(x) oder Li.remove(x) die Ausnahme ValueError aktiviert, vgl. Kapitel 8. Li.sort() sortiert die aus sortierfähigen Elementen bestehende Liste aufsteigend. Wir können auch eine Schlüsselfunktion angeben (die mit key = spezifiziert werden muss), dann werden die Funktionswerte miteinander verglichen. Analog wird bei reverse = True in der umgekehrten Reihenfolge sortiert; key und reverse können miteinander kombiniert werden.

```
In [22]: Li
Out[22]: [0, 1, 2, 0, -1, -2]
In [23]: Li.sort()
In [24]: Li
Out[24]: [-2, -1, 0, 0, 1, 2]
In [30]: Li.sort(key=abs)
In [31]: Li
Out[31]: [0, 0, -1, 1, -2, 2]
In [32]: Li.sort(reverse=True)
In [33]: Li
Out[33]: [2, 1, 0, 0, -1, -2]
```

In [30] werden die absoluten Werte miteinander verglichen, wie der Aufruf mit dem
Parameter key=abs und das Ergebnis zeigen.

Listen können geschachtelt sein und sind dann Listen von Listen. Damit ist es zum
Beispiel möglich, Matrizen zu repräsentieren. So kann die Matrix

$$\begin{pmatrix} 1 & 2 & 3 \\ 4 & 5 & 6 \\ 7 & 8 & 9 \end{pmatrix}$$

als [[1, 2, 3], [4, 5, 6], [7, 8, 9]] oder als [[1, 4, 7], [2, 5, 8], [3, 6,
9]] dargestellt werden.

Sehen wir uns einige Beispiele für die Extraktion aus geschachtelten Listen an (es
ist zu bemerken, dass ein Ausdruck wie a[1, 2] hier syntaktisch nicht zulässig ist, da
lediglich ganze Zahlen oder Ausschnitte möglich sind):

```
In [5]: a = [[0, 1, 2, 3, 4, 5],
   ...:      [10, 11, 12, 13, 14, 15],
   ...:      [20, 21, 22, 23, 24, 25],
   ...:      [30, 31, 32, 33, 34, 35],
   ...:      [40, 41, 42, 43, 44, 45],
   ...:      [50, 51, 52, 53, 54, 55]]

In [6]: a[0][3:5]
Out[6]: [3, 4]

In [7]: [b[4:] for b in a[4:]]
Out[7]: [[44, 45], [54, 55]]

In [8]: [c[2] for c in a[:]]
Out[8]: [2, 12, 22, 32, 42, 52]

In [10]: [d[::2] for d in a[2::2]]
Out[10]: [[20, 22, 24], [40, 42, 44]]
```

```
In [14]: [e[::-1] for e in a[1:3]]
Out[14]: [[15, 14, 13, 12, 11, 10], [25, 24, 23, 22, 21, 20]]
```

3.2.2 Zeichenketten

Zeichenketten werden in Paaren von Anführungszeichen, wahlweise Paaren von Hochkommata, notiert. Beide Darstellungen sind gleichwertig. Die leere Zeichenkette ist ' ', sie hat die Länge 0. Obgleich der Wertevorrat für Zeichen in Python größer ist, werden wir uns im Wesentlichen auf die ASCII-Zeichen (mit Umlauten), die Ziffern, die üblichen mathematischen und relationalen Operatoren und einige Steuerzeichen (wie das Symbol *neue Zeile*, '\n', und *Tabulator* '\t') beschränken; wir diskutieren aus Platzgründen ebenfalls nicht alle zur Verfügung stehenden Methoden und Attribute, hierzu sei auf die Python-Dokumentation verwiesen[1].

Da Zeichenketten zu den nicht änderbaren Datentypen gehören, werden von den jeweiligen Methoden Zeichenketten als Resultate zurückgegeben, falls ihr Resultat eine Zeichenkette ist, z. B. 'abra'.upper() == 'ABRA'. Einige Methoden für die Zeichenkette Z (mit der Zeichenkette s als Argument, falls nötig) sind in der Tabelle 3.3 aufgeführt. Hier sind einige Beispiele:

- 'abra cadabra bla'.count('ra') gibt den Wert 2 zurück.
- Wir finden 'abra cadabra bla'.find('Y') == -1,
  'abra cadabra bla'.find('ra') == 2
  und 'abra cadabra bla'.rfind('ra') == 10.
  'abra cadabra bla'.index('Y') aktiviert die Ausnahme ValueError, vgl. Abschnitt 8.
- 'EinsZweiDrei'.join('123') gibt '1EinsZweiDrei2EinsZweiDrei3' zurück,
  'EinsZweiDrei'.join('12') hingegen '1EinsZweiDrei2'.
- 'EinsZweiDrei'.partition('Zw') == ('Eins', 'Zw', 'eiDrei'),
  aber 'EinsZweiDrei'.partition('A') gibt ('EinsZweiDrei', '', '') als Wert zurück.
- 'Ali Baba'.split() == ['Ali', 'Baba'] und
  'Ali Baba'.split('a') ==['Ali B', 'b', ''],
  hingegen 'Ali Baba'.split('Y') ==['Ali Baba'].
- Die Formatspezifikation S in Z.format(S) kann leer sein, dann bekommen wir Z als Wert zurück. Ist sie nicht-leer, so kann sie Parameter enthalten, die sich auf Angaben in Z in geschweiften Klammern beziehen; die aktuellen Parameter werden in der Spezifikation angegeben und der Reihe nach abgearbeitet:
  'Ali{}Baba{}'.format('-1-', '4711_k\n') == 'Ali-1-Baba4711_k\n'
  (das Steuerzeichen \n wird ist hier explizit sichtbar, bei
  print('Ali-1-Baba4711_k\n')

---

1 https://hg.python.org/cpython/file/3.6/Lib/string.py

Tab. 3.3: Populäre Methoden auf Zeichenketten

`Z.count(s)`	Zählt die Vorkommen von s in Z.
`Z.endwith(s)`	Überprüft, ob Z mit s endet.
`Z.startswith(s)`	Analog.
`Z.find(s)`	Gibt den Index des ersten Vorkommens von s in Z an, andernfalls -1.
`Z.index(s)`	Findet das erste Vorkommen von s in Z, oder aktiviert die Ausnahme `ValueError`.
`Z.rfind(s)`, `Z.rindex(s)`	Analog von rechts.
`Z.format(S)`	Formatiert Z der Spezifikation S zufolge.
`Z.isalnum()`, `Z.isalpha()`, `Z.isdigit()`, `Z.islower()`, `Z.isupper()`,	Offensichtliche Überprüfungsfunktionen
`Z.join(ss)`	Konkateniert Z mit den Elementen von ss als Separatoren; ss ist eine Folge von Zeichenketten.
`Z.lower()`, `Z.upper()`	Konversionen in Klein- bzw. Großbuchstaben.
`Z.lstrip(chrs)`, `Z.rstrip(chrs)`	Entfernt alle Vorkommen des Einzelzeichens chrs am Anfang bzw. am Ende.
`Z.partition(s)`	Partitioniert Z in ein Tupel (vor, s, nach), einen Teil vor vor s und einen nach nach s.
`Z.rpartition(s)`	Wie `Z.partition(s)`, sucht aber vom Ende.
`Z.split(s)`	Zerlegt Z vom Anfang ausgehend in Teil-Zeichenketten mit s als Trenner.
`Z.rsplit(s)`	Wie `Z.split(s)`, aber vom Ende ausgehend.
`Z.splitlines()`	Zerlegt Z in eine Liste von Zeilen.

bewirkt es dann einen Zeilenvorschub. Die Angaben in geschweiften Klammern können auch durchnummeriert werden, wie in

`'Ein {0} ist {1} ein {0}'.format('Hammel', 'doch'),`

was die bemerkenswerte Zeichenkette

`'Ein Hammel ist doch ein Hammel'`

ergibt (Wiederholungen sind also dadurch möglich). Ähnlich wie in den Sprachen C oder FORTRAN können Formatangaben gemacht werden, z. B.

`'{0:d}, {0:f} oder auch {0:E}'.format('3140')';`

die Ausgabe ist die Zeichenkette

`'3140, 3140.000000 oder auch 3.140000E03'+,`

denn die Zahl 3140 wird durch {0:d} dezimal, durch {0:f} als Gleitpunktzahl und durch {0:E} als Gleitpunktzahl mit einem Exponenten ausgegeben. Analog kann übrigens der Modulo-Operator % zur Formatierung der Ausgabe benutzt werden. Die Formatangabe `'%d, %f oder %E'%(3140, 3140, 3140)` weist jedem Element des Tupels eine Format-Angabe zu, die durch % eingeleitet wird (das stammt nun wirklich aus FORTRAN). Die Anweisung zur Formatierung ist der

Modulo-Operator, der zwischen der Zeichenkette '%d, %f oder auch %E' und dem Tupel (3140, 3140, 3140), das als Argument dient, steht. Die in der Zeichenkette stehenden Prozent-Zeichen dienen zur Kennzeichnung der Formatierungsangaben d, f und E, die die gleiche Bedeutung wie oben haben.

Die Formatierung von Zeichenketten macht eine kleine, aber für allgemeine Zwecke nicht besonders aufregende Teil-Sprache von Python aus. Wir gehen hier nur soweit darauf ein, wie wir es benötigen, und verweisen auf die genannte Dokumentation.

Die gelegentlich hilfreiche Funktion str, list konvertiert ihr Argument in eine Zeichenkette, also str(12.34) == '12.34' oder str([1, 2, 3]) == '[1, 2, 3]', es gilt list('abc') == ['a', 'b', 'c'].

3.2.3 Tupel

Tupel verhalten sich wie Listen, sind aber nicht änderbar; sie lassen die meisten der obigen Operationen zu, sofern keine Änderungen involviert sind. Das leere Tupel wird als () notiert, andere Tupel in Klammern durch Angabe der Komponenten, die durch Kommata getrennt sind, also z. B. x = ('abra', 17). Wenn ein Tupel nur wenige Komponenten hat, kann man die Komponenten bei der Definition ohne Klammern schreiben, also x = 'abra', 17 im obigen Beispiel. Andererseits kann man auch a, b = x schreiben und weist damit der Variablen a den Wert 'abra' und der Variablen b den Wert 17 zu. Das Tupel yy = ('Alma') der Länge 1 kann auch definiert werden durch yy = 'Alma', (beachten Sie das Komma). Analog zur Funktion list verwandelt die Funktion tuple ihr iterierbares Argument in ein Tupel, also tuple('Abc') == ('A', 'b', 'c').

Das Analogon zu Listen-Ausdrücken der Form [j for j in . . .] gibt es ebenfalls für Tupel, z. B. v = (abs(j) for j in range(-17, 17)). Dann ist v allerdings kein Tupel, sondern ein *Generator*, dem wir seine Geheimnisse in Abschnitt 4.6 entlocken werden.

Ein Tupel kann veränderliche Werte enthalten, also zum Beispiel eine Menge oder eine Liste. Ändert sich der entsprechende Wert, so ändert sich auch das Tupel:

```
In [52]: s
Out[52]: ({1, 2, 3},)
In [53]: s[0].add(6)
In [54]: s
Out[54]: ({1, 2, 3, 6},)
```

Die Unveränderlichkeit bezieht sich also ausschließlich auf die oberste Ebene.

3.2.4 Mengen

Mengen sind ungeordnete Kollektionen von eindeutigen Objekten. Sie kommen in Python in zwei Geschmacksrichtungen vor: als veränderbare und als unveränderbare Mengen. Mit s = set([1, 2, 3]) wird eine veränderbare Menge definiert, mit f = frozenset([1, 2, 3]) eine unveränderbare Menge (s hätte auch als set((1, 2, 3)), f auch als frozenset((1, 2, 3)) definiert werden können: Es kommt offenbar nicht darauf an, ob die Elemente durch eine Liste oder ein Tupel präsentiert werden). Die Reihenfolge der Elemente in einer Menge ist unwesentlich, es zählt nur, ob ein Element in der Menge ist oder nicht. Auf dieser Ebene findet sich keine Unterscheidung zwischen Mengen und ihren unveränderbaren Zwillingen, es gilt s == f mit den Definitionen von oben.

Beide Varianten unterstützen diese Operationen:

len(s)	Anzahl der Elemente in s.
s.copy()	Gibt eine Kopie von s zurück.
s.difference(t)	$\{j \in s \mid j \notin t\}$, also die Mengendifferenz von s und t.
s.intersection(t),	
s.union(t)	
s.symmetric_difference(t)	Durchschnitt, Vereinigung bzw. symmetrische Differenz von s und t.
s.issubset(t),	
s.issuperset(t),	
s.disjoint(t)	Testoperationen.

Der Parameter t kann ein iterierbares Objekt in Python sein, also zum Beispiel eine Menge, Liste, Tupel oder Zeichenkette. Die Art der zurückgegebenen Menge (veränderbar, unveränderbar) bei den Operationen s.difference, s.intersection, s.union und bei s.symmetric_difference ist dieselbe wie die von s. Die Operationen sind auch als algebraisch notierte Operationen verfügbar:

s | t	Vereinigung
s & t	Durchschnitt
s - t	Mengendifferenz
s ^ t	Symmetrische Differenz

Ist s eine veränderbare Menge, so sind die folgenden Operationen auf s definiert:

s.add(x)	Fügt Element x in s ein.
s.clear()	Entfernt alle Elemente aus s.
s.discard(x)	Entfernt x aus s (falls x nicht in s ist, geschieht nichts).
s.intersection_update(t)	Berechnet den Durchschnitt von s und t und lässt das Resultat in s.
s.pop()	Gibt ein beliebiges Element von s aus und entfernt es.
s.remove(x)	Entfernt x aus s (falls x nicht in s ist, wird die Ausnahme KeyError aktiviert).
s.update(t)	Fügt alle Elemente aus t in s ein.

Die Operationen verändern s und geben mit Ausnahme der Methode pop den Wert None zurück; t kann ein beliebiges iterierbares Objekt sein.

Mengen sollten mit Bedacht verwendet werden, weil sie einige unliebsame Überraschungen bieten können.

```
In [134]: a = set([1, 2, 3])
In [135]: b = set([1, a])
Traceback (most recent call last):
  File "<ipython-input-135-31df8ce6e07b>", line 1, in <module>
    b = set([1, a])
TypeError: unhashable type: 'set'
```

Hier scheitert die Einfügung einer Menge a in eine andere Menge. Das liegt daran, dass sich die Menge a möglicherweise ändern kann, der Wert also keinen festen und unveränderlichen Platz in der Symboltafel bekommt. Erst wenn wir sicherstellen, dass sich die Menge a nicht ändern kann, wir sie also als frozenset erzeugen, lässt sich a in eine andere Menge einfügen:

```
In [137]: a = frozenset([1, 2, 3])
In [138]: b = set([1, a])
In [139]: b
Out[139]: {1, frozenset({1, 2, 3})}
```

Mengen verfügen in **Python** also nicht über die Flexibilität, wie sie Sprachen wie SETL bieten (das dafür einen beträchtlichen Preis in der Performanz zahlen muss). Auf der anderen Seite haben wir nicht den hohen Grad an Parametrisierbarkeit, wie wir sie etwa in **Haskell** beobachten können.

3.2.5 Lexika

Ein Lexikon speichert Daten *assoziativ* – Sie schauen einen Begriff in einem Lexikon nach, indem sie seinen Eintrag aufrufen und den Inhalt lesen, den Sie dort finden. Es wäre allerdings verwunderlich, einen Eintrag einmal an einer, dann wieder an einer anderen Stelle zu finden. Diese Überlegung wird durch Pythons Datentyp dictionary implementiert[2].

In einem Lexikon wird einem *Schlüssel* ein *Wert* zugeordnet, sodass ein Lexikon mathematisch gesehen eine (partielle) Abbildung ist. Sie können ein Lexikon initialisieren, einen Eintrag eingeben, modifizieren, löschen oder ihn nachschlagen. Lexika können kopiert oder entfernt werden, wir können über sie iterieren, und es gibt eine *comprehension*-Operation für sie.

---

2 Dieses Buch ist auf Deutsch und nicht auf denglisch geschrieben, deshalb verwenden wir den guten alten deutschen Begriff *Lexikon* statt der anglisierten Version *Dictionary*.

Das sind die Grundoperationen auf diesem Datentyp, die das leere Lexikon {} als Konstante hat. Schlüssel in einem Lexikon müssen Werte unveränderlichen Typs sein; hierzu gehören die primitiven Typen, Zeichenketten, Tupel oder eingefrorene Mengen (**nicht** jedoch Listen oder veränderliche Mengen), auch ihre Komponenten müssen unveränderlich sein. Die in einem Lexikon abgespeicherten Werte können hingegen von beliebigem Typ sein.

Lexika können mathematisch als Abbildungen aufgefasst werden, sie haben also einen Definitionsbereich und einen Wertebereich. Der Definitionsbereich, also die Menge aller Schlüssel, darf keine Instanzen veränderlicher Typen enthalten; Typen können gemischt werden.

```
In [1]: Lex = {}
In [2]: Lex['abra'] = 'cadabra'
In [3]: Lex[17] = 42
In [4]: Lex
Out[4]: {17: 42, 'abra': 'cadabra'}
```

Definition und Zugriff erfolgen hier über einen Schlüssel; die Zeile Out[4] hätte auch zur Definition eines Lexikons herangezogen werden können (in der Tat sind In und Out als Lexika im Interpreter implementiert, wie Sie leicht selbst feststellen können).

```
In [22]: Neu = {42: 'Antwort auf alle Fragen',\
               3: set((5, 7)), 51 : [3, 17]}
In [23]: a, b = frozenset([3, 4, 5]), set([13, 14, 15])
In [24]: Neu[a] = b
In [25]: Neu
Out[25]:
{51: [3, 17],
 42: 'Antwort auf alle Fragen',
 3: {5, 7},
 frozenset({3, 4, 5}): {13, 14, 15}}
In [26]: Neu[b] = a
Traceback (most recent call last): ...
    Neu[b] = a
TypeError: unhashable type: 'set'
In [27]: Neu[[1, 2, 3]] = 17
Traceback (most recent call last): ...
    Neu[[1, 2, 3]] = 17
TypeError: unhashable type: 'list'
In [28]: Neu[(1, 2)] = 17
In [29]: Neu
Out[29]:
{(1, 2): 17,
 ...
 frozenset({3, 4, 5}): {13, 14, 15}}
```

Tab. 3.4: Operationen und Methoden für Lexika

`len(dict)`	Anzahl der Schlüssel-Wert-Paare in dict.
`dict[k]`	Zugriff auf den Wert, der unter k gespeichert ist.
`del dict[k]`	Entfernt den Schlüssel k und seinen Wert aus dict.
`k in dict`	True genau dann, wenn k ein Schlüssel in dict ist.
`k not in dict`	True genau dann, wenn k kein Schlüssel in dict ist.
`dict.clear()`	Leert das Lexikon.
`dict.copy()`	Kopiert das Lexikon.
`dict.items()`	Alle Schlüssel-Wert-Paare als iterierbares Objekt.
`dict.keys()`	Alle Schlüssel als iterierbares Objekt.
`dict.values()`	Alle Werte als iterierbares Objekt.
`dict.get(k, val)`	Falls k in dict, so wird dict[k] zurückgegeben, sonst val.
`dict.get(k)`	Abkürzung für dict.get(k, None).
`dict.setdefault(k, x)`	Setzt dict[k] = x, falls k not in dict.
`dict.setdefault(k)`	Äquivalent zu dict.setdefault(k, None)
`dict.update(NochNDict)`	Fügt Lexikon NochNDict zu dict hinzu, überschreibt Werte bereits vorhandener Schlüssel.
`dict.fromkeys(iter, x)`	Konstruiert ein neues Lexikon dict und setzt dict[k] = x für jedes Element k des iterierbaren Objekt iter.
`dict.fromkeys(iter)`	Äquivalent zu dict.fromkeys(iter, None)

Sie sehen, dass auf die Verwendung einer Menge oder einer Liste als Schlüssel mit einer Fehlermeldung reagiert wird, unveränderliche Mengen oder Tupel aber als Schlüssel verwendet werden können. Der Verwendung von Werten sind keine Beschränkungen auferlegt.

Die Operatoren und Methoden, die für ein Lexikon dict definiert sind, sind in der Tabelle 3.4 zu finden.

Falls `k not in dict` für das Lexikon dict, so aktiviert dict[k] die Ausnahme KeyError, während dict.get(k) den Wert None zurückgibt, vgl. Abschnitt 8. Das ist gelegentlich recht praktisch.

Sehen wir uns als Beispiel die Berechnung der Fibonacci-Zahlen[3] an. Die n-te Fibonacci-Zahl F_n greift zu ihrer Berechnung auf ihre beiden Vorgänger zurück. Statt F_n also rekursiv zu berechnen, können wir das durch Nachschlagen und Eintragen in ein Lexikon tun:

```
In [98]: def DictFib(n):
    ...:     fib = {0:0, 1:1}
    ...:     for j in range(2,n+1):
    ...:         fib[j] = fib[j-1]+fib[j-2]
    ...:     return fib[n]
```

---

3 Was wären Texte zur Informatik ohne die Fibonacci-Zahlen? Allein dadurch hat sich Leonardo Fibonacci um unsere Zunft verdient gemacht.

```
In [99]: DictFib(200)
Out[99]: 280571172992510140037611932413038677189525
```

Wir initialisieren also das lokale Lexikon fib durch Angabe der Werte, die es für die Schlüssel 0 und 1 bereitstellen soll, dann tragen wir für jeden Schlüssel j zwischen 2 und n als Wert die Werte für die beiden vorhergehenden Schlüssel ein.

Das nächste Beispiel benutzt ein Lexikon, um die Anzahl von Aufrufen zu zählen. Hierzu instrumentieren wir die direkte Übertragung der Definition der Fibonacci-Zahlen. Jeder Aufruf wird für den entsprechenden Parameter gezählt, sodass wir am Schluss sagen können, wie oft die Funktion für diesen Parameter aufgerufen wurde, um das Endergebnis zu erhalten.

```
def FibStat(k):
    dieStat = {}.fromkeys(range(k+1), 0)

    def Fib(n):
        dieStat[n]  = dieStat[n] + 1
        if n <= 0: return 0
        elif n == 1: return 1
        else: return Fib(n-1) + Fib(n-2)

    l = Fib(k)
    return dieStat
```

Wir initialisieren das Lexikon dieStat, das für den Aufruf FibStat(k) die Schlüssel 0, ..., k haben soll; durch den Aufruf dieStat ={}.fromkeys(range(k+1), 0) wird der Wert für jeden Schlüssel initial auf 0 gesetzt. Die Methode fromkeys ist statisch (vgl. Abschnitt 7.1.1): Unabhängig vom verwendeten Lexikon wird ein neues Lexikon mit den gewünschten Eigenschaften geliefert. Wir verwenden das leere Lexikon {} zur Starthilfe (denn wir benötigen ein Lexikon, um die Methode zu verankern). Für jeden Aufruf erhöhen wir den entsprechenden um 1. Die Fibonacci-Zahlen tauchen auch in der Statistik wieder auf, aber das ist ja kein Wunder (hier gibt ww[k] die Anzahl der Aufrufe von Fib(k) an).

```
In [52]: ww = FibStat(33)
In [53]: for j in range(0, 33, 4):
    ...:     print([(i, ww[i]) for i in range(j, j+4)\
                 if i in ww.keys()])

[(0, 2178309), (1, 3524578), (2, 2178309), (3, 1346269)]
[(4, 832040), (5, 514229), (6, 317811), (7, 196418)]
[(8, 121393), (9, 75025), (10, 46368), (11, 28657)]
[(12, 17711), (13, 10946), (14, 6765), (15, 4181)]
[(16, 2584), (17, 1597), (18, 987), (19, 610)]
```

```
[(20, 377), (21, 233), (22, 144), (23, 89)]
[(24, 55), (25, 34), (26, 21), (27, 13)]
[(28, 8), (29, 5), (30, 3), (31, 2)]
[(32, 1), (33, 1)]
```

Mit dict können wir eine Menge oder eine Liste von Paaren, die jeweils als Tupel gegeben sind, in ein Lexikon konvertieren. Es steht auch für Lexika eine Variante der *set comprehension* (vgl. Seite 28) zur Verfügung, wie das Beispiel zeigt.

```
In [1]: w = {(i, i*i) for i in range(10)}
In [2]: w
Out[2]:
{(0, 0),
 (1, 1),
 ...
 (9, 81)}
In [3]: type(w)
Out[3]: set
In [4]: dd = dict(w)
In [5]: type(dd)
Out[5]: dict
In [6]: dd1 = {i:dd[i] for i in dd if dd[i] < 12}
In [7]: dd1
Out[7]: {0: 0, 1: 1, 2: 4, 3: 9}
```

Die Menge w wird also als Menge von Paaren, genauer zweielementigen Tupeln, definiert und in Zeile In[5] durch den Aufruf der Funktion dict in ein Lexikon transformiert. Daraus wird in Zeile In[6] ein Lexikon extrahiert, das genau die Elemente enthält, deren Eintrag nicht größer als 12 ist.

3.3 Reihenfolge der Auswertung

Die Tabelle 3.5 gibt Auskunft über die Reihenfolge, in der Python Ausdrücke auswertet. Alle Operatoren werden von links nach rechts ausgewertet, mit Ausnahme des Potenzoperators **, der rechts-assoziativ ist (sodass also gilt a**b**c === a**(b**c)). Operatoren, die zuerst in der Tabelle aufgeführt sind, werden vor denen ausgewertet, die später folgen, solche in derselben Zeile haben dieselbe Präzedenz. Einige Operationen (Attribute, Lambda) sind hier noch nicht bekannt; macht nix.

Tab. 3.5: Reihenfolge der Auswertung

`(...)`, `[...]`, `{...}`	Erzeugung von Tupel, Listen, Lexika
`L[i]`, `L[i:j]`	Index-Operationen
`s.attr`	Attribute
`f(...)`	Funktionsaufrufe
`+x, -x, ~x`	Unäre Operationen
`x ** y`	Potenz-Bildung
`x*y, x/y, x//y, x % y`	Multiplikation, Division, Gaußsche Klammer, Rest
`x+y, x-y`	Addition, Subtraktion
`x << y, x >> y`	Bit-Shifting
`x & y`	Bitweises *und*
`x ^ y`	Bitweises *xor*
`x | y`	Bitweises *oder*
`x ρ y`	Tests ($\rho \in \{<, <=, >, >=, ==, !=, \text{is}, \text{is not}, \text{in}, \text{not in}\}$)
`not x`	Negation
`x and y`	Konjunktion
`x or y`	Disjunktion
`lambda args: expr`	Lambda-Ausdruck (anonyme Funktion)

3.4 Ein Beispiel: Prioritätswarteschlangen als Lexika

Warteschlangen werden nach dem Prinzip *wer zuerst kommt, mahlt zuerst* verwaltet. Im täglichen Leben müssen aber meistens gewisse Prioritäten respektiert werden. Eine Arbeit, die dringend ist, sollte früher erledigt werden als solche Arbeiten, deren Dringlichkeit auf der Liste nicht ganz oben steht (hierbei spielt das *Lustprinzip* keine Rolle, es ist eher an die sogenannte *eiserne Pflicht* gedacht). Wenn man solche Aufgaben verwalten möchte, so ist eine Warteschlange nicht die angemessene Datenstruktur. Das liegt daran, dass eine Warteschlange strikt nach dem *FIFO*-Prinzip *first in, first out* abgearbeitet wird, daher ist kein Platz für eine Steuerung durch Prioritäten vorhanden.

Eine andere Datenstruktur muss also her! Wenn man priorisierte Aufgaben verwalten möchte, so bietet sich naturgemäß als Datenstruktur eine Prioritätswarteschlange an, mit deren Hilfe Aufgaben ihrer Priorität gemäß abgearbeitet werden können: Die Aufgabe mit der höchsten Priorität wird stets als nächste bearbeitet. Dafür sorgt diese Datenstruktur, die zunächst als abstrakter Datentyp modelliert und dann implementiert wird. Es stellt sich heraus, dass ein binärer Baum eine gute Realisierung darstellt (wer hätte das gedacht?), dass sich dieser binäre Baum mit Hilfe eines Lexikons realisieren lässt und dass ein populärer Sortieralgorithmus im Hintergrund lauert. Das wird sich als Folgerung aus unseren Überlegungen ergeben.

3.5 Der abstrakte Datentyp *Prioritätswarteschlange*

Zur Formulierung unseres abstrakten Datentyps nehmen wir an, dass wir einen Prozessor haben, vor dem eine Menge von Jobs wartet. Der Begriff *Prozessor* dient hier als abstrakte Begriffsbildung; dies kann z. B. ein Arzt sein, in dessen Wartezimmer eine Menge von Patienten geduldig ausharrt, aber auch auch ein Drucker, auf dessen Zuteilung eine Menge von Druckaufgaben wartet. Ein solcher Prozessor kann schließlich auch ein Bankangestellter sein, vor dessen Bürotür sich kreditsuchende Kunden tummeln. Gemeinsam ist all diesen Szenarien, dass nach Prioritäten vorgegangen wird: Der Arzt wird meist denjenigen Patienten behandeln, dessen Behandlung am dringendsten ist, der Drucker wird solche Druckaufträge zuerst abarbeiten, die entweder von privilegierten Benutzern stammen oder hinreichend klein – und damit schnell abgearbeitet – sind, ein Bankangestellter wird solche Kunden bevorzugt behandeln, bei denen der Geschäftsabschluss den meisten Profit verspricht.

Wenn wir dies ein wenig abstrakter beschreiben, so kommen wir auf die folgende Situation: Die vor einem Prozessor wartenden Jobs erhalten eine Rangnummer, aus der sich die Priorität der Abarbeitung ergibt. Je niedriger die Rangnummer ist, desto höher ist die *Priorität*. Der Job mit der höchsten Priorität (also der kleinsten Rangnummer) wird zuerst abgearbeitet. Wir nehmen nicht unbedingt an, dass die Anzahl der wartenden Jobs, also sozusagen die Kapazität des Prozessors, nach oben beschränkt ist.

Getreu der Devise, abstrakte Datentypen zunächst abstrakt, also unabhängig von einer Realisierung zu betrachten, formulieren wir zunächst einmal die Operationen auf einer solchen Prioritätswarteschlange, ohne uns gleich Gedanken über die Implementierung zu machen.

Die folgende Operationen erscheinen unmittelbar als notwendig zur Sicherung der Funktionalität der Prioritätswarteschlange:
- Initialisierung der Struktur;
- Einfügen eines Jobs entsprechend seiner Rangnummer (und damit seiner Priorität);
- Entfernung des Jobs, der als nächster abgearbeitet werden wird;
- Inspektion des nächsten Jobs im Hinblick auf seine Priorität;
- Überprüfung: Ist die Prioritätswarteschlange leer?
  In diesem Fall haben wir keinen Job, der abgearbeitet werden muss (der Arzt kann also einen Kaffee trinken gehen).
- Ausgeben der Prioritätswarteschlange.

Wenn Sie sich diese Kollektion von Aufgaben anschauen, so stellen Sie fest, dass wir bereits jetzt in der Lage sind, mit solchen Prioritätswarteschlangen zu arbeiten, *sofern* wir die Signaturen für die entsprechenden Operationen angeben. Wir können dann zwar die entsprechenden Algorithmen noch nicht ausführen, sind aber sehr wohl in der Lage, Prioritätswarteschlangen bei der Deklaration anderer Funktionen zu berücksichtigen und auch entsprechende Aufrufe von Funktionen zu planen. Aber das nur am Rande.

Naive Realisierung als geordnetes Feld

Als erste Realisierungsmöglichkeit für einen solchen abstrakten Typ kommt eine Liste als geordnetes Feld in Betracht: Man sortiere die Jobs aufsteigend gemäß ihrer Rangfolge, sodass der Job mit dem kleinsten Rang (also mit der höchsten Priorität) am Anfang des Feldes steht. Man hat dann Zugriff auf den gewünschten Job mit der höchsten Priorität, indem man auf das erste Element des Felds zugreift.

Sehen wir uns kurz die Realisierung der gerade herausgearbeiteten Operationen an:

- Initialisierung der Struktur: trivial;
- Einfügen eines Jobs: Man sortiere den Job entsprechend der Ordnung in das Feld ein;
- Entfernung eines Jobs: Man entferne den Job am Anfang und lasse die restlichen Jobs jeweils eine Position aufrücken;
- Inspektion des nächsten Jobs: Man sehe sich das nächste Element an;
- Überprüfung, ob die Warteschlange leer ist: ebenfalls trivial;
- Ausgeben der Kollektion: auch einfach.

Sie sehen also, dass die meisten Operationen trivial sind. Die Überprüfung, ob wir eine leere Warteschlange vor uns haben, lässt sich etwa leicht anhand eines mitgeführten Zählers realisieren.

Abschätzung des Rechenaufwands

Das sieht insgesamt doch ganz gut aus. Wo liegt das Problem? Man überlegt sich, dass diese Realisierung nicht besonders effizient ist. Nehmen wir an, wir haben n Elemente, so sind im schlechtesten Fall linear viele Operationen durchzuführen: Es müssen n Vergleiche durchgeführt werden (dies ist der schlechteste Fall, falls das neue Element nämlich einen Rang hat, der höher ist als der aller anderen Elemente) oder es müssen im schlechtesten Fall n Elemente verschoben werden (dies ist der Fall, wenn das neue Element die höchste Priorität aller bereits vorhandenen Elemente hat: dann rückt es direkt nach vorne).

Hat man insgesamt n Elemente zu verwalten, so stellt sich heraus, dass dieser naive Ansatz des Sortierens durch Einfügen im schlechtesten Fall etwa n^2 Operationen erfordert (im durchschnittlichen Fall übrigens auch). Um tausend Elemente zu verwalten, hätten wir etwa eine Million Operationen durchzuführen.

Wir werden in der Folge eine Methode kennen lernen, mit der es möglich ist, bei tausend Elementen mit etwa zehntausend Operationen auszukommen, was offenbar eine erhebliche Reduktion der Rechenzeit bedeutet.

Dicht vorbei ist auch daneben

Analysieren wir die Ausgangssituation, so stellen wir fest, dass wir mit der Konstruktion eines geordneten Feldes **weit** über das Ziel hinaus geschossen sind. Es kommt für unser Problem doch nur darauf an, dass wir Zugriff auf das *kleinste Element* einer Menge haben. Die Sortierung befasst sich mit *allen Elementen* des zugrunde gelegten Feldes. Man könnte jetzt also versuchen, das kleinste Element eines Feldes stets griffbereit zu halten, ohne gleich alle Elemente zu sortieren.

Der naheliegende Versuch besteht nun darin, das Feld nicht weiter zu verarbeiten, sondern bei Bedarf lediglich das kleinste Element zu suchen und das dann auszugeben. Man überlegt sich jedoch mit einer Argumentation völlig analog zu der zum Sortieren eines Feldes durch Einfügen, dass zur Verarbeitung von n Elementen wieder etwa n^2 Operationen notwendig sind. Dies liegt daran, dass man im schlechtesten Fall bei einem vorgegebenen Element n Vergleiche durchzuführen hat.

Diese einfachen Möglichkeiten sind offenbar nicht dazu geeignet, unser Problem effizient zu lösen. Wir führen deshalb die Datenstruktur *Heap* ein.

3.6 Heaps

Ein Beispiel für einen Heap finden Sie in Abbildung 3.1. Ein Heap ist, wie Sie unschwer an der Abbildung erkennen können, ein binärer Baum. In jedem Knoten ist eine ganze <u>Zahl</u> zu finden, da wir Prioritäten durch ganze Zahlen modellieren. Zusätzlich hat jeder Knoten eine Platznummer, die in der Abbildung unter dem Knoten steht und mit deren Hilfe wir mit einer Breitensuche oder auch mit bloßem Auge die Position des Knoten charakterisieren können.

Sie sehen, ohne auf Eigenschaften dieses binären Baums weiter einzugehen, dass das kleinste Element dieser Kollektion in der Wurzel steht. Daher haben wir es mit der Konstruktion von Heaps erreicht, schnell einen Zugriff auf das kleinste Element zu bekommen. Wie dies geschieht, soll im folgenden näher diskutiert werden.

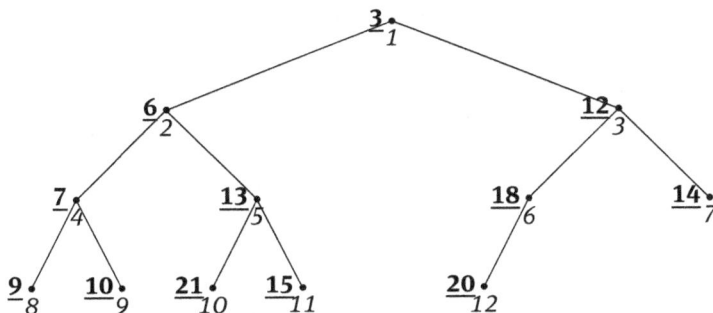

Abb. 3.1: Ein Heap

Definition eines Heap

Ein *Heap* ist also ein binärer Baum, für den folgendes gilt:
- Der Baum hat keine Löcher im Inneren.
- Jeder Knoten trägt eine ganze Zahl als Beschriftung (also als Inhalt).
- Die Beschriftung jedes Knotens ist kleiner als die Beschriftung seiner Söhne.

Sie überprüfen diese Eigenschaften leicht anhand des vorgelegten Beispiels, die ziemlich dunkel funkelnde Formulierung *hat keine Löcher im Inneren* muss natürlich noch präzisiert werden. Das tun wir gleich.

Wir verteilen Platznummern für die einzelnen Knoten. Dies tun wir analog zum bekannten Breitendurchlauf durch binäre Bäume. Anders als bei der Breitensuche können wir diese Platznummern jedoch genau charakterisieren: Die Wurzel bekommt die Platznummer *1*, hat ein Knoten die Platznummer *i*, so bekommt sein *linker Sohn* die Platznummer *2i* und sein *rechter Sohn* die Platznummer *2i* + 1.

Damit lässt sich jetzt auch unsere Definition vervollständigen. Wenn wir *n* Knoten haben, so sollen alle *n* Platznummern auch tatsächlich vergeben sein. Dies ist unsere Forderung, dass ein Heap *im Inneren frei von den Löchern ist*. Sie könnten vielleicht versuchen, einen binären Baum mit Löchern zu konstruieren, in dem die angegebene Bedingung nicht erfüllt ist.

Datenstrukturen für Heaps

Die Formulierung eines Heap als binärer Baum liegt nahe: Das könnte man tun, es gibt aber eine erprobte, wesentlich einfachere Realisierungsmöglichkeit. Wir können einen Heap als Liste darstellen, und diese Möglichkeit möchte ich jetzt kurz diskutieren. Wenn wir einen binären Baum ohne Löcher haben, so können wir daraus ein Feld konstruieren, in dem jedes Element besetzt ist: Wir ordnen dem Knoten i das Listenelement a[i] zu. Dieser *Konversionstrick* arbeitet natürlich genauso gut in umgekehrter Reihenfolge, wie Sie sich leicht klar machen können. Mit dieser Überlegung der Gleichwertigkeit der Darstellung von Feldern und Bäumen (zumindest in diesem Spezialfall) lassen sich Heaps jetzt sehr einfach charakterisieren.

Eine Liste a ganzer Zahlen heißt ein *Heap*, falls a[i/2] < a[i] für alle Indizes i = 2, . . . ,n gilt.

Als erwünschte Konsequenz ergibt sich jetzt direkt, dass in einem Heap das kleinste Element stets in der Wurzel steht, also im Element a[1].

Sie erinnern sich bestimmt daran, dass Listen üblicherweise mit dem Index 0 beginnen. Wegen der hübschen geometrischen Entsprechung zwischen Feldern und Bäumen halten wir uns hier jedoch an die Konvention, dass wir die zu bearbeitenden Feldelemente vom ersten Index abspeichern, das Element mit dem Index 0 also unberücksichtigt lassen. Dies ist eine Verschwendung von Speicherplatz, die Ihnen aber nicht den Schlaf rauben sollte.

Die Verwendung von Listen zur Realisierung von Heaps ist eine direkte Übertragung der üblichen und bewährten Idee aus prozeduralen Programmiersprachen, Felder als implizite Datenstruktur zur Realisierung heranzuziehen. Damit wird der Baum linearisiert und in konsekutiven Speicherzellen abgelegt. Ich möchte hingegen eine Realisierung als Lexikon aufzeigen, die eher der intuitiven Idee entspricht, den Wert eines Eintrags nachzuschlagen: In diesem Fall haben wir eine Priorität und sehen nach, welches Objekt damit gemeint ist. Das erscheint anschaulicher als die Linearisierung durch eine Liste. Die Implementierung ändert sich jedoch nicht signifikant. Wir könnten dasselbe Lexikon, das den Heap für uns trägt, aber auch noch zur Aufbewahrung anderer Informationen benutzen, sodass wir bei der Nutzung des Lexikons heap lediglich den Ausschnitt $\{1, \ldots, n\}$ aus dem Definitionsbereich betrachten, wenn die Prioritätswarteschlange n Objekte umfasst.

Ein Lexikon heap heißt ein *Heap* mit n Elementen, falls für alle Indizes i = 1,...,n gilt i in heap und heap[i/2] < heap[i], falls i >= 2. Wir nehmen an, dass für diese Schlüssel i der Wert heap[i] ganzzahlig ist. Diese Annahme wird später abgeschwächt; wesentlich ist für unsere Diskussion zunächst, dass wir die Möglichkeit haben, zwei Einträge im Hinblick auf ihre Größe zu vergleichen.

Konstruktion von Heaps

Wir werden Heaps aufbauen, indem wir Elemente schrittweise in einen anfangs leeren Baum einfügen. Wie diese Einfüge-Operation arbeitet, sei an diesem Beispiel in Abbildung 3.2 verdeutlicht.

Nehmen wir an, wir haben den dargestellten Heap gegeben und wollen die Zahl 11, die offensichtlich nicht im Baum enthalten ist, in den Heap einfügen. Wir verschaffen uns zunächst einen neuen Knoten, den wir rechts vom Knoten mit dem Inhalt 20 einfügen und verbinden diesen neuen Knoten mit dessen Vaterknoten. Offensichtlich ist hier die Heap-Bedingung verletzt, da 18 größer als 11 ist. Wir vertauschen die Zahlen 18 und 11, auch hier ist die Heap-Bedingung jedoch wieder verletzt, weil 12 größer

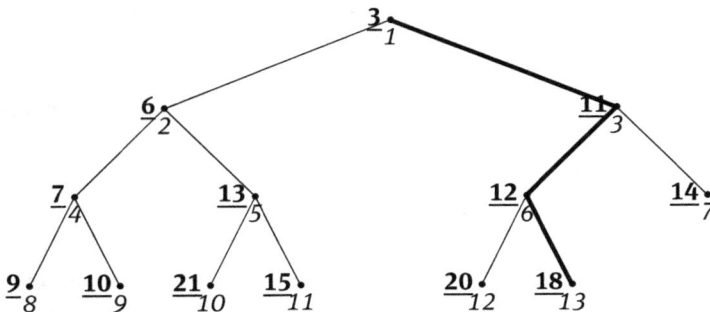

Abb. 3.2: Einfügung des Elements 11 in den Heap aus Abbildung 3.1

als 11 ist. Also vertauschen wir 12 und 11. Sie sehen, dass die Elemente 12 und 18 im Baum nach unten, also in Richtung der Blätter wandern. Nun ist die Welt in Ordnung: 3 ist größer als 11, es braucht keine weitere Tausch-Operation durchgeführt zu werden.

Damit haben wir bei der Einfügung eines neuen Elementes durch diese Überlegungen die Heap-Eigenschaft wieder hergestellt. Der Knoten, mit dem ein neu zu schaffender Knoten als Vaterknoten zu verbinden ist, ergibt sich unmittelbar aus der geometrischen Struktur des Baums: Wollen wir ein weiteres Element einfügen, so müssen wir beim gegenwärtigen Stand der Dinge einen Knoten erzeugen, der als Vaterknoten den mit 14 beschrifteten Knoten enthalten würde. Wir wandern also auf der Ebene der Blätter von links nach rechts, sollte diese Ebene bereits gefüllt sein, so fangen wir eben eine neue an. Aber das sollte klar sein.

Der Algorithmus zum Einfügen

Den Einfüge-Algorithmus können wir nun ein wenig präziser darstellen. Als Eingabe dienen ein Heap heap mit n Elementen und ein neues Element x, das ganzzahlig sein sollte. Als Ausgabe erwarten wir einen Heap heap mit n+1 Elementen, hierbei ist das neue Element x seiner Größe gemäß eingefügt. Dabei gehen wir folgendermaßen vor: Wir erzeugen einen neuen Knoten n+1, setzen heap[n+1] = x (fügen also den neuen Knoten n+1 mit Beschriftung x in den Baum ein). Dann rufen wir die Funktion Einfuegen(n+1) auf.

Es bleibt also lediglich die Formulierung dieser Funktion zum Einfügen zu formulieren, dann haben wir zumindest eine informelle Darstellung unseres Algorithmus. Sie arbeitet wie folgt:
- Ist k = 1, so ist nichts zu tun;
- ist k > 1, so geschieht folgendes:
  Falls heap[k/2] > heap[k] gilt, so vertausche heap[k/2] mit heap[k], und rufe dann Einfuegen(k/2) auf.

Die zentrale Operation der Einfügung ist naturgemäß rekursiv. Wenn wir den Knoten k betrachten, so ist in dem Fall, dass es sich um den Wurzelknoten handelt, nichts zu tun (das ist der Fall k = 1). Sind wir jedoch nicht in der Wurzel, so hat der entsprechende Knoten einen Vater im Baum. Der Inhalt dieses Knotens und der seines Vaters werden miteinander verglichen. Falls die Heap-Bedingung verletzt ist, so werden die beiden Inhalte miteinander vertauscht, und die Einfüge-Operation wird dann für den Vaterknoten aufgerufen.

Obgleich die rekursive Formulierung hier nicht zwingend ist (man hätte die Arbeit durch eine Schleife erledigen können), zeigt sich doch hier, dass die Rekursion ein sehr natürliches Ausdrucksmittel ist, mit dessen Hilfe Algorithmen anschaulich und knapp formuliert werden können.

Unten ist die Funktion zum Einfügen wiedergegeben; heap sei als Lexikon initialisiert. Die Funktion insert entpuppt sich als typische Hilfsfunktion, denn das neue Element befindet sich bereits im Baum und muss nur noch seinen Platz finden. Gleichzeitig wird die Hilfsfunktion tausche formuliert.

```
def tausche(a, i1, i2):
    a[i1], a[i2] = a[i2], a[i1]

def insert(heap, noten):
    if Knoten > 1:
        DerVater = Knoten/2
        if heap[Knoten] < heap[DerVater]:
            tausche(heap, Knoten, DerVater)
            insert(heap, DerVater)
```

Entfernung des kleinsten Elements

Wir haben noch keine Vorsorge dafür getroffen, die Entfernung des kleinsten Elements zu realisieren. Wir können auf das kleinste Element über die Funktion DasMinimum zugreifen, haben aber die Entfernung dieses Elements noch nicht betrachtet. Eine Möglichkeit, die aber deutlich suboptimal ist, ist die folgende: Man entnehme dem Heap das kleinste Element und baue einen neuen Heap aus den verbleibenden Elementen. Diese Vorgehensweise berücksichtigt nicht, dass unter den restlichen Elementen die Heap-Eigenschaft erfüllt ist. Deshalb ist sie nicht optimal (oder auch nur akzeptabel). Wenn wir einen Heap haben, so sind der linke und der rechte Unterbaum der Wurzel ganz offensichtlich ebenfalls Heaps.

Bei der Formulierung dieser Entfernungsoperation wird sich dann übrigens Heapsort als Sortieralgorithmus gewinnen lassen, einer der wichtigen Sortieralgorithmen, der zudem – wie wir gesehen haben – eine interessante Datenstruktur verfügbar macht. Das ist nicht bei allen Sortieralgorithmen der Fall.

Noch einmal: Einfügen in einen Heap

Wir lokalisieren zunächst die Heap-Bedingung für den Fall, dass sie nicht im ganzen Baum, sondern lediglich in einem Unterbaum erfüllt ist. Dies dient der Erleichterung der Sprechweise.

Wir wollen sagen, dass ein Lexikon a ganzer Zahlen *in einem Knoten* i *die Heap-Bedingung erfüllt*, wenn a[j/2] < a[j] für alle j im Unterbaum mit dem Knoten i gilt. Wir haben diese Bedingung geometrisch gefasst, damit wir uns nicht in endlose Indexrechnereien verstricken müssen, um festzustellen, ob sich ein Knoten j im Unterbaum zu einem Knoten i befindet. Insbesondere folgt aus der angegebenen Definition, dass das vorgelegte Lexikon ein Heap ist, wenn die Heap-Bedingung im Knoten 1 erfüllt ist.

Wir werden jetzt gleich sehen, dass es für das weitere Vorgehen tatsächlich ziemlich hilfreich ist, die Heap-Bedingung so abzuschwächen, dass sie lediglich in einem

Unterbaum gilt. Unser Ziel wird es sein, aus kleineren Heaps immer größere zu machen, indem wir systematisch die Heap-Bedingung für immer größere Unterbäume herstellen.

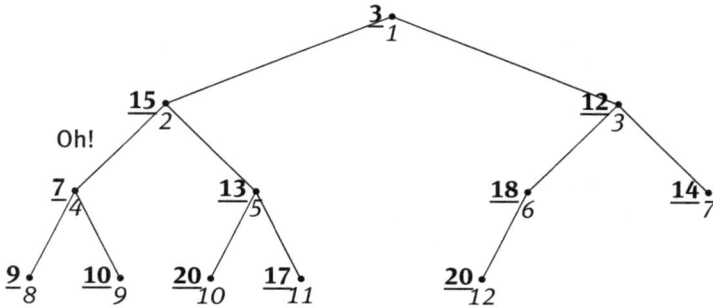

Abb. 3.3: Verletzung der Heap-Bedingung

Betrachten Sie das Beispiel in Abbildung 3.3. Es zeigt, dass die Heap-Bedingung im Knoten 2 nicht erfüllt ist, da 15 offensichtlich größer als 7 ist. Im Unterbaum zum Knoten 3 ist die Heap-Bedingung erfüllt.

Erzeugung eines Heaps

Wenn wir uns der Frage zuwenden, wie man einen Heap erzeugt, so stellen wir zunächst bescheiden fest, dass jedes Blatt in einem Baum die Heap-Bedingung erfüllt (sodass wir also bereits viele kleine Teilheaps herumliegen haben). Die allgemeine Situation, in der der gleich betrachtete Algorithmus arbeitet, stellt sich so dar: Wir haben einen Knoten, dessen linker und rechter Unterbaum jeweils bereits die Heap-Bedingung erfüllt. Erfüllt die Wurzel die Heap-Bedingung, so ist der gesamte Baum ein Heap. Wenn dagegen die Wurzel die Heap-Bedingung nicht erfüllt, so werden wir das erzwingen müssen. Die Idee besteht darin, die Beschriftung der Wurzel einsinken zu lassen. Für den Fall der Verletzung der Heap-Bedingung in der Wurzel lassen wir also durch geeignete Tausch-Operationen den Wert, der jetzt in der Wurzel steht, im linken oder im rechten Unterbaum einsinken, dabei versuchen wir, die Erfüllung der Heap-Bedingung herbeizuführen.

Operational läuft diese Idee auf das Folgende hinaus: Man vergleiche die Wurzel mit ihren Söhnen. Falls der Knoten kleiner ist als die beiden Söhne, so ist die Heap-Bedingung erfüllt. Falls der Knoten k hingegen eine Beschriftung trägt, die nicht kleiner ist als beide Söhne, so müssen wir den Missetäter einfangen. Wir ermitteln dazu den kleineren der beiden Söhne und vertauschen den Knoten mit diesem Sohn. Wir haben aber jetzt möglicherweise ein Problem an demjenigen Knoten, an dem wir vertauscht haben.

Bevor wir uns um Einzelheiten kümmern: Sie sehen – der Knoten sinkt nach unten, also in Richtung der Blätter. Das Einsinken muss jedoch nach einiger Zeit beendet sein, weil ein Heap nur endlich viele Knoten haben kann. Damit ist das Terminieren dieses Vorgehens garantiert, denn die Heap-Bedingung ist ja automatisch erfüllt, wenn der Knoten in einem Blatt gelandet ist.

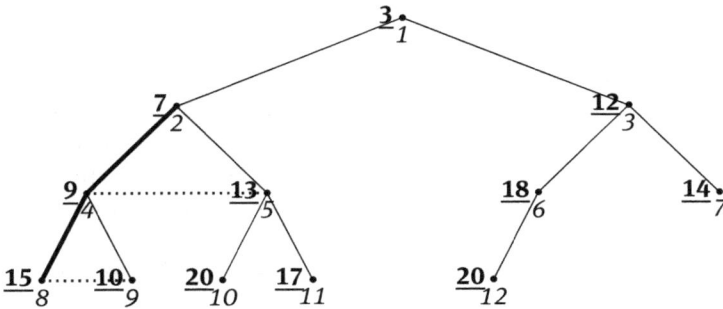

Abb. 3.4: Einsinken der Wurzel, Vergleiche

Betrachten wir diese Angelegenheit an dem Beispiel in der Abbildung 3.4. Sie zeigt Ihnen, dass wir an der Stelle, an die die Wurzel sinkt, keinen allzu großen Schaden angerichtet haben: Möglicherweise ist die Heap-Bedingung in diesem Knoten nicht mehr erfüllt. Das macht aber gar nichts: Wir können ja diesen Knoten weiter einsinken lassen. Und genau das tun wir, wie Sie in der Abbildung sehen können; der Pfad, auf dem die Wurzel des Unterbaums nach unten sinkt, ist fett gedruckt, die Vergleiche mit den Nachbarknoten werden durch eine punktierte Linie angedeutet.

Also, kein Grund zur Panik!

Die Funktion, mit deren Hilfe diese Überlegung realisiert wird, soll nun angegeben werden. Sie nimmt als formalen Parameter zunächst das Lexikon einHeap, dann den Knoten, dessen Unterbaum in Ordnung gebracht werden soll, und einen weiteren Parameter Anzahl, ein Parameter, dessen Rolle erläutert werden sollte: Er dient dazu, die Größe des Heaps festzuhalten. Sie werden weiter unten sehen, warum ein solcher Parameter nützlich ist.

Die Funktion heapify soll die Arbeit für uns tun. Sie heapify unterscheidet zunächst den Fall, dass der linke Sohn des Knotens im Baum liegt, der rechte Sohn aber nicht mehr (Fall 1) von dem Fall, dass der linke und der rechte Sohn beide im Baum liegen (Fall 2).

```
def heapify(einHeap, Knoten, Anzahl):
    linkerSohn, rechterSohn = 2 * Knoten, 2 * Knoten + 1
    if linkerSohn <= Anzahl and rechterSohn > Anzahl:
        if einHeap[linkerSohn] < einHeap[Knoten]: #Fall 1
```

```
            tausche(einHeap, linkerSohn, Knoten)
        elif rechterSohn <= Anzahl: #Fall2
            if einHeap[linkerSohn] < einHeap[rechterSohn]:
                derSohn = linkerSohn
            else: derSohn = rechterSohn
            if einHeap[derSohn] < einHeap[Knoten]:
                tausche(einHeap, Knoten, derSohn)
                heapify(einHeap, derSohn, Knoten)
```

Fall 1 Hier muss lediglich der linke Sohn mit dem Knoten verglichen werden und ggf. eine Tausch-Operation durchgeführt werden. Da der linke Sohn in dem Fall ein Blatt sein muss (wieso?), ist die Welt an dieser Stelle in schönster Ordnung.

Fall 2 In diesem Fall ermitteln wir den Sohn, der die kleinere Beschriftung trägt, und vergleichen diesen Sohn mit dem Knoten. Möglicherweise muss hier getauscht werden, dann wird auch die Prozedur heapify für den neuen Knoten aufgerufen. Der Knoten sinkt also weiter in Richtung der Blätter. Dieser Fall ist wohl der Normalfall.

Der Aufruf heapify (einHeap, Knoten, Anzahl) ist offensichtlich nur dann sinnvoll, wenn die folgenden Bedingungen für die Parameter erfüllt sind:
- Knoten ist ein innerer Knoten im Baum mit insgesamt Anzahl Knoten. Es gilt also 2 * Knoten < = Anzahl,
- der Unterbaum mit der Wurzel LinkerSohn = 2 * Knoten erfüllt die Heap-Bedingung,
- falls RechterSohn = 2 * Knoten + 1 noch im betrachteten Baum liegt, muss dessen Unterbaum ebenfalls die Heap-Bedingung erfüllen.

Man überlegt sich leicht, dass LinkerSohn noch im Baum liegen kann, RechterSohn aber nicht mehr. Zum Beispiel hat bei zwanzig Knoten der Knoten 10 den linken Sohn 20 und den rechten Sohn 21. Zergliedern wir also unsere Funktion ein wenig weiter:
- Falls RechterSohn nicht mehr im Baum liegt, genügt der Vergleich zwischen Knoten und LinkerSohn:
```
        if LinkerSohn <= Anzahl and RechterSohn > Anzahl:
            if einHeap[LinkerSohn] < einHeap[Knoten]:
                Tausche(einHeap, Knoten, LinkerSohn)
```
- Falls beide Söhne im Baum liegen, muss zunächst der kleinere der beiden Söhne ermittelt werden:
```
        elif RechterSohn <= Anzahl:
            if einHeap[LinkerSohn] < einHeap[RechterSohn]:
                DerSohn = LinkerSohn
            else: RechterSohn
```

– Erst dann wird mit Knoten verglichen, ggf. vertauscht und dieselbe Überlegung für den Sohn durchgeführt:

```
if einHeap[DerSohn] < einHeap[Knoten]:
    Tausche(einHeap, Knoten, DerSohn)
    heapify(DerSohn, Anzahl)
```

Realisierung der Entfernungsoperation

Damit kann nun die Entfernungsoperation angemessen durchgeführt werden:
– Wir setzen das letzte Element in die Wurzel.
– Dann vermindern wir die Anzahl der Elemente, die noch betrachtet werden müssen, also die Größe des aktuell zu betrachtenden Baums um 1 (damit erklärt sich der zweite Parameter für heapify).
– Schließlich rufen wir heapify auf, um den restlichen Baum wieder zum Heap zu machen.

Im Gegensatz zu dem früheren Versuch, die Heap-Eigenschaft wiederherzustellen, wird an dieser Stelle davon Gebrauch gemacht, dass linker und rechter Unterbaum bereits Heaps sind. Daraus hatten wir oben kein Kapital geschlagen. Die Formulierung der Entfernungsoperation überrascht durch ihre elegante Einfachheit:

```
def Entfernen(einHeap):
    maxKn = max(einHeap.keys())
    # nur Knoten als Schlüssel
    einHeap[1] = einHeap[maxKn]
    heapify(einHeap, 1, maxKn-1)
```

Anmerkung zur Heap-Konstruktion

Die jetzt konstruierte Funktion heapify kann erstaunlicherweise dazu herangezogen werden, einen Heap zu konstruieren. Wenn wir uns nämlich die Arbeitsweise dieser Funktion noch einmal vor Augen führen, so stellen wir fest, dass diese Funktion aus einem Baum, in dem der linke und der rechte Unterbaum die Heap-Eigenschaft haben, einen Heap konstruiert. Kombinieren wir dies mit der Beobachtung, dass jedes Blatt bereits einen kleinen Heap bildet, so können wir schrittweise aus kleineren Heaps größere herstellen, indem wir rückwärts durch den Baum laufen. Der Code hierfür ist ganz einfach:

```
for j in range(n/2, 1, -1): heapify(einHeap, j, n)
```

Wenn Sie diese Schleife ausführen, so ist das Lexikon einHeap ein Heap. Aus Gründen der Durchsichtigkeit haben wir das Lexikon wieder als Parameter in die Funktion heapify aufgenommen.

Dies ist die Beobachtung, die R. Floyd Mitte der sechziger Jahre dazu bewogen hat, die ursprünglich von J. W. J. Williams im Jahre 1962 vorgeschlagene Prozedur zur Heap-Konstruktion zu modifizieren. Heapsort ist dadurch als Algorithmus wesentlich eleganter geworden.

3.7 Der Sortieralgorithmus Heapsort

Mit diesen Überlegungen haben wir einen wichtigen Algorithmus gewonnen: Das kleinste Element in einem Heap steht immer in der Wurzel, also vertauschen wir bei n Elementen das erste Element mit dem Element an der Stelle n, rufen heapify für das restliche Feld mit n − 1 Elementen auf und führen diesen Prozess nun mit n − 1 Elementen fort. Dies geschieht solange, bis wir alle Elemente des Felds durchlaufen haben. Auf diese Weise wird das Feld absteigend sortiert.

Dieses Programm formuliert Heapsort ohne Rückgriff auf Prioritätswarteschlangen:

```
for j in range(n/2, 0, -1):
    heapify(einHeap, j, n)
for t in range(n/2, 1, -1):
    Tausche(einHeap, 1, t)
    heapify(einHeap, 1, t - 1)
```

Heapsort arbeitet also in den angegebenen beiden Phasen:
- Aufbau eines Heap aus einem Feld;
- schrittweise Abbau des Heap, indem das erste Element mit dem letzten vertauscht wird, die Anzahl der aktuellen Elemente um eins vermindert wird und schließlich die Heap-Bedingung für die restlichen Elemente rekonstruiert wird.

Der Kern beider Verfahren, also der Verwaltung von Prioritätswarteschlangen und von Heapsort, besteht in der Konstruktion und Rekonstruktion von Heaps durch die Einfüge-Operation oder die Funktion heapify.

Wir hatten zu Beginn der Diskussion von Prioritätswarteschlangen überlegt, dass die einfachen Verfahren, die darauf hinausgelaufen sind, eine geordneten Liste zu verwalten oder das kleinste Element zu finden, ohne weitere Vorbereitungen bei n Elementen etwa n^2 Operationen benötigen. Wir haben dann behauptet, dass ein effizienteres Verfahren diskutiert werden würde, den Beweis aber bislang nicht geführt. Nun, Heapsort ist im Detail sehr schwer zu analysieren, es sollen jedoch einige Richtwerte gegeben werden.

Man überlegt sich leicht, dass die Funktion insert, die ein neues Element in einen Heap der Größe n einfügt, im schlechtesten Fall log n Operationen benötigt. Dies liegt daran, dass der Pfad von einem Blatt zur Wurzel gerade diese Länge hat. Insgesamt braucht damit der Aufbau eines Heaps mit Hilfe der insert Operation etwa n log n Operationen. Dies trifft übrigens auch für den Heap-Aufbau mit der Funktion heapify zu, die Argumentation ist dieselbe. Die Rekonstruktion der Heap-Eigenschaft nach Entfernung der Wurzel benötigt mit Hilfe von heapify in jedem Einzelfall ebenfalls logarithmisch viele Operationen, sodass auch für die zweite Phase von Heapsort etwa n log n Operationen benötigt werden. Insgesamt benötigt dieser Sortieralgorithmus also $n \log n$ Operationen, ist daher effizienter als *Sortieren durch Einfügen*. Diese Überlegungen schließen die Manipulation von Prioritätswarteschlangen als Heaps ein.

Wir werden das Thema der Prioritätswarteschlangen noch einmal behandeln, wenn wir Klassen und Objekte zur Verfügung haben. Heaps werden als eine Alternative zur Implementierung dieser Warteschlangen angeboten. Sie können aber zur besseren Verwendung durch die Einführung einer Vergleichsfunktion allgemeiner gefasst werden. Das geschieht in Aufgabe 29.

4 Funktionen

Funktionen dienen in Python, wie in jeder anderen Programmiersprache auch, dazu, Algorithmen oder Teile von Algorithmen zu verkapseln, um sie wiederverwendbar zu machen und sie, möglicherweise parametrisiert, in unterschiedliche Abläufe einbauen zu können. Wir haben oben bereits einige Funktionen kennen gelernt, wir haben dort auch gesehen, dass Funktionen ineinander geschachtelt werden können. Dieser Abschnitt dient dazu, einige grundsätzliche Aussagen über Funktionen zu machen.

4.1 Aufbau und Dokumentation

Wir haben gesehen, dass Funktionen in der folgenden Weise definiert werden: auf das Schlüsselwort def folgt der Name der Funktion, der nach den üblichen Namensregeln gebaut sein muss, dann folgt, in Klammern eingeschlossen, die Liste der Parameter, die auch leer sein kann. Diese erste Zeile wird durch einen Doppelpunkt abgeschlossen, dann folgt ein Block, nämlich der Rumpf der Funktion. Eine Funktion gibt stets einen Wert zurück. Entweder wird dieser Wert explizit durch eine return-Anweisung angegeben, oder, falls diese Anweisung fehlt, wird der Wert None zurückgegeben. Die Liste der formalen Parameter kann auf unterschiedliche Arten konstruiert werden. Wir werden uns hier zunächst mit der Möglichkeit befassen, die Parameter ohne weitere Angaben aufzulisten, geben also lediglich die Namen der Parameter an, denn wir wissen ja bereits, dass die Parameter nicht typisiert sind. Die Typen der aktuellen Parameter werden also zur Laufzeit festgestellt. Ähnlich verhält es sich mit dem Rückgabewert: anders als in Sprachen wie etwa Java oder C wird der Rückgabewert nicht explizit typisiert. Das betrifft die *formalen* Parameter, die *aktuellen* Parameter können ebenfalls auf unterschiedliche Arten angegeben werden. Wir konzentrieren uns in dieser Diskussion zunächst darauf die Parameter durch ihre Position zu charakterisieren, der erste aktuelle Parameter entspricht also dem ersten formalen Parameter, der zweite aktuelle Parameter dem zweiten formalen usw.

Die Arbeitsweise von Funktionen kann auf einheitliche Weise dokumentiert werden. Das zeigt das Beispiel in Abbildung 4.1. Die dort definierte Funktion tut nichts, außer sich selbst zu dokumentieren. Das geschieht ab der zweiten Zeile. Die Dokumentation ist in dreifache Anführungszeichen gesetzt, die jeweils aus Gründen der Übersichtlichkeit in einer eigenen Zeile mit derselben Einrückung wie der Block stehen, der den Funktionstext ausmacht. Unter iPython können für diese Funktion durch EineFunktion? und durch EineFunktion?? Auskünfte eingeholt werden, die dann die Funktionsdokumentation enthalten. Im Attribut __doc__ des Funktionsnamens ist eine dokumentierende Zeichenkette gespeichert. Sie kann ausgelesen und natürlich auch durch ein Programm manipuliert werden. Diese Art der Dokumentation wird sich insbesondere als nützlich erweisen, um die Arbeitsweise importierter Funktio-

https://doi.org/10.1515/9783110544138-005

```
In [15]: def EineFunktion():
    ...:         """
    ...:         Dokumentation
    ...:         """
    ...:         pass
    ...:
In [16]: EineFunktion?
         Signature: EineFunktion()
         Docstring: Das ist die Dokumentation
         File: c:\users...\<ipython-input-15-424822cfb91b>
         Type: function

In [17]: EineFunktion??
         Signature: EineFunktion()
         Source: def EineFunktion():
                     """
                     Das ist die Dokumentation
                     """ pass
         File: c:\users...\<ipython-input-15-424822cfb91b>
         Type: function

In [18]: EineFunktion.__doc__ Out[18]: '\n Das ist die
Dokumentation\n '
```

Abb. 4.1: Dokumentation einer Funktion

nen kennenzulernen, denn die Funktionen in den Bibliotheken des Systems sind auf diese Art beschrieben. Klassen und Module können in ähnlicher Weise dokumentiert werden, wie wir sehen werden. Wir werden hier im Text jedoch nur ausnahmsweise von dieser Möglichkeit Gebrauch machen, weil die Funktionen, Klassen und Module im Text erläutert werden.

Wenn eine Funktion aufgerufen wird, so bekommt sie aktuelle Parameter, die Eingabe-Objekten entsprechen, mit auf ihren Weg. Wir wissen aus klassischen Programmiersprachen, dass Parameter auf verschiedene Arten übergeben werden können, etwa durch ihren Wert, durch eine Referenz auf ihren Wert, oder durch ihren Namen (das sind die üblichen, klassischen Übergabemechanismen wie *call by value*, *call by reference* oder *call by name* und ihre Varianten). Die Parameterübergabe in Python entspricht diesem Modell nicht vollständig. Wenn ein unveränderlicher Wert als Parameter übergeben wird, dann entspricht die Parameterübergabe dem üblichen Modell *call by value*, es wird also mit diesem Wert gearbeitet. Wird hingegen ein veränderlicher Wert als Parameter übergeben und der Parameter während der Arbeit der Funktion direkt oder indirekt modifiziert, so wird diese Änderung auch in dem entsprechenden Objekt reflektiert. Ein Beispiel soll das demonstrieren:

```
In [53]: def modif(y):
    ...:     for i, x in enumerate(y):
    ...:         y[i] = x*x
    ...:
In [54]: li = [1, 2, 3]
In [55]: modif(li)
In [56]: li
Out[56]: [1, 4, 9]
```

Sehen wir uns hingegen eine leichte Modifikation dieses Beispiels an, so stellen wir fest, dass hier doch noch ein wenig Erklärungsbedarf herrscht:

```
In [57]: def modif2(y):
    ...:     y = [j*j for j in y]
    ...:
In [58]: li
Out[58]: [1, 2, 3]
In [59]: modif2(li)
In [60]: li
Out[60]: [1, 2, 3]
```

In beiden Fällen wird der Wert des übergebenen Parameters modifiziert, im ersten Fall wird jedoch die Änderung nach außen propagiert, im zweiten Fall nicht. Eine Erklärung für dieses Verhalten findet sich, wenn wir gleich Namensräume besprechen.

Einfach zu erklären ist hingegen das Verhalten bei dem Aufruf im nächsten Beispiel. Hier wird nämlich nicht die Liste li selbst, sondern durch li[:] eine anonyme Kopie übergeben.

```
In [61]: li
Out[61]: [1, 16, 81]
In [63]: modif(li[:])
In [64]: li
Out[64]: [1, 16, 81]
```

4.2 Namensräume

Zurück zur allgemeinen Diskussion. Wir führen den Begriff des *Namensraums* ein. Ein Namensraum ist ein Lexikon, in dem man für jeden auftretenden Namen den entsprechenden Wert nachschlagen kann; dieser Namensraum ist in der Tat auch als Lexikon (dictionary) implementiert. Für jede Ausführung einer Funktion wird ein neuer lokaler Namensraum erzeugt. Dieser Namensraum stellt die *lokale Umgebung* dar, in der die Funktionen ausgeführt wird, sie enthält also insbesondere die Namen der Parameter und ihre Werte, ebenfalls die Namen der Variablen, denen innerhalb des Rumpfs der Funktion ein Wert zugewiesen wird.

Wenn der Interpreter bei der Ausführung einer Funktion einen Namen sieht, so wendet er sich zunächst an den Namensraum der Funktion. Wird der Name in diesem Lexikon gefunden, so ist die Bindung zwischen Namen und Wert hergestellt, wird er nicht gefunden, so werden – den Schalen einer Zwiebel nicht unähnlich – die umgebenden Namensräume von innen nach außen durchsucht, bis ein entsprechender Name gefunden ist (das ist die *lexikalische Auflösung* von Namen). Der letzte durchsuchte Namensraum ist der globale, der durch das System definiert wird, wird hier keine Bindung von Namen und Wert gefunden, so wird die Ausnahme `NameError` ausgelöst. Aus diesem Modell folgt also insbesondere, dass die Zuweisung an globalen Namen mögliche Wertveränderungen nicht nach außen transportieren, wie dieses einfache Beispiel noch einmal zeigt:

```
In [6]: a = 'abra'
In [7]: def fnkt():
   ...:     a = 42
   ...:
In [8]: fnkt()
In [9]: a
Out[9]: 'abra'
```

Das erklärt auch das Verhalten der Funktion `modif2` von oben. Das Verhalten der Funktion `modif` lässt sich ebenfalls auf diese Weise verdeutlichen. Beim Funktionsaufruf wird nämlich als Information über den aktuellen Parameter mitgegeben, dass es sich um eine Liste handelt, die Werte sind ebenfalls zugänglich. Weil eine Liste aber eine veränderliche Datenstruktur ist, sind die Werte der Listen-Elemente nicht vor Veränderungen geschützt, sodass die Änderung an dieser Liste nach außen transportiert wird. Im Gegensatz zu `modif2` wird aber in `modif` kein neuer Eintrag für y in den Namensraum der Funktion vorgenommen. Das ist der springende Punkt.

Sehen wir uns ein weiteres Beispiel an:

```
In [1]: def Demo(x, y, z):
   ...:     x = 42
   ...:     y.append(10)
   ...:     z = [-17]
   ...:     print("x = {}, y = {}, z = {}".format(x, y, z))
   ...:

In [2]: a = 77; b = [100]; c = [28]

In [3]: Demo(a, b, c)
x = 42, y = [100, 10], z = [-17]

In [4]: print("a = {}, b = {}, c = {}".format(a, b, c))
a = 77, b = [100, 10], c = [28]
```

Im Namensraum der Funktion Demo werden neue Einträge für die Namen x und z erzeugt, auf die im Text der Funktion schreibend zugegriffen wird, und die nicht mehr
verfügbar sind, wenn die Funktion ihre Arbeit getan hat. Die Verwendung von y hingegen bezieht sich auf den Namen, der im umgebenden Namensraum definiert ist und
für den im Aufruf von Demo auf b zugegriffen wird. So ist zu erklären, dass die Liste b
geändert wird, während a und c unverändert bleiben (sie werden durch den Aufruf
von Demo *verschattet*).

Es ist damit auch klar, dass diese Änderung

```
def Demo1(x, y, z):
    x = 42
    y.append(10)
    z[0] = -17 # <----- geändert
    print("x = {}, y = {}, z = {}".format(x, y, z))
```

mit den ursprünglichen Werten a = 77; b = [100]; c = [28] nach dem Aufruf
Demo1(a, b, c) die folgenden Werte zeigt: a = 77, b = [100, 10], c = [-17].
Das liegt daran, dass im Namensraum dieses Mal kein neuer Eintrag für den Namen z
erzeugt wird.

Durch die Vereinbarung einer Variable als global wird diese Variable dem globalen Namensraum zugeordnet, dadurch wird es möglich, sie auch in einer Funktion zu
verändern:

```
In [9]: a
Out[9]: 'abra'
In [10]: def ffkt():
    ...:     global a
    ...:     a = 42
    ...:
In [11]: ffkt()
In [12]: a
Out[12]: 42
```

Nun können Funktionen geschachtelt werden, und die Vereinbarung mittels
global lässt Zugriff auf eine globale Variable zu, wie gerade diskutiert. Was aber
macht man, wenn man in einer lokalen Funktion auf eine in der übergeordneten
Funktion definierte Variable zugreifen möchte? Die Variable z, die in der äußeren
Funktion definiert ist, soll in einer inneren modifiziert werden, sagen wir, sie wird um
1 erhöht.

Das ist die naive Version, die bei der Ausführung scheitert:

```
In [6]: def f_1():
    ...:     def f_2():
    ...:         z += 1
```

```
      ...:      z = 0; f_2(); print(z)

  In [7]: f_1()

  Traceback (most recent call last):
  ...
  UnboundLocalError: local variable 'z' referenced before assignment
```

Die Variable z bezieht sich in Funktion f_2 auf eine in der umgebenden Funktion f_1 definierte Variable. Das wird durch die Vereinbarung von z in f_2 als nonlocal gekennzeichnet, sodass die korrekten – und funktionierenden – Vereinbarungen so aussehen:

```
  In [8]: def f_1():
      ...:      def f_2():
      ...:          nonlocal z
      ...:          z += 1
      ...:      z = 0; f_2(); print(z)

  In [9]: f_1()
  1
```

Die Verschachtelung kann beliebig tief sein. Wird ein Name als nonlocal gekennzeichnet, so werden die Namensräume von innen nach außen durchsucht, die erste Referenz auf den vereinbarten Namen dient dann zur Bindung des Namens.

4.3 Funktionen als Objekte erster Klasse

Funktionen sind in Python Objekte erster Klasse, sie können also insbesondere als Parameter an andere Funktionen übergeben werden, als Werte von Funktionsaufrufen zurückgegeben werden, in andere Datenstrukturen eingebaut werden, auf der linken Seite einer Zuweisung stehen usw. Das hat ganz interessante Konsequenzen, auf die wir kurz eingehen wollen. Betrachten wir das folgende Beispiel, in dem die Funktion Aufruf als Parameter eine parameterlose Funktion funk nimmt und sie als Wert zurückgibt:

```
  In [110]: def Aufruf(funk):
       ...:      return funk
```

Wenn wir also zum Beispiel die folgende Funktion

```
  In [111]: def Standard():
       ...:      print('Hello world')
       ...:
```

als Parameter übergeben, so erhalten wir das folgende, nicht weiter überraschende Ergebnis:

```
In [112]: Aufruf(Standard)()
Hello world
```

Sehen wir uns an, was in dem folgenden Beispiel geschieht. Wir setzen die globale Variable x auf 32 und lassen die parameterlose Funktionen hallo gerade den Wert der Variablen mit einem kleinen Begleittext als Zeichenkette zurückgeben. Dann führen wir die Funktion hallo über den Umweg durch unsere Funktion Aufruf aus:

```
In [122]: def hallo():
     ...:     return 'der Wert von x ist %d{}'.format(x)
     ...:
In [123]: hallo()
Out[123]: 'der Wert von x ist 32'
In [124]: Aufruf(hallo)()
Out[124]: 'der Wert von x ist 32'
```

Die Variable x ist nicht in der Funktion hallo definiert, sodass der Zugriff auf x einen Zugriff auf eine globale Variable darstellt. Der Namensraum der Funktion hallo enthält also einen Verweis auf die globale Variable x, der Aufruf der Funktion bezieht sich daher auf die Funktion hallo **und** auf ihren Namensraum. Daher hat hallo also die Möglichkeit, innerhalb des Aufrufs von Aufruf, dessen Parameter sie ja ist, auf den eigenen Namensraum zuzugreifen.

Wir müssen also beim Funktionsaufruf nicht nur den Code der Funktion beachten, sondern auch den zugehörigen Namensraum, der mit transportiert wird. Das Paar, bestehend aus der Funktion und seinem Namensraum wird die *Hülle der Funktion* genannt (englisch closure), sie erlaubt einige interessante Konstruktionen, die wir im folgenden kurz ansprechen wollen.

Der Namensraum wird dynamisch verwaltet, bei jedem Aufruf wird also der Wert von x neu im Namensraum ermittelt:

```
In [129]: for _ in range(10):
     ...:     x += 1
     ...:     print(Aufruf(hallo)())
     ...:
der Wert von x ist 33
...
der Wert von x ist 42
```

Mit dieser Hüllen-Konstruktion lässt es sich gelegentlich erreichen, dass der Zustand einer Funktion über Aufrufe hinweg erhalten bleibt und sein Wert auf diese Weise wiederverwendet werden kann. Das soll das folgende Beispiel demonstrieren.

Die Aufgabe besteht darin, für jeden Aufruf einer Funktion einen internen Zähler zurückzugeben. Zwischen den Aufrufen der Funktion können beliebige andere Aktionen
stattfinden, um die wir uns jedoch nicht kümmern. Der Wert des Zählers soll also *über
Aufrufe hinweg* erhalten bleiben, sodass bei einem erneuten Zugriff der alte Wert bekannt ist und verwendet werden kann. Um den Effekt zu demonstrieren, nehmen wir
der Einfachheit halber an, dass wir von einem Maximalwert herunter zählen, bis der
Zähler den Wert 0 erreicht hat. Dies geschieht in der folgenden Funktion:

```
def countdown(n):
    r = n
    def next():
        nonlocal r
        r -= 1
        return r
    return next
```

Die Funktion countdown zum Herunterzählen hat also eine lokale Variable r, die mit
dem Wert des Parameters initialisiert wird. Wir definieren eine ebenfalls lokale Funktion next, die auf diese lokale Variable r mithilfe von nonlocal zugreift, r um 1 vermindert und dann zurückgibt. Diese lokale Funktion wird als Wert der übergeordneten
Funktion zurückgegeben. Das Spiel geht dann so weiter:

```
In [141]: y = countdown(10)
In [142]: z, li = y(), []
In [143]: while z != 0:
     ...:     li.append(z)
     ...:     z = y()
In [144]: li
Out[144]: [9, 8, 7, 6, 5, 4, 3, 2, 1]
```

Die Funktion y beginnt ihre Arbeit mit dem Wert 10 für die lokale Variable r, für jeden
Aufruf von y wird der um 1 verminderte Wert ausgegeben. Dieser Wert bleibt also über
Aufrufe hinweg erhalten. Wenn der Wert 0 erreicht ist, halten wir die Schleife an. Die
Liste li dient zur Kontrolle der Ergebnisse.

4.4 Parameterübergabe

Python bietet eine Vielzahl von Möglichkeiten an, Parameter zu übergeben. Aus klassischen Programmiersprachen ist die Möglichkeit bekannt, aktuelle Parameter an die
Position der entsprechenden formalen Parameter zu setzen. Diese Möglichkeit wird
nun erweitert:

Position: Der aktuelle Parameter wird an die Position gesetzt, die der entsprechende formale Parameter einnimmt. Definieren wir also eine Funktion durch

`def f(x, y, z): ...` und sollen die aktuellen Parameter a, b, c die Positionen der formalen Parameter x, y bzw. z einnehmen, so erfolgt der Aufruf durch `f(a, b, c)`.

Namen: Für die Vereinbarung wie oben können wir auch die aktuellen Parameter durch Angabe des entsprechenden formalen Parameters und des entsprechenden Werts angeben, wobei die Position des Parameters geändert werden kann. Der Aufruf kann also in der Form `f(a, z = c, y = b)` erfolgen, oder als `f(y = b, x = a, z = c)`, oder als `f(a, b, z = c)`. Es gilt die Regel, dass positionale Parameter vor den namentlich genannten Parametern aufgeführt werden müssen, so dass Aufrufe wie `f(x = a, b, c)` oder `f(x, y = b, c)` nicht zulässig sind.

Namen, optionale Werte: Falls der Wert eines Parameters einen voreingestellten Wert bekommen soll, den man gelegentlich ändern, gelegentlich aber beibehalten möchte, so wird das durch Angabe des Werts in der Vereinbarung gekennzeichnet, also etwa `f(x, y, z = 3)`. Ein Aufruf, der den letzten Parameter mit diesem voreingestellten Wert nutzen möchte, kann dann etwa lauten `f(a, b)` oder `f(a, y = b)`; will man den voreingestellten Wert ändern, so gibt man den entsprechenden Wert entweder positional an, wie in `f(a, b, c)` oder durch Angabe des Namens für den Parameter, also etwa `f(a, b, z = 4)`, aber auch Aufrufe wie `f(a, y = b, z = 4)` oder `f(z = 4, y = b, x = a)` sind möglich. Die oben angegebenen Einschränkungen *positional vor namentlich* gelten auch hier, insbesondere ist eine Konstruktion wie `def f(x = 3, y): ...` nicht legal.

Die Ergebnisse in diesem Beispiel sollten klar sein:

```
In [14]: def g(x = 3, y = 7):
    ...:     return 77*x + y

In [15]: g()           # verwende voreingestellte Werte
Out[15]: 238
In [16]: g(0)          # setze x = 0, y = 7
Out[16]: 7
In [17]: g(1, 3)       # beide Parameter werden verändert
Out[17]: 80
In [18]: g(y = 5)      # x bleibt unverändert
Out[18]: 236
In [19]: g(x = 0)      # x wird geändert, y bleibt wie voreingestellt
Out[19]: 7
```

Optionale Parameter: Einer Funktion können beliebig viele aktuelle Parameter übergeben werden. Sie werden dann in einem Tupel gebündelt. Der entsprechende formale Parameter wird mit einem * versehen und wird wie ein Tupel behandelt.

```
In [11]: def ss(x, *tup):
    ...:     s = x
    ...:     for i in tup: s += i
    ...:     return s
```

Hier nimmt das Tupel tup die Parameter, die über x hinausgehen, auf und summiert sie. Wir können also jetzt etwa aufrufen ss(333, 1, 2, 3) (mit Tupel (1, 2, 3)) oder auch ss(123) mit leerem Tupel (). Ein Aufruf wie etwa ss(3, tup = (1, 2, 3)) wird hingegen zurückgewiesen: TypeError: ss() got an unexpected keyword argument 'tup'.

Eine Variante besteht darin, auch beliebig viele mit Namen versehene Parameter zu übergeben. Hier werden die Namen und ihre Werte in einem Lexikon gesammelt. Das Beispiel

```
In [23]: def meins(x, **lexi):
    ...:     s = x
    ...:     for j in lexi: s += lexi[j]
    ...:     print('lexi = ', lexi)
    ...:     return s

In [24]: meins(0, a = 3, b = 44)
lexi =  {'b': 44, 'a': 3}
Out[24]: 47

In [25]: meins(-99, f = 5, g = 55)
lexi =  {'f': 5, 'g': 55}
Out[25]: -39
```

zeigt, dass es sich hier um ein sehr flexibles Konstrukt handelt.

Tupel und Lexika können als optionale Parameter miteinander kombiniert werde.

Reine Namensparameter: Die Möglichkeit, beliebig viele Parameter angeben zu können, scheint auf das Ende der Parameterliste beschränkt zu sein. Das ist nicht so:

```
In [26]: def q(x, y, *li, v, w):
    ...:     s = x + y + v+ w
    ...:     for j in li: s += j
    ...:     return s
```

Diese Vereinbarung lässt einen Aufruf q(1, 2, 3, 4, 5, 6) nicht zu, weil nicht klar ist, welche Elemente der Parameterliste zum Tupel li gehören sollen: TypeError: q() missing 2 required keyword-only arguments: 'v' and 'w'. Diese Fehlermeldung gibt freilich einen Hinweis, indem sie verlangt, dass die Werte der Parameter v und w explizit angegeben werden sollen: Die Aufrufe q(1, 2, 3, 4, v=5, w=6) und q(1, 2, 3, 4, w=6, v=5) werden anstandslos verarbeitet, nicht dagegen der Aufruf q(1, v = 5, w = 6, 2, 3, 4), weil hier Positionsparameter auf mit Namen versehene folgen. Die Angabe von Parametern, die auf beliebig lange Parameterlisten folgen, müssen also notwendig Namensparameter sein, um Zweideutigkeiten zu vermeiden.

Auf diese Weise kann man erzwingen, dass ein Parameter mit seinem Namen angegeben wird, indem man durch die Angabe von * ohne einen Parameternamen

ein leeres Tupel andeutet: die Vereinbarung def func(x, *, d): ... *erzwingt*
einen Aufruf der Form func(0, d = 77):

```
In [31]: def func(x, *, d):
    ...:       return x + d
In [32]: func(3, 7)
Traceback (most recent call last): ...
    func(3, 7)
TypeError: func() takes 1 positional argument but 2 were given
In [33]: func(3, d=7)
Out[33]: 10
```

Entpacken: Gelegentlich möchte man ein iterierbares Objekt als Parameter an eine
Funktion übergeben, die die einzelnen Komponenten dieses Objekts als Parameter hat. Es wäre dann ziemlich umständlich, die einzelnen Komponenten als Werte an Variablen zuzuweisen, um den Aufruf durchführen zu können. Hier kann
man das Objekt, mit einem * versehen, als Parameter übergeben, wie das Beispiel
zeigt.

```
In [34]: def entpacken(a, b, c, d, e, f):
    ...:       return a+b+c+d+e+f

In [35]: entpacken(1, 2, 3, 4, 5, 6)
Out[35]: 21
In [36]: tup = [1, 2, 3, 4, 5, 6]
In [37]: tup
Out[37]: [1, 2, 3, 4, 5, 6]
In [38]: entpacken(*tup)
Out[38]: 21
In [39]: li = (1, 2, 3, 4, 5, 6)
In [40]: entpacken(*li)
Out[40]: 21
```

Die Anzahl der Parameter muss mit der Länge des Objekts übereinstimmen, sonst
beklagt sich der Interpreter:

```
In [51]: tu = tup*3
In [52]: entpacken(*tu)
Traceback (most recent call last): ...
    entpacken(*tu)
TypeError: entpacken() takes 6 positional arguments
            but 18 were given
In [53]: entpacken(*tup[1:])
Traceback (most recent call last): ...
    entpacken(*tup[1:])
TypeError: entpacken() missing 1 required positional
            argument: 'f'
```

Den Namen der formalen Parameter können auch in einem Lexikon Werte zugewiesen werden. Das Lexikon wird dann, mit ** versehen, als Parameter übergeben:

```
In [71]: dd = {'a': 1, 'b': 2, 'c': 3, 'd': 4, 'e': 5, 'f': 6}
In [72]: entpacken(**dd)
Out[72]: 21
```

Annotationen

Manchmal möchte man sich der Eigenschaften von Parametern oder des Rückgabe-
werts einer Funktion versichern. Hierzu erlaubt Python die Formulierung von Annotationen. Das sind beliebige Ausdrücke, die in einem Lexikon an die formalen Parameter
und an den Rückgabewert gebunden werden.

Nehmen wir an, wir haben definiert

```
In [22]: def ww(k):
    ...:     return (True if type(k) == str else False)
    ...:
```

und definieren weiter

```
In [36]: def mull(s: ww, n: 17) -> str:
    ...:     return s*n
```

Dann haben wir an den formalen Parameter s die Funktion ww als Annotation gebunden (was immer man damit vorhaben mag), an den formalen Parameter n die Konstante 17, und an den Rückgabewert der Funktion mull die Typangabe str. Diese Angaben
sind im Lexikon mull.__annotations__ zu finden, das den Mechanismus auch erläutert:

```
In [41]: dd = mull.__annotations__

In [42]: dd
Out[42]: {'n': 17, 'return': str, 's': <function __main__.ww>}

In [43]: type(mull('a', 13)) == dd['return']
Out[43]: True
In [44]: dd['s']('a')
Out[44]: True
```

Die Einträge in diesem Lexikon können dann zur Überprüfung der Typen des Rück-
gabewertes oder zu anderen Zwecken, etwa der Realisierung von Zusicherungen, verwendet werden.

4.5 Anonyme Funktionen

Funktionen können als Parameter übergeben, als Resultate anderer Funktionen zurückgegeben werden oder auch als Komponenten von Datenstrukturen dienen. Das
folgende Beispiel demonstriert das noch einmal:

```
In [99]: def g(x):
    ...:     def h(y):
    ...:         return x + y
    ...:     return h

In [100]: g(3)(6)
Out[100]: 9
```

Der Aufruf von g(3) gibt als Resultat eine Funktion mit einem Parameter zurück, die 3 zu ihrem Argument addiert und das Resultat zurückgibt. Wir hätten auch das Resultat des Aufrufs von g an der Stelle 3 ein Variable, sagen wir, tt, zuweisen können und tt dann mit dem entsprechenden Argument aufrufen:

```
In [107]: tt = g(3)
In [108]: tt??
Signature: tt(y)
Source:
    def h(y):
        return x + y
File:       ...
Type:       function
In [109]: tt(6)
Out[109]: 9
```

Funktionen müssen nicht unbedingt einen Namen haben, aus der funktionalen Programmierung (oder aus der Mathematik) sind anonyme Funktionen geläufig. Sie implementieren im Wesentlichen den mathematischen Ausdruck

$$x \mapsto f(x)$$

als eigenständiges Objekt; in der Logik schreibt man das gelegentlich als $\lambda\,x.f(x)$ in der Schreibweise, die A. Church in den Lambda-Kalkül eingeführt hat. Unser Beispiel hätten wir auch schreiben können als

```
In [110]: def g(x):
    ...:     return lambda y: x+y
```

Hier ist lambda y: x + y die Funktion, die x zu ihrem Argument addiert und das Resultat als Wert zurückgibt. Also implementiert g(3) die Funktion $y \mapsto 3 + y$, sodass wieder g(3)(6) den Wert 9 ergibt.

Diese lambda-Ausdrücke geben einen Ausdruck als Wert zurück. Er wird nach dem Doppelpunkt berechnet. Der Doppelpunkt begrenzt die Liste der Variablen. Es können beliebig viele Argumente angegeben werden (in der Praxis selten mehr als zwei oder drei), die Konventionen für Parameter von oben gelten auch für lambdas.

Wir konstruieren als Beispiel eine Liste, die aus solchen Funktionen besteht, und führen die einzelnen Funktionen anschließend aus:

```
In [142]: li = [lambda x: x+n for n in range(10)]
In [143]: [j(3) for j in li]
Out[143]: [12, 12, 12, 12, 12, 12, 12, 12, 12, 12]
```

Das Resultat ist eine unangenehme Überraschung: Jede Komponente der Liste ist offenbar eine Instanz der Funktion $x \mapsto x + 9$, wobei 9 der letzte Wert in range(10) ist. Andererseits: wenn jede der Funktionen in li aufgerufen wird, schlägt sie in ihrem Namensraum den Wert von n nach, erhält 9, und addiert diesen Wert zu ihrem Argument. Wir müssen also den Wert von n schützen; das tun wir, indem wir n als Instanz eines separaten Parameter formulieren:

```
In [151]: lo = [(lambda k: lambda x: x+k)(n) for n in range(10)]

In [152]: [j(3) for j in lo]
Out[152]: [3, 4, 5, 6, 7, 8, 9, 10, 11, 12]
```

Damit können wir eine Funktion näher untersuchen, wenn sie aufgerufen wird. Wir definieren eine Art von Tüte, in die wir die Funktion stecken. Die Idee besteht darin, die Funktion als Parameter an die Funktion Umschlag zu übergeben, die die Funktion in einer eigens definierten Funktion MachMal ausführt und *diese Funktion als Wert zurückgibt*. Hierbei bedienen wir uns der Möglichkeiten, die wir bei der Übergabe von Parametern diskutiert haben, und die uns ziemlich viel Freiheit im Hinblick auf Anzahl und Länge der Parameter gibt.

```
In [179]: def Umschlag(fn):
     ...:     def MachMal(*args, **kwargs):
     ...:         print('args:', [j for j in args])
     ...:         print('kwargs:', [kwargs[j] for j in kwargs])
     ...:         return fn(*args, **kwargs)
     ...:     return MachMal
```

Wir drucken für die als Argument für Umschlag dienende Funktion die Argumente, mit der sie aufgerufen wird und führen sie mit diesen Argumenten aus. Das ist das Ergebnis des Aufrufs der Funktion MachMal, die selbst als Ergebnis der Funktion Umschlag zurückgegeben wird. Hier sind Beispiele für die Verwendung der Funktion Umschlag:

```
In [180]: Umschlag(lambda x, y: x+y)(3, 4)
args: [3, 4]
kwargs: []
Out[180]: 7
```

```
In [181]: Umschlag(entpacken)(**dd) # entpacken und dd von oben
args: []
kwargs: [5, 1, 2, 3, 6, 4]
Out[181]: 21
```

```
In [182]: def malDrei(x): return 3*x
```

```
In [183]: Umschlag(malDrei)(14)
args: [14]
kwargs: []
Out[183]: 42
```

In jedem Fall wird die Parameterübergabe der Funktion respektiert, das ist möglich, weil der Aufruf fn(*args, **kwargs) in der Funktion MachMal die Parameter sozusagen *durchreicht*.

Diese Konstruktion ist lexikalisch ein wenig umständlich, weil zunächst der Umschlag, dann die Funktion, dann die Liste der Parameter aufgeschrieben werden muss. Hierzu wird der *Dekorator* @ als eigenes syntaktisches Konstrukt eingeführt. Gelegentlich nennt man einen Dekorator auch einen *wrapper*, also einen Umschlag. Die Vereinbarung der Funktion, die mit einem Dekorator versehen werden soll, sieht dann so aus:

```
In [192]: @Umschlag
     ...: def malDrei(x):
     ...:     return 3*x
```

Sie besagt, dass Aufrufe der Funktion malDrei in den Umschlag eingewickelt werden sollen, also wie Umschlag(malDrei) behandelt werden. Das sieht man an diesem Aufruf:

```
In [193]: malDrei(5)
args:  [5]
kwargs: []
Out[193]: 15
```

Ein solcher Dekorator hat die Funktion foo, die er einwickelt, als aktuellen Parameter. Er gibt eine Funktion zurück, die dann aufgerufen wird und die es erlauben sollte, die Parameter von foo zu verarbeiten.

4.6 Generatoren und Iteratoren

Nach getaner Arbeit gibt eine Funktion die Kontrolle an das übergeordnete Programm ab und verlässt ihren Namensraum, sodass der Zustand einer Funktion, also die Werte der lokalen Variablen etc., nur während des jeweiligen Aufrufs erhalten bleibt. Endet der Aufruf, so sind die inneren Zustände für diesen Aufruf verloren. Wir haben auf Seite 61 gesehen, dass dieses einfache Bild modifiziert werden kann, wenn die Hülle einer Funktion betrachtet wird. Diese Konstruktion ist ein wenig umständlich, gleichwohl ist es manchmal hilfreich, über die Möglichkeit zu verfügen, Zustände zwischen Aufrufen zu erhalten. Statische Variablen in C++ oder in Java können ein ähnliches Verhalten zeigen.

Hierzu werden Generatoren eingeführt. Ihr äußeres Merkmal ist eine yield-Anweisung statt einer return-Anweisung, in der Tat ist yield das definierende Merkmal eines Generators.

```
In [90]: def gen(n):
    ...:     z = n
    ...:     while True:
    ...:         yield z
    ...:         z -= 1
```

Dieser Generator hat einen ganzzahligen Parameter n und liefert Zahlen, von n abwärts zählend, wann immer er aufgerufen wird. Zuerst muss er freilich instanziiert werden: Wir erzeugen eine Instanz von gen, die immer wieder aufgerufen wird.

```
In [100]: a = gen(3)
In [101]: j = a.__next__()
In [102]: while j:
     ...:     print(j)
     ...:     j = a.__next__()
     ...:
3
2
1
In [103]: a.close()
In [104]: j = a.__next__()
Traceback (most recent call last): ...
    j = a.__next__()
StopIteration
```

Bei In[100] erzeugen wir einen durch gen gegebenen Generator, geben ihm den Startwert 3 mit und weisen ihn der Variablen a zu. Der von yield ausgegebene Wert für diese Instanz wird durch a.__next__() gegeben, man sieht an der Ausgabe von In[102], wie die Werte um 1 vermindert werden. Wir rufen a.__next__() nicht länger auf, wenn der Wert 0 erreicht ist, vielmehr schließen wir den Generator a durch a.close(), er ist, wie man an der Reaktion in Zeile In[104] sieht, nicht mehr verfügbar, da die Ausnahme StopIteration aktiviert wird.

Iteratoren

Ein Generator ist eine Funktion, die nicht ein einziges Resultat produziert, sondern vielmehr eine Folge von Ergebnissen. Ähnlich verhält es sich mit Iteratoren, die uns implizit bereits begegnet sind. Ein Iterator ist ein Objekt, für das ein *Iterationsprotokoll* existiert. Der Aufruf eines Iterators liefert zu Beginn das erste Element, weitere Aufrufe liefern jeweils das nächste Element der Folge; ist nichts mehr vorhanden, ist also der Wertevorrat des Iterators erschöpft, so aktiviert der Aufruf statt des nächsten Elements die Ausnahme StopIteration. Ein Iterator produziert seine Werte genau einmal.

```
lst = [1, 2]
it = iter(lst)
while True: print(next(it))
```

Wir machen hier aus der Liste [1, 2] durch Aufruf der Funktion iter einen Iterator und weisen diesen Iterator der Variable it zu; als Iterator verfügt it über die next-Funktion. Ihr Aufruf produziert die Werte 1 und 2, dann wird die Ausnahme StopIteration aktiviert.

Für den Iterator it ist next(it) gleichwertig mit dem Aufruf it.__next__(). Generatoren ordnen sich hier ein; für den Generator gen, den wir gerade betrachtet haben, wird mit a = gen(3) ein Iterator a definiert (denn es existiert ja ein Iterationsprotokoll für a), und man kann statt a.__next__() auch schreiben next(a). Zusätzlich zur Methode next muss für einen Iterator die Methode __iter__ definiert sein, deren Aufruf das Objekt selbst zurückgibt, möglicherweise dekoriert mit zusätzlichen Methoden.

Beispiele für Iteratoren sind

- Eine zum Lesen geöffneten *Textdatei*; ihr werden zusätzliche Methoden zum Lesen des Texts zugeordnet.
- *List comprehensions*, die wir bereits kennen gelernt haben.
- *Tuple comprehensions*, das Analogon für Tupel. Mit
  ```
  tupIt = (k for k in [1, 2, 3])
  ```
  wird ein Iterator tupIt definiert, der die Form eines Tupels hat.
  ```
  In [1]: LL = (1, 2, 3)
  In [2]: li = [j for j in LL]
  In [3]: li
  Out[3]: [1, 2, 3]
  In [4]: tu = (j for j in LL)
  In [5]: tu
  Out[5]: <generator object <genexpr> at 0x00000204541A2A98>
  In [6]: type(li)
  Out[6]: list
  In [7]: type(tu)
  Out[7]: generator
  ```

Vergleichen wir diese beiden Arten der Erzeugung eines Iterators, so sehen wir eine gewisse Asymmetrie: im obigen Beispiel ist li, also der Iterator, der durch die *list comprehension* erzeugt wurde, eine Liste, während tu, also der Iterator, der durch eine *tuple comprehension* erzeugt wurde, ein Generator ist, dessen Werte nicht direkt ausgedruckt werden können. Erzeugt man aus dem Tupel LL direkt einen Iterator, so erhält man – nicht besonders überraschend – einen Tupel-Iterator:

```
In [14]: zz = iter(LL)
In [15]: type(zz)
Out[15]: tuple_iterator
```

– Iteratoren, die aus Mengen und Lexika gewonnen werden:

```
men = {i for i in [1, 2, 3]}
men
Out[17]: {1, 2, 3}
type(men)
Out[18]: set
lex = {i:i**2 for i in LL}
lex
Out[20]: {1: 1, 2: 4, 3: 9}
type(lex)
Out[21]: dict
```

Die Syntax { ... } ist hier ein wenig überladen.

Um herauszufinden, ob es sich bei einem vorgegebenen Objekt obj um einen Iterator handelt, überprüft man am besten, ob __obj.__next__ und obj.__iter__ definiert sind.

5 Module, Dateien und andere Überlebenshilfen

In diesem Kapitel möchte ich einige hilfreiche Themen ansprechen, die einerseits die gezielte Nutzung des Python-Systems, zum anderen aber auch die kontrollierte Kommunikation mit dem Betriebssystem und damit mit der Außenwelt erlauben.

5.1 Import von Modulen

Beim Start des Interpreters hat man bereits eine beeindruckende Fülle von Funktionen zur Verfügung, wie wir gesehen haben. Für spezielle Zwecke reicht das jedoch nicht immer aus. Zudem sind einige wichtige Funktionen ausgelagert worden, um die Größe des Systems handhabbar zu halten. Man greift dann bei Bedarf dazu, diese ausgelagerten Objekte durch explizite Import-Anweisungen in das Programm einzubinden, sobald man sie benötigt. Das hat den Vorteil, dass unbenutzte Funktionen das System nicht weiter belasten, was der Effizienz des Interpreters zugute kommt. Außerdem werden die Programme auf diese Art übersichtlicher. Es ist auch möglich, diesen Mechanismus für eigene Programmteile zu nutzen, wie wir gleich sehen werden. Das ist besonders beim Entwurf wiederverwendbarer Programmteile nützlich.

Zunächst gehen wir aber auf die Möglichkeiten ein, Module als externe Programmteile, die vom System vordefiniert sind, zu importieren. Es geht darum, die in einem Modul vorhandenen Namen, die meist Konstanten oder Funktionen bezeichnen, für das importierende Programm sichtbar zu machen. Der Import aus einem Modul M, der im Dateisystem in der Datei M.py abgelegt ist, ist in den folgenden Varianten möglich:

import M Hier werden alle Namen, die in M definiert sind, für das importierende Programm verfügbar gemacht; die entsprechenden Namen müssen bei ihrer Benutzung durch M qualifiziert werden (nehmen wir als Beispiel den Modul math, der mathematische Konstanten und Funktionen enthält. Eine der enthaltenen Funktionen ist die Sinus-Funktion sin, die nach der Anweisung import math als math.sin verfügbar ist). Beim Einbinden des Moduls M wird ein eigene Namensraum für ihn erzeugt.

import M as Q Hier verbirgt sich der Modul M hinter der Maske Q, es wird nichts Neues definiert, der Modul M ist ausschließlich unter dem Namen Q verfügbar (wenn wir also schreiben import math as Geometrie, so würde die oben genannte Sinus-Funktion als Geometrie.sin verfügbar sein).

from M import * Da das Qualifizieren von Namen gelegentlich ein wenig lästig ist, kann man mit dieser Form der Import-Klausel alle Namen des Moduls M importieren und ohne Hinweis auf M benutzen (from math import * führt also dazu, die Sinus-Funktion als sin schreiben zu können). Man verschleiert hierdurch die Herkunft des Namens und überschreibt eigene Definitionen; zudem können Namens-

https://doi.org/10.1515/9783110544138-006

konflikte auftauchen, falls mehr als ein Modul einen Namen verfügbar macht.
Man sollte sich dieser Variante also mit Bedacht bedienen.

```
In [1]: def sin(x):
   ...:     print('das ist mein Sinus')
In [2]: sin(3.14159)
das ist mein Sinus
In [3]: from math import *
In [4]: sin(3.14159)
Out[4]: 2.6535897933527304e-06
```

from M import x Das Objekt mit dem Namen x wird aus dem Modul M importiert und
kann auch als x angesprochen werden. Es können auch mehrere Namen auf diese
Art importiert werden (die auch in eine geklammerte Liste, die sich über mehrere
Zeilen erstrecken kann, geschrieben werden können).

```
from math import e, pi
print('e = ', e, '\tpi = ', pi)
e =  2.718281828459045  pi =  3.141592653589793
```

Diese Regeln betreffen nicht lokale Namen (also solche, die mit einem doppelten Unterstrich __ beginnen) und solche Namen, die mit einem einfachen Unterstrich _ anfangen; das wird in Abschnitt 7.1 diskutiert.

Hilfe

Will man sich Informationen über einen Modul verschaffen, so hilft das `help`-System
von Python, wie die Abbildung 5.1 für den Model `math` demonstriert. Das Lexikon
`sys.modules` enthält die Namen aller gegenwärtig importierten Module.

Über einzelne Namen bekommen wir wie üblich Auskunft, ?? (hier wieder am
Beispiel der Sinus-Funktion):

```
In [10]: math.sin?
Docstring:
sin(x)
Return the sine of x (measured in radians).
Type:       builtin_function_or_method
In [11]: math.sin??
Type: builtin_function_or_method
```

Module können zu Paketen zusammengefasst werden; ein *Paket* ist ein Verzeichnis, das mehrere Module enthält; das Verzeichnis kann auch wieder Unterverzeichnisse mit Modulen oder anderen Unterverzeichnissen enthalten. Um ein Paket für den
Interpreter auszuzeichnen, muss eine Datei mit dem Namen __init__.py darin enthalten sein; diese Datei kann leer sein, allein ihr Vorhandensein sagt Python, dass
es sich um ein Paket handelt. Das Paket sympy zur Symbolmanipulation (vgl. Kapitel 10) sei als Beispiel betrachtet. Das Attribut sympy.__file__ gibt den Ort der Datei
__init__.py für dieses Paket an, siehe Abbildung 5.2.

```
In [6]: help(math) Help on module math:

NAME math

MODULE REFERENCE https://docs.python.org/3.5/library/math.html

The following documentation ...

DESCRIPTION This module is always available.  It provides
access to the mathematical functions defined by the
C standard.

FUNCTIONS acos(...)  acos(x) (weitere Funktionen) trunc(...)  ...
DATA e = 2.718281828459045
pi = 3.141592653589793

FILE /Users/.../lib-dynload/math.so
```

Abb. 5.1: Hilfe für den Modul math

```
In [5]: import sympy In [6]: sympy.__file__ Out[6]:
'/Users/.../python3.5/site-packages/sympy/__init__.py
In [7]: !cat
/Users/../python3.5/site-packages/sympy/__init__.py
"""
SymPy is a Python library for symbolic mathematics.
It aims to become a full-featured computer algebra
system (CAS) while keeping the code as simple as
possible in order to be comprehensible and
easily extensible.  SymPy is ...
"""
from __future__ import division,\
                print_function, absolute_import

__all__ = ['test']

from numpy import show_config as show_numpy_config
if show_numpy_config is None:
raise ImportError("Cannot import scipy
when running from numpy source directory.")
from numpy import
__version__ as __numpy_version__ ...
```

Abb. 5.2: Das Attribute sympy.__file__

Wir finden also in der Datei `__init__.py` die Dokumentation für das Paket, aber offensichtlich noch mehr. Diese Datei kann zur Initialisierung des Pakets benutzt werden: wenn ein Teil des Pakets importiert wird, so wird der Code in der Datei ausgeführt; enthält das Paket Unterpakete, so werden auch die entsprechenden `__init__.py`-Dateien ausgeführt. Mit dieser Konstruktion sind einige Subtilitäten verbunden, die uns jedoch hier nicht zu kümmern brauchen.

5.2 Eigene Module

Wir können eine Kollektion von Python-Objekten in eine Datei packen, sagen wir, mit Namen `DieDatei.py`, und diese Datei im Dateisystem abspeichern, sodass der Interpreter sie finden kann (was das heißt, werden wir gleich diskutieren). Der Name der Datei sollte ein legaler Bezeichner in Python sein, dann können wir diese Datei als Modul importieren.

```
                                          Editor
   DieDatei.py

1 #!/usr/bin/env python3
2 # -*- coding: utf-8 -*-
3 """
4 Created on ...
5
6 @author: EED
7 """
8
9 def SoGehtDas():
10     print('\Das ist die Funktion "SoGehtDas"')
11
12 MeineKonstante = 17
```

Hier habe ich im Code-Fenster des Interpreters eine neue Datei angefordert, die durch die ersten sieben Zeilen initialisiert wurde. Die erste Zeile `#!/usr/bin/env python3` gibt die Position des Python-Interpreters im System an[1] und ist beim Ausführen der Datei als eigenständiges Programm wichtig, denn sie sagt, dass es sich um ein in Python 3 formuliertes Skript handelt (und nicht in Python 2, der Vorgängerversion, die immer noch nützlich und im Umlauf ist). Was es mit eigenständigen Programmen auf sich hat, diskutieren wir auf Seite 77. Die nächste Zeile gibt die Codierung der Datei an, hier also `utf-8`, die allgemein empfohlene Codierung. Dann folgt die (rudimentäre) Dokumentation, die man zweifellos weiter ausarbeiten kann. Schließlich habe ich eine einfache Funktion und eine Konstante definiert.

---

1 Im UNIX-Slang wird diese Zeile auch gern als *Shebang* bezeichnet.

Diese Datei wird nun importiert, und die help-Funktion aufgerufen:

```
In [1]: import DieDatei
In [2]: help(DieDatei)
Help on module DieDatei:
NAME
    DieDatei - Created on Wed Mar 15 16:02:02 2017
DESCRIPTION
    @author: EED
FUNCTIONS
    SoGehtDas()
DATA
    MeineKonstante = 17
FILE
    /Users/EED/Dropbox/Python/DieDatei.py
```

Die Attribute __file__ und __name__ werden, neben anderen, die hier nicht relevant sind, verfügbar gemacht:

```
In [3]: DieDatei.__file__
Out[3]: '/Users/EED/Dropbox/Python/DieDatei.py'
In [4]: DieDatei.__name__
Out[4]: 'DieDatei'
```

Das Attribut __file__ gibt also an, wo die Datei im Dateisystem wohnt, und __name__ enthält den Namen des Moduls. Dieses Attribut wird dynamisch gesetzt; ein Modul kann importiert werden, sodass er Teil eines anderen Programms ist, er kann aber auch als eigenständiges Programm ausgeführt werden, dann wird das Attribut auf den Wert "__main__" gesetzt. Das lässt sich abfragen, wie das folgende Beispiel demonstriert: Falls wir den Modul als Programm ausführen, so wollen wir die Funktion SoGehtDas aufrufen. Wir fügen die folgenden Zeilen an das Ende der Datei an:

```
if __name__ == "__main__":
    print("Aufruf von SoGehtDas")
    SoGehtDas()
```

Damit können wir die Datei als Programm ausführen (hier unter MacOS):

```
EEDs-MBP:Python EED$: python DieDatei.py
Aufruf von SoGehtDas

Das ist die Funktion SoGehtDas
EEDs-MBP:Python EED$:
```

So sieht die Datei nun in voller Schönheit aus:

```
EEDs-MBP:Python EED$: cat DieDatei.py
#!/usr/bin/env python3
# -*- coding: utf-8 -*-
"""
Created on Wed Mar 15 16:02:02 2017

@author: EED
"""

def SoGehtDas():
    print('\nDas ist die Funktion SoGehtDas')


MeineKonstante = 17

if __name__ == "__main__":
    print("Aufruf von SoGehtDas")
    SoGehtDas()
EEDs-MBP:Python EED$:
```

Der Aufruf von `DieDatei`?? im Interpreter zeigt, dass die letzten Zeilen ebenfalls die obige Abfrage enthalten. Wir können also den Modul entweder importieren und die Namen auf die diskutierte Art verwalten, oder als eigenständiges Programm ausführen.

Auf der Kommandozeile kann man üblicherweise Programmen Zeichenketten als Argumente mitgeben. Das kann man hier auch tun, muss allerdings den Modul `sys` importieren, der einige systemrelevante Informationen und Funktionen enthält, siehe Kapitel 5.5.1. Die Argumente eines Programms sind in der Liste `sys.argv` zu finden, wobei `sys.argv[0]` den Namen der ausgeführten Datei enthält. Ein einfaches Beispiel sieht so aus:

```
import sys
def So(li):
    print('\nDas ist die Funktion So:')
    print([j for j in li])

if __name__ == "__main__":
    print("Aufruf von So (mit Argumenten):")
    So(li = sys.argv)
```

Der Aufruf arbeitet wie gewünscht:

```
EEDs-MBP:Python EED: python MitArg.py 1 2 3
Aufruf von So (mit Argumenten):
```

```
Das ist die Funktion So:
['MitArg.py', '1', '2', '3']
EEDs-MBP:Python EED:
```

Suchpfad

Wie findet der Interpreter (oder das Laufzeitsystem) einen Modul im Dschungel des Dateisystems? Der spezifische Mechanismus ist vom Betriebssystem abhängig, aber Python fängt diese systemspezifischen Fragen ab.

```
In [7]: import sys
In [8]: sys.path
Out[8]:
['',
 '/Users/EED/anaconda/lib/python3.5/site-packages/spyder/utils/site',
 ...
 '/Users/EED/.ipython']
In [9]:
```

Der Modul sys, in dem systemabhängige Angaben verkapselt sind (vgl. Abschnitt 5.5.1), enthält den Suchpfad, eine Liste sys.path von Verzeichnissen (einige Verzeichnisse des Pfads auf dem Macintosh, auf dem ich dies schreibe, sehen Sie oben). Wird ein Modul M importiert, so durchsucht der Interpreter die Verzeichnisse, die in dem Pfad genannt sind, nach der Datei M.py. Die Suche beginnt im gegenwärtigen Verzeichnis, das im Suchpfad durch ' ' angegeben ist. Bei Paketen gestaltet sich die Suche ein wenig aufwändiger. Wird die Datei auf den Verzeichnissen des Pfads nicht gefunden, so wird eine Ausnahme aktiviert.

Der Suchpfad stützt sich auf einen entsprechenden Pfad, der durch das Betriebssystem gesetzt wird, er kann für eine Sitzung durch sys.path.append(...) modifiziert werden. In der Regel kommt mit dem **Python**-Interpreter ein Werkzeug, mit dem der Pfad modifiziert werden kann.

Die Suche von Namen in einem Modul, also die Frage nach den zugehörigen Namensräumen, wird im Zusammenhang mit Klassen auf Seite 118 eingehender diskutiert.

5.3 Ein- und Ausgabe: Dateien

Eine existierende Text-Datei 'MeineDatei' wird mit open('MeineDatei', 'r') zum Lesen und mit open('MeineDatei', 'w') zum Schreiben geöffnet (das löscht ihren Inhalt); will man an die Datei etwas anfügen, so öffnet man sie mit open('MeineDatei', 'a'). Mit den Aufruf open(...) sollte man sie einem Datei-Objekt zuweisen, also zum Beispiel DateiObjekt = open('MeineDatei', 'r'). Die Funktion open kann mit einer Reihe von Parametern versehen werden, von denen wir den Namen der Datei und den

Datei-Modus vermerkt haben. Zusätzlich sei vermerkt, dass man das Zeichen für das Zeilenende mit den Namensparameter `newline` spezifizieren kann: `newline = '\n'` sagt, dass `'\n'` das Zeilenende angibt; dies dient dazu, Abhängigkeiten vom gerade verwendeten Betriebssystem zu mildern (unter MAC OS wird `'\r'` zu `'\n'` konvertiert, unter WINDOWS wird das Paar `'\r\n'` zu `'\n'` konvertiert). Die Dokumentation sagt hier bei Bedarf Näheres. Wollen wir die Datei explizit schließen, so rufen wir die Funktion `close()` für das Datei-Objekt auf, führen also im obigen Beispiel `DateiObjekt.close()` aus.

Lesen: Ist die Datei zum Lesen geöffnet, so können wir die folgenden Operationen durchführen

`DateiObjekt.readline()` Eine Zeile wird gelesen, das Resultat ist eine Zeichenkette. Ist das Ende der Datei erreicht, so wird die leere Zeichenkette zurückgegeben.

`DateiObjekt.readlines()` Alle Zeilen in der Datei werden gelesen, das Resultat ist eine Liste von Zeichenketten.

Iteration Ein Datei-Objekt ist ein iterierbares Objekt, wir können also mit den bekannte Schleifenkonstrukten darüber iterieren. So ermittelt etwa der folgende Code-Ausschnitt die Anzahl der Zeilen in der Datei `'MeineDatei'` und druckt sie aus:

```
DateiObjekt = open('MeineDatei', 'r')
Zahl = 0
for _ in DateiObjekt:
    Zahl += 1
    print(Zahl)
DateiObjekt.close()
```

Für die Funktionen `readline` und `readlines` kann mit dem `size`-Parameter spezifiziert werden, wie viel Zeichen gelesen werden sollen; in jedem Fall wird bis zum nächsten Auftreten des Zeichens gelesen, das das Zeilenende angibt, oder bis zum Ende der Datei (bei `readlines` kann es zu Problemen führen, wenn man eine riesige Datei ohne eine Markierung für das Zeilenende hat, daher kann der `size`-Parameter hier nützlich sein).

Schreiben: Ist die Datei zum Schreiben geöffnet, so haben wir die folgenden Operationen; jedes Auftreten von `'\n'` wird in das der Plattform entsprechende Zeilenende übersetzt.

`DateiObjekt.write(x)` Das Argument x, das eine Zeichenkette sein muss, wird in die Datei geschrieben. Kein Zeilenende wird angefügt (das kann ja vom Nutzer in die Zeichenkette eingebettet werden).

`DateiObjekt.writelines(Li)` Das Argument Li ist eine Liste von Zeichenketten, die eine nach der anderen in die Datei geschrieben werden. Enthalten sie ein

Zeilenende, so wird es in die Datei geschrieben, falls nicht, erhält man die
Konkatenation der Zeichenketten.

5.3.1 Strukturierte Daten: Der pickle-Modul

Die write-Funktion akzeptiert lediglich Zeichenketten, das ist mühsam, wenn man
strukturierte Daten persistent machen möchte. Man muss sie dann zuerst in eine Darstellung durch Zeichenketten konvertieren (und beim Wiedereinlesen zurück konvertieren); das kann recht arbeitsintensiv und damit fehleranfällig sein.

Hier hilft das überaus praktische und leicht zu nutzende Paket pickle (was man
mit *einmachen* übersetzen könnte). Sehen wir uns ein Beispiel an, in dem wir ein Lexikon persistent speichern.

```
In [53]: import pickle
In [54]: dd = {1: 'q', 2: [1, 2, 3], 'ww': 'Eine Zeichenkette'}
In [55]: dat = open('EineDatei', 'wb')
In [56]: pickle.dump(dd, dat)
In [57]: %ls -l EineDatei
-rw-r--r--@ 1 EED  staff  0 Mar 17 12:13 EineDatei
In [58]: dat.close()
In [59]: %ls -l EineDatei
-rw-r--r--@ 1 EED  staff  64 Mar 17 12:13 EineDatei
In [60]: Datt = open('EineDatei', 'rb')
In [61]: lexikon = pickle.load(Datt)
In [62]: print(lexikon)
{1: 'q', 2: [1, 2, 3], 'ww': 'Eine Zeichenkette'}
In [63]: Datt.close()
```

In Zeile In[53] importieren wir pickle, In[54] definiert das Lexikon, die Datei
EineDatei wird in In[55] zum Schreiben geöffnet und dem Namen dat zugewiesen; beachten Sie, dass wir die Datei als binäre Datei zum Schreiben öffnen, daher der
Parameter 'wb'. Mit Hilfe von pickle.dump wird das Lexikon in die Datei geschrieben,
hierbei werden beide, das zu schreibende Datum dd und die zu benutzende Datei dat,
als aktuelle Parameter angegeben.

Wir sehen uns die Datei vor und nach dem Schließen im Dateisystem kurz an,
bevor wir sie als binäre Datei zum Lesen öffnen. Hierzu dient der Parameter 'rb'. Datt
ist die zugehörige Variable für das Datei-Objekt. Wir laden lexikon von Datt mit Hilfe
von pickle.load in In[61], versichern uns kurz des Wertes von lexikon (es ist in der
Tat dasselbe, lexikon == dd liefert True) und schließen die Datei.

5.3.2 Umleitung der Ein- und der Ausgabe

Die input-Funktion erlaubt es, nach einer Eingabeaufforderung einen Wert einzulesen; das Resultat ist eine Zeichenkette (ohne das Zeichen für das Zeilenende):

```
In [71]: q = input('Eingabe: ')
Eingabe: 3
In [72]: q
Out[72]: '3'
```

Will man q als ganze Zahl verwenden, so sollte man sie mit int(q) konvertieren.

Die Funktion input schreibt auf die Standard-Ausgabe stdout und liest von der Standard-Eingabe stdin; die Fehlerausgabe stderr ist meist wie die Standard-Ausgabe definiert. Es ist möglich, andere Dateien als die voreingestellten zu verwenden, hierzu sind die Module sys.stdin, sys.stdout und sys.stderr gedacht. In sys.stdin finden wir die Methoden read, readline und readlines, die wie oben beschrieben verwendet werden können. Analog verhält es sich mit sys.stdout und sys.stderr, die write und writelines verfügbar machen.

```
>>> import sys
>>> s = sys.stdin.readline()
Eine Zeile
>>> s
'Eine Zeile\n'
>>> sys.stdout.write(s)
Eine Zeile
11
>>>
```

Der ausgegebene Wert 11 ist gerade die Anzahl der geschriebenen Zeichen. Dieses Beispiel bezieht sich auf den Python-Interpreter (auch für ein eigenständiges Programm); der iPython-Interpreter reagiert ein wenig anders auf dieselbe Eingabe:

```
In [6]: import sys
In [7]: s = sys.stdin.readline()
In [8]: EineZeile
Traceback (most recent call last): ...
    EineZeile
NameError: name 'EineZeile' is not defined
```

Man muss also gelegentlich ein wenig aufmerksam sein. Analog sollte man sich nicht darauf verlassen, dass man die Ausgabe in eine Datei umleiten kann, wenn man iPython verwendet. Das folgende Code-Stück arbeitet korrekt mit dem Python-Interpreter, nicht aber unter iPython:

```
>>> import sys
>>> f = open('out', 'w')
>>> sys.stdout = f
>>> sys.stdout.write('Eine Zeile')
>>> print('eine zweite Zeile')
>>> 3 + 4
>>> sys.stdout = sys.__stdout__
>>> f.close()
>>> 3+4
7
```

Hier setzt man also mit der Zuweisung von f an std.out die Ausgabedatei auf die angegebene, die zum Schreiben geöffnet ist; die Datei enthält die drei angegebenen Zeilen. Dann wird die Standard-Ausgabe zurückgesetzt, sodass sie wieder interaktiv benutzt werden kann, und die Datei f wird geschlossen. Diese Alternative bietet sich jedoch an:

```
In [4]: f = open('Ausgabe', 'w')
In [5]: print('Auf die Ausgabe geschrieben:\n', file = f)
In [6]: 3 + 4
Out[6]: 7
In [7]: f.close()
In [8]: !cat Ausgabe
Auf die Ausgabe geschrieben:

In [9]:
```

Das Thema Ein-/Ausgabe ist auch in **Python** gelegentlich abhängig vom Betriebssystem. Deshalb sollte man, wenn man sich nicht auf die eingestellten Werte verlassen kann oder möchte, die Dokumentation konsultieren (und einige Fälle ausprobieren).

5.4 Ein bisschen Graphik: pygal

Gelegentlich möchte man ohne großen Aufwand Daten visualisieren. Hierzu ist das pygal-Paket[2] gut geeignet. Ich möchte Ihnen mit einem kleinen Beispiel zeigen, wie man eine solche Visualisierung effektiv durchführen kann.

Die zu visualisierenden Daten sind die Inflationsrate in Deutschland, angegeben in vierteljährlichen Abständen, im Zeitraum von Anfang 2011 bis Ende 2012; die Infla-

---

2 Möglicherweise müssen Sie pygal separat installieren. Das können Sie auf der Kommandozeile von WINDOWS mit python -m pip install - user pygal, unter MAC OS mit pip install -user pygal erledigen; der Suchpfad muss ebenfalls angepasst werden; wie das geht, hängt von Ihrer Installation ab und ist in der Dokumentation beschrieben.

tionsrate für das erste Quartal von 2011 wird auf 100 % gesetzt. Die Daten sind in einer Textdatei BundBa.txt gespeichert, wir sehen sie uns kurz an:

```
In [10]: f = open('BundBa.txt', 'r')
In [11]: ww = f.readlines()
In [12]: ww
Out[12]:
['2011-01\t100\n',
 '2011-04\t100,47\n',
 ...
 '2012-07\t102,61\n',
 '2012-10\t104,58\n']
In [13]: f.close()
```

Durch Nachbearbeitung trennen wir die Zeitangaben von den Prozentzahlen. Jeder Eintrag besteht aus einer Zeitangabe, dann folgt ein \t gefolgt von einer rellen Zahl; die Daten stammen aus einer deutschen Quelle (der Deutschen Bundesbank), daher sind die reellen Zahlen mit einem Dezimalkomma statt eines Dezimalpunkts notiert; der Eintrag wird durch ein '\n'-Symbol abgeschlossen. Wir ermitteln zunächst den Zeitraum, dann den entsprechenden Betrag:

```
def eineZeile(s):
    tab, nl, komma = '\t', '\n', ','
    zeitraum = s[:s.index(tab)]
    if komma in s:
        zahl = int(s[s.index(tab)+1: s.index(komma)])
        nachkomma = int(s[s.index(komma)+1:s.index(nl)])
    else:
        zahl, nachkomma = int(s[s.index(tab)+1: s.index(nl)]), 0
    return (zeitraum, zahl + nachkomma/100)
```

Es ergibt sich:

```
In [17]: alleWerte = [eineZeile(j) for j in ww]
In [18]: alleWerte
Out[18]:
[('2011-01', 100.0),
 ...
 ('2012-10', 104.58)]
```

Die jeweiligen Zeitpunkte sollen die *x*-Achse beschriften, wir speichern das in xVal = [j[0] for j in alleWerte]. Die Inflationsraten werden analog gespeichert in yVal = [j[1] for j in alleWerte].

Der Modul pygal bietet die Visualisierung durch ein Liniendiagramm an. Das geht so:

```
In [12]: import pygal
In [13]: linie = pygal.Line()
In [14]: linie.title = 'Inflation 2011 - 2012'
In [15]: linie.x_labels = xVal
In [16]: linie.add('2011 - 2012', yVal)
Out[16]: <pygal.graph.line.Line at 0x10725e1d0>
In [17]: linie.render_to_file('2011.svg')
```

Wir importieren in In[12] den Modul und verschaffen uns ein pygal-Linienobjekt durch Aufruf der Funktion Line(); das geschieht in In[13]. Das Objekt wird anschließend besiedelt: Es wird ein Titel für das gesamte Diagramm angegeben, die Beschriftung der *x*-Achse wird durch x_labels definiert und die zu visualisierenden Werte werden mit der Zeichenkette '2011 - 2012' hinzugefügt. Als Resultat erhalten wir ein Objekt, das wir in eine svg-Datei ausgeben können (diese Dateien lassen sich am besten in einem Browser öffnen). Das Resultat sieht so aus:

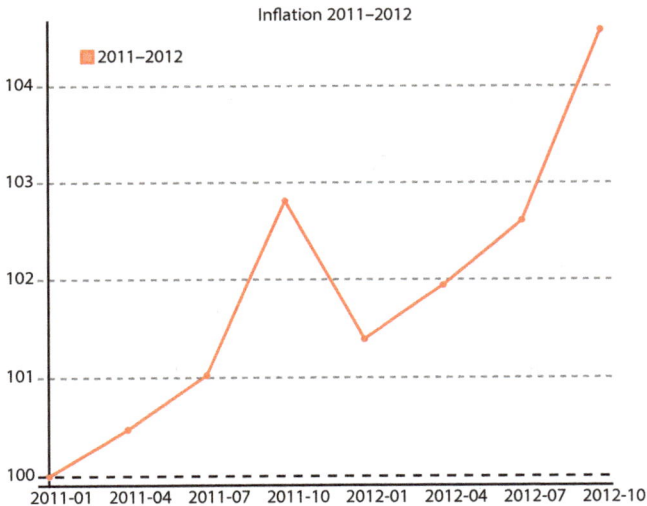

Die Dokumentation für pygal ist im Netz verfügbar[3], zahlreiche Beispiele, deren Code ebenfalls angegeben ist, erläutern das Paket.

Konstruieren wir für unsere Zahlen ein Balkendiagramm:

```
In [21]: chart = pygal.Bar()
In [22]: chart.title = 'Inflationsrate 2011 - 2012'
In [23]: xVal = [j[0] for j in alleWerte]
In [24]: chart.x_labels = xVal
In [25]: chart.add('2011 - 2012', [j-100 for j in yVal])
```

---

3 unter http://www.pygal.org/en/stable/index.html

```
Out[25]: <pygal.graph.bar.Bar at 0x107272748>
In [26]: chart.render_to_file('2011-bar.svg')
```

(die Balken in Zeile In [25] sind um den Betrag 100 gestutzt, damit das Ganze nicht zu groß wird). Das ist das Resultat:

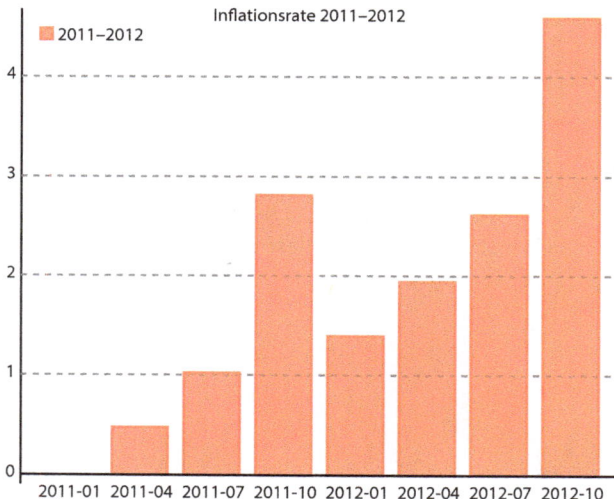

Wir haben insgesamt die Daten für den Zeitraum 2011–2016 zur Verfügung. Daraus konstruieren wir nun ein Diagramm, das die Entwicklung jeweils für zwei Jahre angibt. Hierzu nehmen wir die Jahre aus der Beschriftung der x-Achse heraus, sodass wir in der Liste xVal lediglich die Quartale angeben. In den Listen yVal1, yVal2, yVal3 haben wir jeweils die Inflationsraten für jeweils zwei Jahre gespeichert, die Konstruktion des Diagramms geht nun so vor sich:

```
In [47]: lin = pygal.Line()
In [49]: lin.x_label = xVal
In [50]: lin.add('2011 - 2012', yVal1)
Out[50]: <pygal.graph.line.Line at 0x1072b0d68>
In [51]: lin.add('2013 - 2014', yVal2)
Out[51]: <pygal.graph.line.Line at 0x1072b0d68>
In [52]: lin.add('2015 - 2016', yVal3)
Out[52]: <pygal.graph.line.Line at 0x1072b0d68>
In [53]: lin.render_to_file('2011-2016.svg')
```

Das sollte selbsterklärend sein; bemerkenswert ist die ,additive' Vorgehensweise, die sich durch mehrfachen Aufruf der add-Funktion wiederspiegelt. Das ist das Resultat:

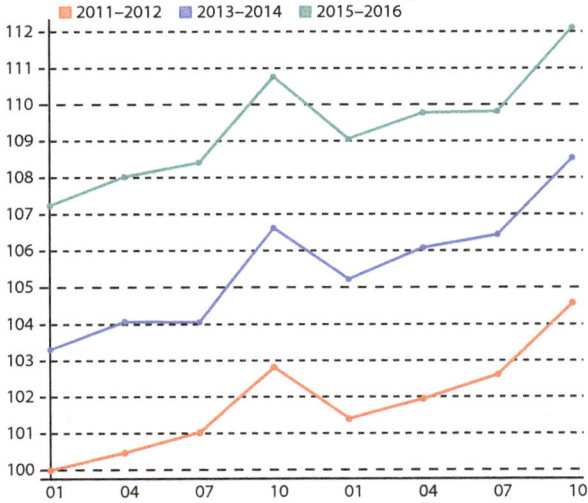

Und weil's so schön war, die Konstruktion des normalisierten Balkendiagramms:

```
In [60]: bb = pygal.Bar(x_label_rotation = 60)
In [61]: bb.title = 'Inflation 2011 - 2016'
In [63]: bb.add('2011 - 2012', [j - 100 for j in yVal1])
Out[63]: <pygal.graph.bar.Bar at 0x1072b6eb8>
In [64]: bb.add('2013 - 2014', [j - 100 for j in yVal2])
Out[64]: <pygal.graph.bar.Bar at 0x1072b6eb8>
In [65]: bb.add('2015 - 2016', [j - 100 for j in yVal3])
Out[65]: <pygal.graph.bar.Bar at 0x1072b6eb8>
In [66]: bb.render_to_file('2011-2016-bb.svg')
```

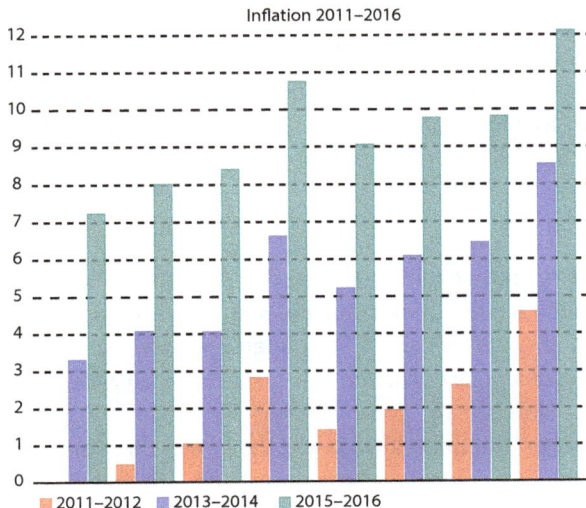

5.5 Hilfreich: sys und os

In diesem Abschnitt wollen wir kurz auf zwei Module eingehen, die sich in der täglichen Arbeit als besonders hilfreich erweisen. Der Modul sys enthält Variablen und Funktionen, die den Interpreter selbst und seine Umgebung betreffen, der Modul os gibt eine Schnittstelle zu Diensten des Betriebssystems. Eine umfassende Darstellung ist in beiden Fällen nicht intendiert (der Unterhaltungswert ist zudem gering), das Python-System stellt eine vollständige Dokumentation bereit.

5.5.1 sys: Interaktion mit dem Interpreter

Wir haben bereits die Variable argv kennen gelernt, die eine Liste von Zeichenketten enthält und die Kommandozeilen-Optionen angibt, wenn eine Python-Datei als Programm ausgeführt wird. Die Zeichenkette argv[0] ist stets der Name des Programms. Weitere Variablen sind

executable Eine Zeichenkette, die den Namen des ausführbaren Interpreters mit seinem Pfad angibt, z. B. '/Users/EED/anaconda/bin/python'.

path Suchpfad für den Interpreter, siehe Seite 79.

stdin Mit stdin kann der input()-Funktion eine Datei zugeordnet werden, __stdin__ gibt beim Start des Interpreters das Objekt an, das die Standardeingabe repräsentiert. Dieser Wert kann zum Zurücksetzen von stdin verwendet werden.

stdout, stderr Analog für die Standardausgabe und die Fehlerausgabe; hier werden die Variablen __stdout__ und __stderr__ für die Standardwerte benutzt.

5.5.2 os und os.path: Interaktion mit dem Betriebs- und dem Dateisystem

Der Modul os stellt eine Schnittstelle zu den üblichen Diensten des Betriebssystems bereit, der Modul os.path wird dazu benutzt, Pfadnamen auf portierbare Weise zu bearbeiten. Er wird auch durch den Modul os importiert. Die Nähe der einzelnen Befehle zu ihren UNIX-Vettern ist offensichtlich.

os

Die Auswahl an Befehlen ist außerordentlich reichhaltig, wird aber eigentlich im täglichen Gebrauch nicht voll ausgenutzt werden, weil man, außer wenn man Systemprogrammierung betreibt, sich doch eher auf die Dienste des Interpreters oder der Shell abstützt und nicht explizit im System selbst arbeitet. Wir diskutieren einzelne und ausgewählte Befehle.

chdir(path), getcwd() Beim ersten Kommando wird ein Parameter path angegeben, der das Arbeitsverzeichnis bezeichnet, zu dem gewechselt werden soll. Der zweite Befehl ist parameterlos, er gibt eine Zeichenkette mit dem gegenwärtige Arbeitsverzeichnis zurück.

link(quelle, ziel) Konstruiert einen harten Link mit dem Namen quelle, der auf die Datei ziel zeigt.

listdir(path) Der Parameter ist ein Pfad für ein Verzeichnis, als Ergebnis wird eine Liste zurückgegeben, die alle Einträge in diesem Verzeichnis auflistet. Die üblichen Dateien ('.' und '..') werden nicht aufgelistet, die Ordnung der Dateien in der Liste erscheint willkürlich.

mkdir(pfad) Hier wird ein Verzeichnis mit Namen und Zugriffspfad pfad erzeugt. Es ist möglich, als zweiten Parameter den Modus des Verzeichnisses wie unter UNIX anzugeben.

remove(pfad), rmdir(pfad) Der erste Befehl entfernt die Datei, die durch Pfad angegeben ist, der zweite Befehl entfernt das angegebene Verzeichnis.

renames(quelle, ziel) Benennt die Datei oder das Verzeichnis von quelle nach ziel um.

system(cmd) Führt den Befehl cmd als Unterprozess aus, unter MAC OS kann einen Rückgabewert erwartet werden, unter WINDOWS wird stets 0 zurückgegeben.

error Das ist die einzige Ausnahme, die von diesem Modul definiert wird; sie wird dann aktiviert, wenn ein Fehler, der sich auf das System bezieht, aufgetaucht ist. Es gibt zwei Werte, ein numerischer Fehlercode und eine Zeichenkette, die die Fehlermeldung näher erläutert. Ausnahmen, die im Dateisystem aktiviert werden, bezeichnen auch einen Dateinamen, der dann der aufrufenden Funktion mitgeteilt wird.

os.path

Auch hier geben wir nur eine kleine Auswahl von Befehlen an, die sich in der täglichen Arbeit als nützlich erweisen.

abspath(pfad) Der Parameter pfad ist ein relativer Pfad im Betriebssystem, zurückgegeben wird der absolute Pfad, zum Beispiel gibt
    os.path.abspath('Python')
zurück
    '/Users/EED/Dropbox/Python'
(der Interpreter arbeitet gerade im Verzeichnis Python).

basename(pfad) Ein pfad ist gegeben, der von allen Verzeichnissen gereinigte Name wird zurückgegeben (zum Beispiel:
    os.path.basename('/Users/EED/Dropbox/Python/Python') ist 'Python').

dirname(pfad) Das Verzeichnis des pfad-Namens wird abgetrennt und als Wert zurückgegeben (os.path.dirname('/Users/EED/Dropbox/Python/Python') gibt also
    '/Users/EED/Dropbox/Python' zurück).

exists(pfad) Gibt True zurück, falls pfad einen existierenden Pfad darstellt.

isfile, isdir, islink Diese Funktionen haben alle einen Pfad als Parameter, ihre
Funktion sollte aus dem Namen zu schließen sein.

split, splitext Beide Funktionen haben einen Pfad als Parameter und geben ein
Paar zurück; split zerlegt den Pfad in (anfang, ende), wobei ende die letzte
Komponente ist, anfang der Rest (Beispiel:

```
os.path.split('/Users/EED/Dropbox/Python')
```

liefert das Paar

```
('/Users/EED/Dropbox', 'Python')).
```

Die Funktion splitext zerlegt den Pfad in das Suffix der Datei am Ende des Pfads
und den Rest, der Aufruf

```
os.path.splitext('/Users/EED/Dropbox/Python.py')
```

ergibt

```
('/Users/EED/Dropbox/Python', '.py').
```

Ist kein Suffix vorhanden, ist die zweite Komponente die leere Zeichenkette (sodass in diesem Fall

```
os.path.splitext('/Users/EED/Dropbox/Python')
```

liefert

```
('/Users/EED/Dropbox/Python', '')).
```

Leider

Viele hilfreiche Moduln können hier aus Platzgründen nicht behandelt werden (z. B.
der Modul string, der mit string.ascii_lowercase alle Kleinbuchstaben als Zeichenkette liefert, mit string.ascii_uppercase alle Großbuchstaben und mit
string.digits alls Ziffern). Wir verweisen auf die Dokumentation zu **Python**.

Ein kleines Beispiel

Meine Kamera nummeriert die Bilder durch und schreibt ein Präfix davor, sodass der
Namen eines Bildes typischerweise beginnt mit DSC04567. Dann wird der Dateityp angehängt, das ist .jpg, .raw oder .mp4, wobei ich die Wahl habe, aus einem Photo eine Datei des Typs .jpg und gleichzeitig eine des Typs .raw erzeugen zu lassen. Also
habe ich vielleicht Dateien mit dem Namen DSC04567.jpg und DSC04567.raw für dasselbe Photo. Diese Dateien werden dann auch ins Archiv mit dem Namen übertragen,
sodass sich hinter dem Namen DSC04567.jpg eine lachende Enkelin oder eine goti-
sche Kirche verbergen kann. Ich möchte daher die Bilder eines Verzeichnisses verz
mit einem sinnvollen Namen konsistent umbenennen (die Dateien DSC04567.jpg und
DSC04567.raw sollen, falls es beide gibt, unter Beibehaltung ihrer Endung denselben
Namen bekommen). Der neue Name soll aus einer Namensbasis name und einer ange-
hängten, vierstelligen Zahl bestehen. Die Zahl verschaffe ich mir als Zeichenkette mit
einem Generator gen(), der so definiert ist:

```
def dictNamen(dir, namensBasis):
    allDat = [j for j in os.listdir(dir) if\
            os.path.isdir(j) == False]
    Paare = map(lambda x: os.path.splitext(x), allDat)
    generator = gen()
    dasLexikon = {j[0]: namensBasis + '_' + generator.__next__()\
            for j in Paare}
    generator.close()
    return (dasLexikon, Paare)
```

Abb. 5.3: Funktion dictNamen

```
def gen():
    z = 0
    while True:
        yield aufb(str(z))
        z += 1
```

Die Methode aufb nimmt eine Zeichenkette und verlängert sie, falls nötig, durch vorangestellte '0' auf die Länge 4. Ich verschaffe mir in der Liste allDat die Namen allen Dateien im Verzeichnis verz, die nicht selbst Verzeichnisse sind, zerlege die Namen in Präfix und Suffix (Liste Paare), und erzeuge für jedes Präfix einen eigenen Namen. Im Lexikon dasLexikon merke ich mir die ursprünglichen Präfixe der Namen und ihre Korrespondenzen, siehe Abbildung 5.3.

Hier enthält Paare die Liste aller Paare der Form (Präfix, Suffix) (das Suffix enthält, falls vorhanden, den Punkt als erstes Zeichen). Die Funktion map ist ähnlich wie in **Haskell** definiert als Propagierung einer Funktion in eine Liste

```
def map(f, li): return [f(x) for x in li]
```

(Python stellt einen Iterator map zur Verfügung, jedoch erscheint es hier einfacher, map selbst zu definieren). Nach diesen Vorbereitungen brauche ich die Dateien nur noch umzubenennen

```
def Umbenennen(verz, bas):
    lex, p = dictNamen(verz, bas)
    map(lambda x: os.rename(verz+'/'+x[0]+x[1],\
            verz+'/'+lex[x[0]]+x[1]), p)
```

Hierbei sollte der Name des Verzeichnisses bei der Umbenennung berücksichtigt werden. Ich kann jetzt diese Umbenennung als Programm mit einer Kommandozeile aufrufen, die das Verzeichnis und die Namensbasis in dieser Reihenfolge enthält:

```
if __name__ == '__main__':
    Umbenennen(sys.argv[1], sys.argv[2])
```

5.6 Lesen formatierter Daten

Viele Daten im Netz sind vorformatiert, sei es als `csv`-, als `json`- oder als `xml`-Dateien. Wir wollen uns kurz damit befassen, wie diese Daten gelesen und auch geschrieben werden können.

5.6.1 csv

Die Abkürzung *csv* steht für *comma separated values*, also Werte, die durch Kommata separiert sind. Solche Dateien kann man typischerweise mit Programmen zur Tabellenkalkulation schreiben und lesen, sie sind als Text-Dateien lesbar. Wenn man sie in einem Python-Programm verarbeiten möchte, so ist es hilfreich, sie nicht noch umständlich transformieren zu müssen. Hierzu dient der Modul `csv`.

Wir betrachten als Beispiel Daten zur Verwendung von Internet-Browsern in der öffentlich zugänglichen Datei `BrowserData.csv`[4]. Die ersten Zeilen der Datei sind in der Abbildung 5.4 zu finden. Wir haben also in der Kopf-Zeile eine Liste der Browser, dann folgen Zeilen, in der zuerst eine Zeitangabe zu finden ist, danach Prozent-Angaben für jeden Browser, sofern vorhanden.

```
Date,AOL,Chrome,Firefox,Internet Explorer,Moz-All,Mozilla,\
    Netscape,Opera,Safari
2002-01,2.8,,,85.8,7.9,,7.9,,
2002-03,3,,,86.1,7.7,,7.7,,
2002-05,2.8,,,86.7,7.3,,7.3,,
2002-07,3.5,,,84.5,7.3,,7.3,,
2002-09,4.5,,,83.5,8,,8,,
2002-11,5.2,,,83.4,8,,8,,
```

Abb. 5.4: Daten zur Verwendung von Internet-Browsern

Wir importieren den Modul `csv` und erzeugen für die zum Lesen geöffnete Datei `BrowserData.csv` ein `reader`-Objekt, das iterierbar ist.

```
import csv
reader = csv.reader(open('BrowserData.csv', 'r'))
for row in reader: print(row)
```

---

4 https://raw.githubusercontent.com/datasets/browser-stats/master/data.csv

Wir erhalten:

```
['Date', 'AOL', 'Chrome', 'Firefox', 'Internet Explorer',
 'Moz-All', 'Mozilla', 'Netscape', 'Opera', 'Safari']
['2002-01', '2.8', '', '', '85.8', '7.9', '', '7.9', '', '']
['2002-03', '3', '', '', '86.1', '7.7', '', '7.7', '', '']
...
['2016-05', '', '71.4', '16.9', '5.7', '16.9', '', '', '1.2', '3.6']
```

Die Kopfzeile wird als erste Zeile ausgegeben, dann folgen die Daten, die dann als Zeichenketten weiterverarbeitet werden können. Statt als Liste können die Daten auch als Lexikon ausgegeben werden; jede Zeile bildet ein Lexikon, die Einträge in der Kopfzeile dienen als Schlüssel. Hierzu dient die Klasse `DictReader`:

```
reader = csv.DictReader(open('BrowserData.csv', 'r'))
for row in reader: print(row)
```

In diesem Fall erhalten wir:

```
{'Opera': '', 'Firefox': '', 'Chrome': '', 'AOL': '2.8',
 'Date': '2002-01',
 'Safari': '', 'Internet Explorer': '85.8', 'Mozilla': '',
 'Moz-All': '7.9', 'Netscape': '7.9'}
{'Opera': '', 'Firefox': '', 'Chrome': '', 'AOL': '3',
 'Date': '2002-03',
 'Safari': '', 'Internet Explorer': '86.1', 'Mozilla': '',
 'Moz-All': '7.7', 'Netscape': '7.7'}
...
{'Opera': '1.2', 'Firefox': '16.9', 'Chrome': '71.4', 'AOL': '',
 'Date': '2016-05', 'Safari': '3.6', 'Internet Explorer': '5.7',
 'Mozilla': '', 'Moz-All': '16.9', 'Netscape': ''}
```

Die Aufrufe für `reader` und für `DictReader` können durch weitere Parameter ergänzt werden, unter anderem kann der Separator von `delimiter = ','` zu einem anderen Trennzeichen verändert werden, z. B. kann man setzen `delimiter = '\t'`, um den Tabulator als Separator zu benutzen. Hierzu sei auf die Dokumentation verwiesen.

Analog können wir Daten als `csv`-Daten schreiben. Hierzu dienen die `writer`- und die `DictWriter`-Klasse.

Wir öffnen die Datei `Beispiel_Aus.csv` zum Schreiben und erzeugen eine Instanz der `writer`-Klasse:

```
ausgabe = open('Beispiel_Aus.csv', 'w')
writer = csv.writer(ausgabe)
```

Dann schreiben wir die Kopfzeile in die Datei; das ist eine Liste von Zeichenketten, deren Länge mit der Länge der zu schreibenden Einträge übereinstimmt:

```
writer.writerow(['Reiseziel', 'Zeitraum', 'Zweck']).
```

Die Einträge werden in einer Liste von Zeichenketten abgespeichert und dann geschrieben:

```
daten = (['Catania', '2014-01', 'Materialsammlung'],
['Malaria', '2015-03', 'Vergnuegen'],
['Triest', '2015-02', 'Vorlesung'],
['Barbados', '2014-03', 'Tagung'],
['Peking', '2013-10', 'Vortrag'])

writer.writerows(daten)
```

Die Alternative wäre gewesen, die Listen einzeln in die Ausgabedatei zu schreiben, etwa durch `for j in daten: writer.writerow(j)`.

Analog verfährt man mit Lexika. Wir öffnen die Datei `'Beispiel_Lex.csv'` zum Schreiben und erzeugen eine Instanz der Klasse `DictWriter`, der wir gleich die Kopfzeile mitgeben. Wir schreiben die Kopfzeile und auch gleich das Tupel `daten` der Daten, das diesmal als Tupel von Lexika definiert wurde.

```
ausgabe = open('Beispiel_Lex.csv', 'w')
writer = csv.DictWriter(ausgabe, ['Reiseziel', 'Zeitraum', 'Zweck'])
writer.writeheader()
writer.writerows(daten)
ausgabe.close()
```

Wir hätten hier die Lexika auch einzeln mit `writer.writerow` ausschreiben können. So sehen die Daten aus:

```
daten = (
{'Zweck': 'Materialsammlung', 'Zeitraum': '2014-01',
 'Reiseziel': 'Catania'},
{'Zweck': 'Vergnuegen', 'Zeitraum': '2015-03',
 'Reiseziel': 'Malaria'},
{'Zweck': 'Vorlesung', 'Zeitraum': '2015-02',
 'Reiseziel': 'Triest'},
{'Zweck': 'Tagung', 'Zeitraum': '2014-03', 'Reiseziel': 'Barbados'},
{'Zweck': 'Vortrag', 'Zeitraum': '2013-10', 'Reiseziel': 'Peking'}
)
```

Analog sind hier einige optionale Parameter möglich.

5.6.2 JSON

Das Datenformat JSON wurde entwickelt, um den Datenaustausch für einfache strukturierte Dateien unkompliziert zu gestalten, gleichzeitig aber über ein einheitliches Format zu verfügen. Daher können auch nur nicht allzu komplexe Daten ausgetauscht werden, nämlich die folgenden:

- Lexika, der JSON-Datentyp hierfür wird *Objekt* genannt, und durch {} notiert,
- Listen, die in JSON als *Arrays* bezeichnet werden, ihre Notation ist [],
- Zahlen, in JSON *Number* genannt, die als ganze Zahlen oder als Gleitkommazahlen notiert werden,
- Zeichenketten, in JSON als *String* bekannt, die durch ' ' notiert werden,
- Werte, das die Wahrheitswerte true, false und null als der leere Wert.

Wir sehen uns ein Beispiel an. Um die Funktionalität von JSON in Python zu nutzen, muss das Paket json importiert werden: import json. Wir öffnen die Datei ex.json zum Lesen; da es sich bei JSON um einen menschenlesbares Format handelt, wird die Datei nicht als binäre Datei, sondern als Textdatei geöffnet. Wir lesen ein Objekt von der Datei und schließen die Datei. Dann sehen wir uns das Objekt an:

```
g.close()
g = open('ex.json', 'r')
obj = json.load(g)
g.close()
obj
```

Das heruntergeladene Objekt ist eine Liste, die ein Lexikon, eine Zeichenkette, eine ganze Zahl, eine Liste, noch eine Liste, den Wert None und den Booleschen Wert True enthält:

```
[{'1': 'a', '2': 3},
 'dies ist eine Zeichenkette',
 16,
 [1, 2, 'abra'],
 ['j', 'a', ',', ' ', 'm', 'e', 'i'],
 None,
 True]
```

Die Funktion load dient also dazu, ein Objekt aus einer Datei zu lesen. In ähnlicher Weise kann mit Hilfe der Funktion dump ein Objekt in eine zum Schreiben geöffnete Textdatei geschrieben werden, ganz analog zum Vorgehen beim Modul pickle, vgl. Kapitel 5.3.1. Wir sehen das an diesem Beispiel:

```
demo = ({1: 'a', 2: 3},
 'dies ist eine Zeichenkette',
```

```
16,
[1, 2, 'abra'],
('j', 'a', ',', ' ', 'm', 'e', 'i'),
None,
True)
g = open('exx.json', 'w')
json.dump(demo, g)
g.close()
```

Wenn wir jetzt durch einen Aufruf von load ein Objekt t aus der Datei laden, so stellen wir fest, dass j == obj gilt, dass also die Tupel in Listen konvertiert wurden. Das liegt daran, dass beide Python-Typen von JSON in den Array-Typ umgewandelt werden.

Wir können übrigens ein Objekt in eine JSON-Darstellung als Zeichenkette konvertieren, in dem wir die Funktion dumps aufrufen: s = json.dumps(demo) liefert

```
s = '[{'1': 'a', '2': 3}, 'dies ist eine Zeichenkette', 16,
[1, 2, 'abra'], ['j', 'a', ',', ' ', 'm', 'e', 'i'], null, true]'
```

5.6.3 XML

XML ist die Abkürzung für *Extensible Markup Language*, eine mächtige Familie von Sprachen zum Austausch strukturierter Daten über Rechnergrenzen hinweg. Python enthält einige Module zur Verarbeitung von XML-Daten, die von unterschiedlicher Komplexität und Mächtigkeit sind. Die Sprache selbst ist bekanntlich außerordentlich umfangreich, deshalb geben wir hier nur einen allerersten Einblick, führen das Paket xml.etree ein und diskutieren einige Beispiele für seine Verwendung, hauptsächlich, um die Struktur einer XML-Datei zu demonstrieren und zu zeigen, wie man mit den entsprechenden Bäumen umgehen kann. Weitere Pakete zur Manipulation von XML-Dateien umfassen das Paket **SAX**, das als Abkürzung für *Simple API for XML* steht und in [11, 33.2.2] recht ausführlich diskutiert wird, und der auf dem *Document Object Model* (DOM) basierende Modul xml.dom.minicom, der in [1, Kap. 24] besprochen wird. Weder die **SAX** noch die **DOM** zugrundeliegenden Ideen sind abhängig von Python, da XML eine über Sprachgrenzen hinausgehende Verbreitung gefunden hat.

Wir nehmen für das Folgende an, dass wir diese Import-Vereinbarung getroffen haben:

```
import xml.etree.ElementTree as ET
```

Als erstes Beispiel lesen wir eine xml-Datei und verschaffen uns die Wurzel des Baums.

```
baum = ET.parse('8Mai17.xml')
wurzel = baum.getroot()
ET.dump(wurzel)
```

```
<Wurzel wo='0'>
  <Eins wo='1'>Erste Ebene*1</Eins>
  <Eins wo='2'>Erste Ebene*2
      <Zwei wo='2a' />
      <Zwei wo='2b' />
  </Eins>
  <Eins wo='3'>Erste Ebene*3</Eins>
</Wurzel>
```

Mit ET.parse('8Mai17.xml') lesen wir die xml-Datei 8Mai17.xml, analysieren sie[5] und bauen einen Baum auf. Die Wurzel des Baum wird durch den Aufruf der parameterlosen Methode getroot aus dem Baum extrahiert. Ein Aufruf der Methode dump im Modul ET gibt uns die Darstellung des Baums als Zeichenkette (ich habe hier ein wenig geschummelt und Zeilenumbrüche sowie Einrückungen eingefügt, um die Struktur sichtbar zu machen). Jeder Knoten beginnt mit einer öffnenden spitzen Klammer < und einem Namen (auch tag genannt), dann folgen Attribute und ihre Werte, die stets Zeichenketten sind, wie etwa wo='0' beim Knoten Wurzel, syntaktisch folgt auf den Namen des Attributs ein Gleichheitszeichen, dann der Wert, falls weitere Attribute folgen, werden sie durch Leerzeichen abgetrennt. Im einfachsten Fall wird der Knoten durch /> geschlossen (wie bei den Knoten mit dem Namen Zwei), sonst wird die Kopfzeile eines Knotens durch eine schließende spitze Klammer > geschlossen, dann folgen weitere Angaben, schließlich wird der Name des Knotens wiederholt, aber diesmal in </ ... > eingebettet. Die Informationen zwischen der Kopfzeile und dem Ende eines Knotens kann eine Zeichenkette sein, wie beim Knoten <Eins wo='1'>Erste Ebene*1</Eins>, wo wir die Zeichenkette 'Erste Ebene*1' finden, oder beim Knoten <Eins wo='3'>Erste Ebene*3</Eins>}, wo wir die Zeichenkette 'Erste Ebene*3' finden. Alternativ kann sich auch ein Text und eine Folge von Knoten finden, wie etwa beim Knoten mit der Kopfzeile <Eins wo='2'>. Hier lautet die Zeichenkette 'Erste Ebene*2', und wir haben zwei Knoten mit dem Namen Zwei als Kinder. Der Wurzelknoten hat drei Kinder, die jeweils die Namen Eins tragen. Die Baumstruktur ist in Abbildung 5.5 zu finden (hierbei habe ich zur Unterscheidung neben die Namen der Knoten den Wert des Attributs wo geschrieben).

Mit

```
a1 = ET.Element('derName', {'brg': 'alt'}, arg = 'neu')
```

erzeugen wir einen neuen Knoten mit dem Namen derName und den Attributen brg und arg; wir haben

```
a1.tag == derName
a1.attrib == {'arg': 'neu', 'brg': 'alt'}
```

---

5 Zur Erinnerung: Ein Parser für eine Programmiersprache analysiert üblicherweise Programme und konstruiert einen Syntaxbaum für spätere Arbeiten.

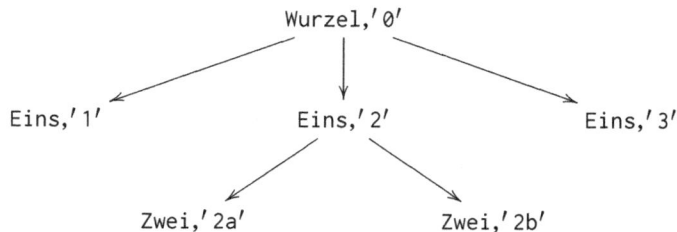

Abb. 5.5: Der Baum des XML-Dokuments

Mit ET.dump(a1) können wir uns den Knoten ansehen, es wird ausgegeben

```
<derName arg='neu' brg='alt' />.
```

Die Attribute haben Zeichenketten als Schlüssel und als Werte, sie können wie üblich manipuliert werden: a1.get('arg') == 'neu' gibt den Wert des Attributs 'arg' zurück, a1.set('arg', 'ganzNeu') redefiniert dieses Attribut; beide Ausdrücke können alternativ auch auch

```
a1.attrib['arg'] = 'neu'
a1.attrib['arg'] = 'ganzNeu'
```

geschrieben werden; del a1.attrib['arg'] schließlich entfernt das Attribut mit seinem Wert, sodass für ET.dump(a1) nun ausgegeben wird <derName brg='alt' />. In den Anweisungen in Abbildung 5.6 manipulieren wir jetzt diese kleine Struktur.

```
a3 = ET.SubElement(a1, 'einSohn', au = 'weh'); ET.dump(a1)
<derName brg='alt'>
    <einSohn au='weh' />
</derName>

a3.text = 'ein Text'; ET.dump(a1)
<derName brg='alt'>
    <einSohn au='weh'>ein Text</einSohn>
</derName>

a4 = ET.SubElement(a1, 'zweiSohn', oh = 'weia'); ET.dump(a1)
<derName brg='alt'>
    <einSohn au='weh'>ein Text</einSohn>
    <zweiSohn oh='weia' />
</derName>
```

Abb. 5.6: Manipulation der Baumstruktur

```
ET.dump(a1)
<derName brg='alt'>
    <einSohn au='WEH'>ein Text</einSohn>
    <zweiSohn oh='weia' />
</derName>
```

Abb. 5.7: Effekt der Zuweisung

Der Knoten a3 wird als Sohn des Knotens a1 erzeugt, erhält den Namen einSohn und hat au als Attribut mit dem Wert 'weh'; später fügen wir noch einen Wert für a3.text hinzu. Ein zweiter Sohn a4 wird ebenfalls hinzugefügt. Die Söhne des Knotens a1 können über Indizes angesprochen und auch manipuliert werden: Die Zuweisung a1[0].attrib['au'] = 'WEH' hat den Effekt aus Abbildung 5.7.

Wir können auch den Namen eines Knoten ändern: a1[1].tag = 'ZweiSohn'. Wir erzeugen einen neuen Knoten a6 = ET.Element('ultimSohn', letzter = 'ja'); a6.text = 'der letzte Sohn' und hängen ihn an die Liste der Abkömmlinge von a1 an: a1.append(a6). Es ergibt sich beim Aufruf von ET.dump(a1):

```
<derName brg='alt'>
    <einSohn au='WEH'>ein Text</einSohn>
    <ZweiSohn oh='weia' />
    <ultimSohn letzter='ja'>der letzte Sohn</ultimSohn>
</derName>
```

Wir haben bislang einen Knoten und seine Abkömmlinge manipuliert, mit

```
baum = ET.ElementTree(a1)
```

erzeugen wir daraus einen Baum mit Wurzel a1: Die Frage nach dem Typ von baum ergibt

```
type(baum)
xml.etree.ElementTree.ElementTree
```

(wie nicht anders zu erwarten). Der baum kann mit baum.write('output.xml') in eine Datei geschrieben werden (die Datei muss nicht existieren, existierende Dateien werden überschrieben). Die Wurzel des Baums b wird durch b.getroot() berechnet; das Ergebnis des Aufrufs ist vom Typ ET.Element.

Wir fügen an den Knoten mit dem Namen einSohn zwei Knoten als Söhne an, die wir zunächst erzeugen sollten:

```
sohnListe = []
for i in [' a', ' b']:
    k = ET.Element('Enkel', nr = 'e'+i)
```

```
        k.text = 'EnkelText' + k.get('nr')[-1].upper()
        sohnListe.append(k)
```

Die beiden Knoten bekommen also die Namen Enkel, sie haben ein Attribut nr, der text wird wie beschrieben gesetzt. Jetzt sollten wir den Knoten mit dem Namen einSohn finden. Hierzu dient die Funktion find: wurzel.find('./einSohn') findet diesen Sohn, und wurzel.find('./einSohn').append(sohnListe) fügt die Knoten in sohnListe zu den Abkömmlingen des Knotens hinzu.

Das bekommen wir mit ET.dump(wurzel):

```
<derName arg='neu' brg='alt'>
    <einSohn au='weh'>ein Text
        <Enkel nr='e a'>EnkelTextA</Enkel>
        <Enkel nr='e b'>EnkelTextB</Enkel>
    </einSohn>
    <ZweiSohn oh='weia' />
    <ultimSohn letzter='ja'>der letzte Sohn</ultimSohn>
</derName>
```

Wir können mit Hilfe der Funktionen kn.find(Muster) und kn.findall(Muster) im Unterbaum zum Knoten kn suchen, find liefert ein Element (bei mehreren das erste), findall liefert eine Liste von Elementen. Hierbei ist Muster eine Zeichenkette, die unter anderem diese Werte annehmen kann:
- 'name': Alle Kinder, deren Namen name ist, werden ausgesucht; also
  wurzel.find('einSohn').text == 'einText'. Das kann iteriert werden:
  [k.text for k in wurzel.findall('einSohn/Enkel')] ergibt
  ['EnkelTextA', 'EnkelTextB']
- '.' selektiert den gegenwärtigen Knoten, setze j = wurzel.find('einSohn'),
  dann j.find('.').text == 'einText'
- '*' selektiert alle Kinder des betreffenden Elements, also liefert
  [t.text for t in wurzel.find('./einSohn').findall('*').text]
  die Liste ['EnkelTextA', 'EnkelTextB'].
- [@attrib] selektiert alle Knoten, die das Attribut attrib haben,
- [@attrib]='wert' selektiert alle Knoten kn mit kn.get(attrib) == wert.
  Also
      [t.text for t in wurzel.find('einSohn').\
              findall('*/[@nr]')] == ['EnkelTextA', 'EnkelTextB']
  und
      [t.text for t in wurzel.find('einSohn').\
              findall('*/[@nr='e a']')] == ['EnkelTextA']

Das ist eine Teilmenge der XPath-Syntax, die unabhängig von Python für die Navigation in XML-Strukturen entwickelt wurde.

Diese Ausdrücke zum Finden von Knoten in Bäumen können auch zur Iteration über Knoten benutzt werden. Hierfür wird die Funktion `iter` verwendet, die einen Iterator liefert. Also würde man mit `for j in wurzel.iter('*')` über alle Kinder von Wurzel iterieren können (das Argument kann auch leer sein, das ist äquivalent zur angegebenen Version).

Schließlich ist die Methode `remove` zu nennen, die einen Abkömmling des Knotens entfernt. Nach

```
[wurzel.find('einSohn').remove(j)\
        for j in wurzel.findall('einSohn/Enkel')]}
```

finden wir mit `ET.dump(wurzel)`

```
<derName arg='neu' brg='alt'>
    <einSohn au='weh'>ein Text</einSohn>
    <ZweiSohn oh='weia' />
    <ultimSohn letzter='ja'>der letzte Sohn</ultimSohn>
</derName>
```

Die Enkel sind weg!

Diese Diskussion wird in Kapitel 12.1 mit anderer Blickrichtung weitergeführt. Dort sehen wir uns freilich statt XML die Auszeichnungssprache HTML näher an.

6 Muster in Zeichenketten

In diesem Abschnitt soll besprochen werden, wie Muster in Zeichenketten beschrieben und gefunden werden. Python stellt mit regulären Ausdrücken eine eigene Sprache zur Verfügung, mit der Muster beschrieben werden, mit der also Zeichenketten, die auf dieses Muster passen, spezifiziert werden können. Diese Muster können dann dazu verwendet werden, Zeichenketten wie etwa Dateinamen zu durchsuchen, eine Aufgabe, die insbesondere im Internet von großer Bedeutung ist. Ein automatenbasierter Algorithmus hierfür wird in Abschnitt 9.5 vorgestellt und prototypisch realisiert werden. Das ist hier noch Zukunftsmusik, wir wollen in diesem Kapitel zunächst diese Spezifikationssprache für Zeichenketten diskutieren, dann überlegen, wie man mit diesen Spezifikationen umgeht und sie auf die Verarbeitung von Zeichenketten anwendet. Hierzu stellt Python einen eigenen Modul re zur Verfügung. Wir werden einige Funktionen dieses Moduls angeben. Ein kleines Beispiel aus dem sogenannten *realen Leben* wird dann die Diskussion zur Mustererkennung abschließen.

Es sei gleich an dieser Stelle gesagt, dass wir hier Muster in Zeichenketten nicht erschöpfend behandeln können. Das liegt daran, dass einige Feinheiten, die für die professionelle Anwendung von Mustern in Zeichenketten wichtig sind, sich in technischer Hinsicht als einigermaßen umfangreich und auch technisch anspruchsvoll erweisen, in einer allgemeinen Diskussion jedoch sicher zu weit weg vom Hauptpfad der Darstellung führen. Es erscheint mir wichtiger, Sie grundsätzlich mit diesem Thema vertraut zu machen. Die Dokumentation zu Python und auch die angegebene Spezialliteratur hilft Ihnen mit dem hier gesammelten Vorwissen bei speziellen Problemstellungen weiter.

6.1 Spezifikation von Mustern: Reguläre Ausdrücke

Wir beginnen also mit einer Diskussion zur Spezifikation von Mustern. Dazu müssen wir beschreiben, wie man ein einzelnes Muster oder sogar eine Klasse von Mustern spezifizieren kann. Das geschieht durch die aus der Theorie formaler Sprachen oder dem Compilerbau bekannten *regulären Ausdrücke*, die hier freilich um einige syntaktische Möglichkeiten erweitert werden mussten. Wir werden diese Spezifikation hier angeben, weil wir sie in genau dieser Form benötigen. Dazu beschreiben wir die Syntax der Spezifikation und geben gleichzeitig an, welche Klasse von Zeichenketten durch diese Spezifikation beschrieben wird.

Vorher erweist es sich als hilfreich, kurz auf die Rolle des \-Zeichens einzugehen. In der Notation von Zeichenketten wird dieses Zeichen üblicherweise dazu benutzt, das nachfolgende Zeichen mit einer besonderen Bedeutung zu versehen (etwa '\t' für den Tabulator oder '\n', um einen Zeilenumbruch anzugeben). Wenn wir eine Zeichenkette notieren, bei der wir dieses Verhalten von \ nicht wünschen, wenn wir also

https://doi.org/10.1515/9783110544138-007

die Zeichenkette so interpretieren wollen, wie sie uns gegeben ist, und nicht anders, so deuten wir das durch ein r oder R vor der Zeichenkette an; der Buchstabe r wird von der Bezeichnung *raw string*, also etwa *ungekochte Zeichenkette*, vorgeschlagen; wir sprechen lieber von einer *nicht-interpretierten Zeichenkette*. Enthält die Zeichenkette kein \, so bleibt alles wie vorher, sonst nehmen wir die spezielle Bedeutung des \ aus der Zeichenkette heraus; es ändert sich jedoch sonst nichts, es gilt zum Beispiel r'Das ist\a' == 'Das ist\\a'.

So, jetzt aber zur Spezifikation der Muster. Zunächst legt man fest, dass man in eckigen Klammern eine Klasse von Zeichen – mathematisch eine Menge – beschreibt, wie etwa die Ausdruck '[123]' die Zeichen '1', '2', oder '3' spezifiziert. Das kann auf Intervalle ausgedehnt werden, sodass die Menge '[A-Z]' alle Großbuchstaben und '[a-z]' alle kleinen Buchstaben beschreibt (hier sind freilich Umlaute nicht erfasst). Mit '[a-zA-Z]' werden alle kleinen oder großen Buchstaben beschrieben, die Spezifikationen '[a-zA-Z 0-9]' beschreibt alle kleinen oder großen Buchstaben, Ziffern oder das Leerzeichen ' '. Durch [^...] werden alle Zeichen beschrieben, die sich nicht in der Menge '[...]' befinden. Da der Strich - eine spezielle Rolle spielt, muss er an den Anfang einer Menge geschrieben werden, wenn er sich selbst bezeichnen soll (also: [-abc] bezeichnet -a, -b oder -c).

Damit sind jetzt die regulären Ausdrücke beschrieben, die aus einzelnen Zeichen bestehen, also das Alphabet für die Sprache der regulären Ausdrücke. Weiterhin wissen wir, dass reguläre Ausdrücke durch die Disjunktion miteinander verknüpft werden können: Sind A und B reguläre Ausdrücke, so ist A | B ebenfalls ein regulärer Ausdruck, der solche Zeichenketten beschreibt, die von A *oder* von B beschrieben werden. Die Konkatenation A B ist ebenfalls ein regulärer Ausdruck.

- text Beschreibt die Zeichenkette text. '(m|M)onty' beschreibt ebenso wie '[mM]onty' die beiden Zeichenketten 'monty' und 'Monty'
- . Beschreibt jedes Zeichen mit Ausnahme des Zeilen-Vorschubs '\n'.
- ^, $ Beschreiben Anfang bzw. Ende einer Zeichenkette.
- * Beschreibt beliebig viele, *möglicherweise auch null* Wiederholungen des vorhergehenden Ausdrucks. Hierbei werden *möglichst viele* Wiederholungen gesucht, also soll eine möglichst lange Übereinstimmung bestimmt werden. Das Zeichen * hat keine herausgehobene Bedeutung, wenn es *innerhalb* einer Menge [...] angegeben wird (* gehört noch zum klassischen Vorrat regulärer Ausdrücke).
- + Beschreibt beliebig viele, jedoch *mindestens eine* Wiederholung des vorhergehenden Ausdrucks. r'Minstry of silly (, silly)* walks' beschreibt unter anderem 'Ministry of silly walks', während r'Minstry of silly (, silly)+ walks' unter anderem beschreibt 'Minstry of silly , silly walks', oder 'Minstry of silly, silly, silly walks'.
- ? Beschreibt eine oder keine Wiederholung des vorhergehenden Ausdrucks. Also spezifiziert '(Always)?look at the bright side' die beiden Zeichenketten 'Always look at the bright side' und 'look at the bright side'.

- *? Beschreibt beliebig viele, möglicherweise auch null Wiederholungen des vorhergehenden Ausdrucks, wobei aber *möglichst wenige* Wiederholungen gesucht werden.
- {m} Genau m Wiederholungen des vorhergehenden Ausdruck.
- {m, n} Mindestens m, höchstens n Wiederholungen des vorhergehenden Ausdrucks, {, n} entspricht {0, n}, {m, }, und entspricht {m,∞}. Dann entspricht die Zeichenkette '0[1-9][0-9]{1,3} *- *[1-9][0-9]{2,}' einer deutschen Telefon-Nummer, deren Vorwahl durch einen Bindestrich abgetrennt ist, und die beliebig lang sein kann, mindestens jedoch drei Ziffern umfasst.
- (...) Fasst den regulären Ausdruck innerhalb der Klammer als Gruppe zusammen und speichert die spezifizierte Zeichenkette, die dann durch die group()-Funktion (s. u.) wiedergegeben werden kann.

Das sind die wesentlichen Operationen für reguläre Ausdrücke, mit denen wir uns hier befassen werden. Es gibt unter anderem weiterhin die Möglichkeit, reguläre Ausdrücke zu Gruppen zusammenzufassen und mit Namen zu versehen. Diese Gruppen können dann mit dem Namen angesprochen werden, es gibt die Möglichkeit, bedingte Übereinstimmungen festzustellen (also eine Übereinstimmung, die nur dann gegeben ist, wenn die vorhergehende Zeichenkette gewisse Bedingungen erfüllt). Weitere Möglichkeiten sind in [1, Kap. 16] und – sehr geduldig – in [11, Kap. 28] in beträchtlicher Ausführlichkeit diskutiert; eine weitere hilfreiche Quelle sind [5, Kap. 17] und, zum schnellen Nachschlagen, [18, p. 202f].

Einige Klassen von Zeichen werden besonders häufig gebraucht, sodass es sinnvoll ist, sich ihrer über Abkürzungen zu bedienen. Die folgende Tabelle gibt diese Abkürzungen an.

\d	Alle Dezimal-Ziffern	[0-9]
\D		[^0-9]
\s	Alle Leerzeichen	[\t\n\r\f\v]
\w	Alle alphanumerischen Zeichen und der Unterstrich	[a-zA-Z0-9_]
\W		[^a-zA-Z0-9_]

Die Telefon-Nummern von oben lassen sich jetzt ein wenig kompakter schreiben als

'0[1-9]\d{1,3} *- *[1-9]\d{2,}'.

6.2 Operationen auf Mustern und regulären Ausdrücken

Um besser in der Lage zu sein, die Übereinstimmung eines Musters mit Teilen einer Zeichenketten weiter zu verarbeiten, werden *m-Objekte* (*match objects*) eingeführt. Ein solches Objekt gibt die Positions-Daten an, bei denen eine Übereinstimmung festzustellen ist. Es werden ebenfalls Informationen über Gruppen verfügbar gemacht, die mit dem Muster aus einer Zeichenkette extrahiert wurden. Die wichtigen Funktionen für m-Objekte werden gemeinsam mit nützlichen Funktionen aus dem Modul re angegeben und diskutiert:

re.split Übergeben wird ein Muster und eine Zeichenkette. Es wird eine Liste von Zeichenketten zurückgegeben, die durch Entfernung des Musters entsteht: re.split(r' ', 'Aber das ist ja') ergibt ['Aber', 'das', 'ist', 'ja'], also wird hier die Zeichenkette nach dem Vorkommen des Leerzeichens aufgespalten, während re.split(r'am', 'Hammer am amboss') ergibt ['H', 'mer ', ' ', 'boss'], also Aufspaltung am Muster 'am'. Oder:

```
In [14]: re.split(r' ', r"Musters entsteht:\
                  \texttt{re.split(r' ', 'Aber das ist ja')}")
Out[14]:
['Musters',
 'entsteht:',
 "\\texttt{re.split(r'",
 "','",
 "'Aber",
 'das',
 'ist',
 "ja')}"]
```

re.sub Der Aufruf re.sub(muster, ersatz, zeichenkette) ersetzt, von links nach rechts gehend, jedes Vorkommen von muster in zeichenkette durch die Zeichenkette ersatz (es werden nur nicht-überlappende Vorkommen ersetzt). Zurückgegeben wird eine Kopie von zeichenkette, in der diese Ersetzungen vorgenommen wurden. Es kann aber auch eine Funktion übergeben werden, die ein m-Objekt als einzigen Parameter hat und eine Zeichenkette als Ergebnis zurückgibt. An jeder Stelle in zeichenkette, an der eine Übereinstimmung mit muster festgestellt wird, wird die entsprechende Zeichenkette zurückgegeben.

– Hier wird akademische Freiheit durch soziale Gerechtigkeit ersetzt (auch so entstehen Wahlslogans):

```
In [19]: re.sub('[aA]kademische Freih', 'Soziale Gerechtigk',\
'Akademische Freiheit ist ein zentrales Anliegen')
Out[19]: 'Soziale Gerechtigkeit ist ein zentrales Anliegen'
```

– Hier wird Freiheit durch Freibier ersetzt (so vermutlich auch):

```
In [20]: re.sub('heit', lambda m:'bier', 'Hier\
          herrscht Freiheit')
Out[20]: 'Hier herrscht Freibier'
```

re.findall, re.finditer Der Aufruf re.findall(r'[aA]lfa', 'das ist ein alfa oder ein Alfa, ja mei') gibt die Liste aller mit dem Muster übereinstimmenden Teil-Zeichenketten zurück, also ['alfa', 'Alfa']. Die Variante re.finditer(r'[aA]lfa', 'das ist ein alfa oder ein Alfa, ja mei') gibt ein iterierbares Objekt zurück, das alle m-Objekte enthält, die eine Übereinstimmung angeben:

```
In [46]: re.finditer(r'[aA]lfa', 'das ist ein alfa\
                     oder ein Alfa, ja mei')
Out[46]: <callable_iterator at 0x110f27470>
In [47]: tt = _
In [48]: for j in tt: print(j)
<_sre.SRE_Match object; span=(12, 16), match='alfa'>
<_sre.SRE_Match object; span=(26, 30), match='Alfa'>
```

re.search Es wird ein Muster und eine Zeichenkette übergeben, gesucht wird nach dem ersten Vorkommen des Musters in der Zeichenketten. Ein entsprechendes m-Objekt wird zurückgegeben, das den Wert None hat, wenn das Muster nicht vorkommt. re.search(r'alfa', 'das ist ein alfa, ja mei') gibt als Wert des Aufrufs das m-Objekt

```
<_sre.SRE_Match object; span=(12, 16), match='alfa'>
```

zurück.

re.match Es wird ein Muster und eine Zeichenkette übergeben, als Resultat wird ein m-Objekt zurückgegeben, das entweder den Wert None hat (wenn keine Übereinstimmung gefunden werden konnte), oder ein m-Objekt, wenn eine Übereinstimmung gefunden werden konnte. So gibt re.match(r'Abra', 'Abra cadabra') das m-Objekt

```
<_sre.SRE_Match object; span=(0, 4), match='Abra'>
```

zurück, hingegen

```
b = re.match('Abra', 'Das ist Abra')
```

ein m-Objekt mit Wert None.

Mit den folgenden Funktionen werden m-Objekte näher analysiert.

m.start, m.end Die beiden parameterlosen Funktionen geben die Positionen des Anfangs bzw. des Endes der Übereinstimmung zurück:

```
In [74]: r = re.search(r'alfa', 'das ist ein alfa, ja mei')
In [75]: a = r.start(); b = r.end()
In [76]: a, b
Out[76]: (12, 16)
In [77]: 'das ist ein alfa, ja mei'[a:b]
Out[78]: 'alfa'
```

m.group Werden im Muster k Gruppen spezifiziert, so geben die Zeichenketten m.group(1), ..., m.group(k) die entsprechenden Zeichenketten an, oder None, wenn eine Gruppe auf keine Teil-Zeichenkette gepasst hat. m.group(0) gibt die vollständige passende Zeichenkette zurück, und m.groups() die Liste aller der im Muster enthaltenen Gruppen.

m.span Die Funktion ist parameterlos, oder sie nimmt als Argument eine Gruppe. Im parameterlosen Fall wird ein Paar (m.start(), m. end()) zurückgegeben, wird eine Gruppe g übergeben, analog das Paar (m.start(g), m.end(g)).

`compile`

In den Methoden wurden Muster als Zeichenketten '...' oder als nicht-iterpretierte Zeichenketten r"..." (vgl. Seite 104) angegeben. Eine Alternative besteht darin, das Muster in compilierter Form zu übergeben (im Sinne der Diskussion im Abschnitt 9.5 also etwa als Automat); hierzu dient die Methode `compile`. Sie hat ein Muster als Eingabe und übersetzt es in eine Instanz eines `re`-Objekts. Diese Instanzen können ebenfalls als Eingabe in die oben diskutierten Methoden dienen, an den Stellen, an denen eine (nicht-iterpretierte) Zeichenkette erwartet wird.

Als Beispiel spezifizieren wir die Angaben von Namen und Telefon-Nummern, wie sie in den USA gebräuchlich sind (das ist regulärer als im deutschsprachigen Bereich, daher einfacher zu spezifizieren). Das sieht so aus:

```
Name, Vorname mI: Telefon-Nummer
```

Hier kann `mI` („middle initial") der zweite Vorname sein, ausgeschrieben oder als Initiale angegeben; die Telefon-Nummer besteht aus der optionalen landesweiten Vorwahl, der Vorwahl und einer vierstellige Nummer, die Vorwahlen sind jeweils dreistellig. Also:

```
Doberkat, Ernst E.: 315-265 2692
```

Hinweise:

1. Der Name, der Vorname und der mittlere Teil lassen sich jeweils spezifizieren durch `[-a-zA-Z]+`. Beachten Sie, dass ein eingebettetes Minus-Zeichen - am Anfang der Spezifikation aufgeschrieben werden muss, damit es nicht als Indikator für einen Bereich dient,
2. `\d\d\d` spezifiziert die Vorwahlen, `\d\d\d\d` die vierstellige Nummer.

Damit erhalten wir dieses Muster als Konkatenation regulärer Ausdrücke:

```
r'[-a-zA-Z]+,''[-a-zA-Z]+'( [-a-zA-Z]+)?'': (\d\d\d-)?\d\d\d-\d\d\d\d'
```

Reguläre Ausdrücke können offensichtlich schnell arg kompliziert und unübersichtlich werden; das liegt daran, dass sie eine sehr kompakte Beschreibung von Mengen von Zeichenketten darstellen. Es kann sich als hilfreich erweisen [1, p. 287], zur Formulierung regulärer Ausdrücke in Python ein Werkzeug wie *Kodos* heranzuziehen. Es ist unter http://kodos.sourceforge.net zu finden.

6.3 Ein kleines Beispiel

Literaturangaben in LaTeX werden üblicherweise mit Hilfe eines Programms namens BibTex verwaltet, das eine spezielle Darstellung der bibliographischen Einträge aus einer `.bib`-Datei nutzt. Im Text eines LaTeX-Dokuments werden die Einträge durch einen

\cite-Eintrag angesprochen, der dann im weiteren Verlauf der Verarbeitung daraus einen Eintrag in der Bibliographie des Dokuments konstruiert. Dieser Zyklus arbeitet ziemlich kanonisch; will man jedoch die Einträge der Verfasser, die in der Bibliographie genannt werden, in einen Index aufnehmen, so kann es zu Problemen kommen. Es kann nämlich geschehen, dass von Verlagen bereitgestellte Makro-Pakete diesen Schritt nicht unterstützen, weil unversehens Namenskonflikte auftauchen. Diese Probleme kann man durch eigene Makros und einen Zwischenschritt bei der Verarbeitung der bibliographischen Daten umgehen.

Sehen wir uns ein Beispiel an. Ein typischer bibliographischer Eintrag sieht etwa so aus

```
@book{Alten-4000,
      Address = {Berlin, Heidelberg, New York},
      Author = {H.-W. Alten and A. Djyafari Naini and
                M. Folkerts and H. Schlosser and
                K.-H. Schlote and H. Wu{\ss}ing},
      Publisher = {Springer-Verlag},
      Title = {4000 {Jahre Algebra: Geschichte, Kulturen, Menschen}},
      Year = {2003}}
```

Von Interesse sind in unserem Zusammenhang lediglich die Zeile, die mit @ beginnt und der Eintrag, der die Autoren bezeichnet und der durch das Schlüsselwort Author gekennzeichnet ist. Die Zeile @book besagt, dass es sich bei dem Eintrag um ein Buch handelt. Sie gibt gleichzeitig den Schlüssel für den Eintrag, nämlich 'Alten-4000' und steht stets am Beginn des Eintrags. Mit diesem Schlüssel kann das Buch im Text dann durch \cite{Alten-4000} zitiert werden. Es ist nicht schwierig, sich jeweils die Seitenzahlen dieser Zitate zu merken; im Index sollen dann aber die Autoren mit der Seitenzahl genannt werden. Im Author-Feld sind die Autoren aufgelistet, ihre Namen sind durch and voneinander getrennt, die Vornamen sind jeweils abgekürzt; dieses Feld steht nicht an einer vorgegebenen Stelle in einem BibTex-Eintrag, es muss vielmehr gesucht werden. Zudem kann es auch unter author aufscheinen, muss also nicht mit einem Großbuchstaben beginnen. In dem Beispiel sollen dann, wenn das Zitat \cite{Alten-4000} auf Seite 42 auftaucht, die Indexeinträge

```
Alten, 42
Djyafari Naini, 42
Folkerts, 42
Schlosser, 42
Schlote, 42
Wu{\ss}ing, 42
```

erzeugt werden können. Hierzu ist es ausreichend, ein Lexikon zu konstruieren, das dem durch \cite gegebenen Schlüssel die Liste der Namen zuweist, die in einem Eintrag verzeichnet sind, in unserem Beispiel sollte also der Schlüssel 'Alten-4000' im Lexikon den Eintrag

```
['Alten', 'Djyafari Naini', 'Folkerts', 'Schlosser', 'Schlote', 'Wu{\ss}ing']
```

verzeichnen.

Soweit, so gut. Probleme bereiten möglicherweise Einträge dieser Form:

```
@misc{Mondo-Vaticano,
        Author =
        {\url{www.vaticana.va/news_services/press/documentazione\
            /documents/sp_ss_scv/insigne/triregno_storia_it.html}},
        Lastchecked = {11. Juli 2016},
        Title = {(ohne Titel)}
```

Hier kann der Verfasser jedoch direkt übernommen werden, es wird lediglich eine Zuordnung von ['www.vaticana.va'] zum Schlüssel 'Mondo-Vaticano' vorgenommen.

Aber jetzt an's Werk. Das Arbeitspferd der Anwendung ist die Funktion konstruiereDikt, die eine .bib-Datei verarbeitet; der Name der Datei wird als Parameter übergeben. Die Zeilen der Datei werden in einer Liste alleZeilen gespeichert. Alle Zeilen, die mit einem verbotenen Zeichen beginnen, werden entfernt, die anderen in der Liste meineZeilen gespeichert; hierbei sind die verbotenen Zeichen in der Liste verboten = ['%', '\n', ' '] abgelegt. Wir suchen die Zeilen, die mit einem at = '@' beginnen, denn das sind genau die BibTex-Einträge, die es zu verarbeiten gilt; ihre Indizes werden in der Liste atWo gespeichert, die Einträge selbst werden in der Liste zack abgelegt. Die Funktion einEintrag berechnet den Namen des Eintrages (also das, was in \cite{...} angegeben wird) und findet eine Zeichenkette, die die Namen der Autoren enthält, die in der Liste tup gespeichert wird. Jetzt wird das Lexikon berechnet: der Index ist gerade der Name des BibTeX-Eintrags, der indizierte Inhalt ist eine Liste der Autorennamen. Diese Namen werden ermittelt, indem das and zwischen ihnen entfernt wird, dann wird der Name herausgefiltert (die Einträge haben stets abgekürzte Vornamen). Eine Sonderrolle spielen *url*. Sie werden herausgefiltert. Hier wird die www-Adresse verwendet. Das Lexikon wird als Resultat des Funktionsaufrufs zurückgegeben.

```
    def konstruiereDikt(datei):

        eingabe = open(datei, 'r')
        alleZeilen = eingabe.readlines()
        eingabe.close()

        meineZeilen = [sauber(zeile) for zeile in alleZeilen\
                    if not(zeile[0] in verboten)]

        atWo = [i for i in range(len(meineZeilen))\
                if meineZeilen[i][0]==at]
```

```
# trenne die Einträge, zack ist eine Liste der Einträge
zack = []
for i in range(len(atWo[:-1])):
    links = atWo[i]; rechts = atWo[i+1]
    zack.append(meineZeilen[links:rechts])
tup = [einEintrag(i) for i in zack]
dikt = {}
for i in tup: dikt[i[0]] = cleanUp(i[1])
return dikt
```

Das Lexikon wird mit dieser Funktion als binäre Datei abgespeichert.

```
import pickle
dasSuffix = '_pickle'
def speichereDikt(datei):
    ausName = datei+dasSuffix; ausDatei = open(ausName, 'wb')
    pickle.dump(konstruiereDikt(datei), ausDatei)
    ausDatei.close()
```

Bleibt noch die Manipulation der Einträge in der Liste der BibTeX-Einträge zu diskutieren. Die Funktion einEintrag hat als Parameter eine Liste von Zeichenketten, die untersucht werden. Finden wir am Anfang ein '@', so wissen wir, dass wir nach der öffnenden geschweiften Klammer den Schlüssel zu dem Beitrag finden; dieser Schlüssel wird isoliert und ausgegeben. Finden wir hingegen zu Beginn einen Hinweis, dass es sich um ein Feld mit Angaben zu den Namen der Autoren handelt, so geben wir die Zeichenkette, die sich zwischen der öffnenden und der schließenden geschweiften Klammer finden, zur weiteren Behandlung aus. Ist hingegen keins von beiden der Fall, so ignorieren wir die Liste (weil wir an den übrigen Angaben nicht interessiert sind).

```
import re
def einEintrag(ein):
    for k in ein:
        if k[0] == at:
            ma = re.search('{', k); mb = re.search(',', k)
            ret = [k[ma.start()+1:mb.start()]]
        else:
            ma = re.match('[aA]uthor', k)
            if ma:
                zz = k[ma.end():]
                ml = re.search('{', zz); mr = re.search('},', zz)
                ret.append(zz[ml.start()+1:mr.end()-2])
                break
    return(ret)
```

Die Liste der Autoren oder die www-Adresse (falls es sich um eine *url* handelt), wird in der Funktion cleanUp berechnet; das Ergebnis wird in das Lexikon eingetragen.

```
def cleanUp(st):
    def schnipp(x):
        if x[-1] == ' ':
            return x[:-1]
        else:
            return x

    def Sonder(x):
        ma = re.search('{', x); mb = re.search('/', x)
        return [x[ma.start()+1:mb.start()]]

    if re.match(r'\\url', st):
        e = Sonder(st)
    else:
        k = re.split('and', st)
        d = [re.split('\.', i)[-1] for i in k]
        e = [schnipp(re.sub(' ', '', i, 1)) for i in d]
    return e
```

Die regulären Ausdrücke sind hier sehr einfach, lassen sich jedoch effektiv einsetzen. Man hätte sicher das Programm auch mit Hilfe der Operationen auf Zeichenketten schreiben können, aber das wäre dann doch viel umständlicher geraten.

7 Klassen

Klassen dienen in Python wie in anderen objektbasierten Programmiersprachen dazu, Attribute (Werte) und Funktionen, die auf diesen Daten operieren, in einer Struktur zusammen zu halten. Zudem sind sie in Python (auch wie etwa in Java oder in C++) dazu gedacht, die Vererbung syntaktisch zu unterstützen. Wir werden uns zunächst mit Klassen auseinandersetzen und die spezifischen Eigenschaften von Klassen, wie sie sich in Python darstellen, an einigen Beispielen diskutieren, bevor wir über Vererbung nachdenken.

In einer Sprache wie C++ oder Java kann man so vorgehen, dass man den Rahmen für eine Klasse aufspannt und dann die entsprechenden Objekte (Werte, Funktionen, zusätzliche Strukturen) in diesen Rahmen hinein schreibt. Das geht in Python nicht direkt, denn die Handhabung von Namensräumen stellt hier eine syntaktische Barriere für ein derartiges Vorgehen auf. Man muss also syntaktische Möglichkeiten dafür finden, die Zugehörigkeit zumindest bei Funktionen zu einer Klasse geeignet darzustellen.

Python bietet einfache und mehrfache Vererbung als Mechanismen an, wir diskutieren hier jedoch lediglich die einfache Vererbung, die bereits ein hinreichend mächtiges Instrument darstellt.

7.1 Die Konstruktion von Klassen

Sehen wir uns das an einem konkreten Beispiel an: Die Idee für die Klasse Datum besteht darin, Tag, Monat und Jahr sichtbar in einer Struktur aufzubewahren; weiterhin wollen wir das Datum für den Nikolaus-Tag aufschreiben, um diesen Tag nicht zu vergessen. Das bedeutet insbesondere, dass wir den Tag, den Monat und das Jahr jeweils unter einem separaten Namen ansprechen können, und dass wir eine Funktion haben müssen, mit deren Hilfe wir das Datum ausdrucken können. Wie das geschieht, sehen wir in Abbildung 7.1. Sehen wir uns diese Definition genauer an. Das Schlüsselwort class leitet die Definition der Klasse Datum ein, nach dem üblichen Doppelpunkt findet sich der Text der Definition für diese Klasse. In der ersten Methode werden die entsprechenden Felder initialisiert, wir haben ein Feld für den Tag (__tag), ein Feld _monat für den Monat und ein Feld jahr für das Jahr. Die Initialisierung erfolgt durch die Methode __init__, die neben den zu erwartenden Parametern zur Initialisierung der gerade genannten Werte noch einen Parameter mit Namen self hat. Es ist genau dieser Parameter, der die Verklammerung der Methode mit der dazu definierenden Klasse bewirkt: self gibt an, dass es um die Daten in der Klasse geht, die gerade definiert wird. Das wird auch in der Methode auskunft deutlich, die bis auf self keinen Parameter hat. Bei der Definition von lokalen Methoden wird self stets als ersten Parameter angegeben, um klarzumachen, dass es sich hier um eine Methode für diese

https://doi.org/10.1515/9783110544138-008

```
class Datum:
    def __init__(self, tag = 1, monat = 1, jahr = 2017):
        self.__tag = tag
        self._monat = monat
        self.jahr = jahr

    def auskunft(self):
        print("Heute ist der {0}. {1}. {2}".format(self.__tag,\
            self._monat, self.jahr))

    Nikolaus = (6, 12, 2017)
```

Abb. 7.1: Klasse Datum

Klasse handelt. Die Methode __init__ initialisiert dann auch die Werte für die Klasse, indem die Namen als Attribute für self definiert werden. Neben der genannten Initialisierung und der Methode auskunft finden wir auch eine Definition für den Wert von Nikolaus, die Rolle dieses Namens wird gleich näher diskutiert werden.

Wir instanziieren die Klasse nun:

```
In [75]: d = Datum(28, 3)
In [76]: d.auskunft()
Heute ist der 28. 3. 2017
```

Damit ist d als Instanz der Klasse Datum erzeugt, den Attributen der Klasse wird, wie bei einem Funktionsaufruf üblich, durch __init__ ein Wert zugewiesen.

Vergleicht man __init__ mit einem Konstruktor in Sprachen wie C++ oder Java, so stellt man fest, dass es beträchtliche konzeptionelle Unterschiede gibt. Während *dort* ein Konstruktor für die Allokation von Speicher für das erzeugte Objekt zuständig ist, dient *hier* diese Methode lediglich dazu, die lokalen Variablen zu initialisieren; sie kann daher auch fehlen (wird in C++ oder in Java kein Konstruktor explizit angegeben, so wird ein voreingestellter Konstruktor aufgerufen; das geschieht hier nicht). Die Instanz wird erzeugt, indem das Klassenobjekt wie eine Funktion aufgerufen wird (also wie in Zeile In [75]); diese Instanz wird dann als Parameter an die __init__-Methode weitergegeben, die für die Initialisierung der Attribute mit Hilfe der bei der Erzeugung mitgegebenen Parameter (hier 28 und 3) sorgt.

Die Instanz d verfügt auch über eine Funktion auskunft, die wir oben aufgerufen haben. Sie sehen, dass die entsprechenden Werte oder ihre Voreinstellungen benutzt werden, Sie sehen auch, dass wir bei dem Aufruf von auskunft so tun, als ob es sich um eine parameterlose Funktion handelt. Der Parameter self, der bei der Vereinbarung der Funktion in der Klasse aufgetaucht ist, wird also nicht nach außen sichtbar, er dient lediglich zur Verklammerung von Methode und Klasse, wie gerade verdeutlicht. Eine syntaktische Alternative zum Aufruf d.auskunft(), macht das deutlich. Im

Aufruf Datum.auskunft(d) wird sichtbar, dass auskunft ein funktionales Attribute der Klasse Datum ist, das für die Instanz d ausgeführt wird.

Wir können jetzt allerlei Spielchen treiben, etwa, indem wir Jahr oder Monat verändern und dann auskunft aufrufen; mal sehen:

```
In [78]: d.jahr = 2016; d.auskunft()
Heute ist der 28. 3. 2016
In [79]: d._monat = 4; d.auskunft()
Heute ist der 28. 4. 2016
In [80]: d.__tag = 1; d.auskunft()
Heute ist der 28. 4. 2016
```

Eine Änderung des Tags könnte auch durch eine Zuweisung an d.__tag geschehen. Wenn wir dann aber die Funktion auskunft aufrufen, so stellen wir fest, dass sich der Wert für den Tag nicht geändert hat, dass also die Zuweisung keinen Effekt hat. Wir müssen also jetzt wohl über die Sichtbarkeit von Namen und über Namensräume von Klassen nachdenken.

Beginnt ein Name mit einem einzelnen Unterstrich _, so wird dieser Name nicht exportiert (z. B. bei from module import *, siehe Abschnitt 5.1). Der Name __tag wird als Name eines lokalen Attributs behandelt, das nach außen nicht sichtbar ist. Alle anderen Namen sind innerhalb und außerhalb der Klasse sichtbar und können dort gelesen und geschrieben werden. Die Regel hierzu lautet, dass Namen, die mit zwei Unterstrichen __ *beginnen, aber nicht enden,* lokale Objekte bezeichnen[1]. Als Konsequenz ergibt sich, dass zwar das Attribut d.__tag vorhanden ist, durch Methoden der Klasse aber nicht angesprochen werden kann. Der Wert des Attributs Nikolaus kann für einzelne Instanzen modifiziert werden. Das folgt aus der Namensregel:

```
In [81]: d.Nikolaus
Out[81]: (6, 12, 2017)
In [82]: d.Nikolaus = (1, 1, 2019)
In [83]: d.Nikolaus
Out[83]: (1, 1, 2019)
In [84]: e = Datum(); e.Nikolaus
Out[84]: (6, 12, 2017)
```

Bei Nikolaus handelt es sich um ein *Klassen-Attribut*, das unabhängig von der Existenz irgendwelcher Instanzen existiert, und das auch über den Namen der Klasse angesprochen werden kann:

---

1 Diese Namen werden intern lexikalisch transformiert, indem der Name der Klasse, mit einem Unterstrich versehen, vorangestellt wird. In unserem Beispiel wird also der Name _Datum__tag erzeugt. Das Vorgehen wird als *name mangling* beschrieben, *mangling* im Sinne von *in die Mangel nehmen.*

```
In [85]: Datum.Nikolaus
Out[85]: (6, 12, 2017)
```

Allerdings kann es auch *über alle Instanzen hinweg* neu definiert werden:

```
In [90]: Datum.Nikolaus = (3, 3, 2019); Datum.Nikolaus
Out[90]: (3, 3, 2019)
In [91]: f = Datum(); f.Nikolaus
Out[91]: (3, 3, 2019)

In [92]: f.GanzNeu = 'Neues Attribut'
In [93]: f.GanzNeu
Out[93]: 'Neues Attribut'
```

Wir können der Instanz f *wie jedem Objekt* ein neues, nicht in der Klasse befindliches Attribut hinzufügen (das tun wir in Zeile In [92]).

Beispiel: callback

Mit Klassen kann man das Verhalten eines Programms auf unerwartete Weise ziemlich dynamisch gestalten. Das soll am Beispiel von callbacks und der Klasse Hollywood kurz erläutert werden.

```
class Hollywood:
    def __init__(self):
        self.callback = None

    def callback(self):
        self.callback()
```

Die Klasse Hollywood besteht im Wesentlichen aus einer Methode callback, die aufgerufen wird. Hierbei ist der Name callback der Methode nach außen sichtbar, die Methode kann zugewiesen und aufgerufen werden. Wir instanziieren die Klasse mit meinHollywood = Hollywood(). Nehmen wir an, wir haben die Funktion

```
def druckMich(w): print('in druckMich: {}'.format(w))
```

definiert, dann können wir den *Namen* dieser Funktion meinHollywood.callback zuweisen, anschließend ausführen:

```
meinHollywood.callback = druckMich
meinHollywood.callback('ein Text')
```

und erhalten als Ergebnis in druckMich: ein Text. Als nächstes weisen wir die Elemente einer Liste von Funktionen nach der Methode meinHollywood.callback zu und führen unsere Funktion mit einem festen Argument aus:

```
FktListe = [(lambda k: lambda x: x+k)(n) for n in range(10)]
res = []
for fkt in FktListe:
    meinHollywood.callback = fkt
    res.append(meinFoo.callback(12))
```

Wir erhalten als Ergebnis für res die Liste [12, 13, 14, 15, 16, 17, 18, 19, 20, 21].

Diese Vorgehensweise folgt dem Hollywood-Prinzip *"Don't call us, we call you"*. Statt eine Funktion direkt aufzurufen, wird sie über den Umweg des callback aufgerufen. Hierbei wird die Möglichkeit ausgenutzt, die aufzurufende Funktion *erst zur Laufzeit* zuzuweisen, was, wie man sich leicht überlegen kann, beträchtliche Flexibilität verleiht und in einigen Zusammenhängen außerordentlich nützlich ist. In der objektorientierten Programmierung ist das der Kern des Entwurfsmusters *Beobachter* (Observer).

7.1.1 Statische Methoden, Klassen-Methoden

Ein Klassen-Attribut lässt sich mit einem statischen Attribut in Sprachen wie C++ vergleichen, weil es unabhängig von Instanzen für die Klasse ist. *Statische Methoden*, also Methoden, die nicht an eine Instanz gebunden sind, lassen sich in Python durch einen Dekorator auszeichnen; das folgende Beispiel zeigt, wie das geschieht:

```
@staticmethod
def derNikolaus():
    return Datum.Nikolaus
```

Statische Methoden greifen wegen der Unabhängigkeit von Instanzen nicht auf Instanz-Variablen zu, deshalb finden wir hier auch keinen Verweis auf self, denn self stellt ja gerade den Bezug zu der bearbeiteten Instant dar. Wir greifen auf diese Methode durch Datum.derNikolaus() zu, wie nicht anders zu erwarten, oder durch dI.derNikolaus(), wenn dI eine Instanz der Klasse Datum ist.

Bei der Definition von *Klassen-Methoden* wird an die Methode ein Klassenparameter übergeben, im Gegensatz zur Definition von statischen Methoden. Das sieht dann wie im Beispiel unten aus (beachten Sie den Dekorator @classmethod); traditionell wird der Name cls für diesen Parameter verwendet, Sie können ihn aber auch hugo nennen. Das ist das Beispiel:

```
@classmethod
def NikolausTag(cls):
    return cls.Nikolaus[0]
```

Hier findet eine Bindung an die spezifische Klasse statt, was im Kontext der Vererbung relevant ist. Der Aufruf geschieht wie bei einer statischen Methode durch `Datum.NikolausTag()` oder durch `dI.NikolausTag()`.

In einer flachen Klassenhierarchie, die ohne Vererbung auskommt, sind statische Methoden und Klassen-Methoden gleichwertig.

7.1.2 Suchstrategie

Die folgenden Regeln für Namensräume lassen sich daraus unschwer ableiten:
- In der Methode einer Klasse oder eines Moduls hat man direkten Zugriff auf
  - den lokalen Namensraum der Methode, also die Parameter, Variablen und Methoden, die in der Methode definiert sind,
  - den modul-weiten Namensraum der Klasse, also Funktionen und Variablen, die in der Klasse definiert sind,
  - den globalen Namensraum, also die vordefinierten Namen im System.

  Diese Namensräume werden von innen nach außen
  $$\text{lokal} \rightarrow \text{modul-weit} \rightarrow \text{global}$$
  durchsucht.
- Durch die `self`-Variable ist der Zugriff gegeben auf
  - den Namensraum der Instanz, also auf die Variablen der Instanz und ihre privaten Attribute,
  - den Namensraum der Klasse, also ihre öffentlichen oder privaten Methoden, ihre öffentlichen oder privaten Variablen.

  Auch hier wird von innen nach außen (Instanz $\rightarrow$ Klasse) gesucht, wenn ein Name gefunden werden soll.

Diese Regel wird im Zusammenhang mit der Vererbung im Abschnitt 7.3 erweitert.

7.1.3 Getter und Setter

Die Attribute `_monat` und `jahr` sind, wie wir gesehen haben, ungeschützt und können von außen, also vom Benutzer, geändert werden. Dieser unkontrollierte Zugang kann in objektorientierten Sprachen, in denen dieses Phänomen ebenfalls zu beobachten ist, durch *Getter*- und *Setter*-Methoden unterbunden werden. Das ist partiell auch in Python möglich, allerdings über einen kleinen Umweg, nämlich über Dekoratoren, die auf Seite 69 eingeführt wurden.

Der Dekorator `@property` dient dazu, Methoden, die nach außen parameterlos erscheinen (und die in ihrer Vereinbarung nur den formalen Parameter `self` haben), wie Attribute ansprechen zu können, also auf das leere Klammerpaar verzichten zu können. Wir erweitern die Definition der Klasse `Datum` durch diese Zeilen:

```
@property
def monat(self):
    return self._monat
```

Die Methode monat gibt also, versehen mit dem Dekorator @property, den Wert des Attributs _monat zurück. Das wirkt daher wie ein zusätzliches Attribut:

```
In [109]: a = Datum(*Datum.Nikolaus)
In [110]: a.monat
Out[110]: 12
In [111]: a._monat = 13; a.monat
Out[111]: 13
```

Wir können nun recht bequem auf das Attribut _monat lesend zugreifen, haben also nach wie vor von außen schreibenden Zugriff auf das Attribut. Der folgende Dekorator dient dazu, diesen schreibenden Zugriff zu erleichtern (aber nicht zu kontrollieren):

```
@monat.setter
def monat(self, einMonat):
    self._monat = einMonat
```

Sie sehen, was geschieht:

```
In [134]: a = Datum()
In [135]: a.monat
Out[135]: 1
In [136]: a.monat = 14; a.auskunft()
Heute ist der 1. 14. 2017
In [137]: a._monat = 13; a.auskunft()
Heute ist der 1. 13. 2017
```

Wir können also lesend oder schreibend auf den Namen monat zugreifen, als ob es sich um ein Attribut handeln würde; allerdings ist der schreibende Zugriff auf das Attribut _monat nicht ausgeschlossen (will man das, so muss man sich auf die Namensregel von oben besinnen und das Attribut in, sagen wir __monat umbenennen).

Der Name der Methode, die durch @property dekoriert wird, dient als Präfix für den Dekorator @ ... .setter.

7.2 Beispiel: Listen als Prioritätswarteschlangen

In Abschnitt 3.4 haben wir Prioritätswarteschlangen kennen gelernt. Ich möchte das Thema in diesem Beispiel wieder aufgreifen, um den Klassenmechanismus zu demonstrieren. Wir werden allerdings keine Heaps für die unterliegende Datenstruktur heranziehen, sondern eine Liste. Das ist technisch einfacher zu diskutieren, ohne das

Konzept zu verwässern. Die Operationen auf dieser abstrakten Struktur sind aus dem Abschnitt 3.4 bekannt, sodass wir uns gleich ins Getümmel stürzen können.

Allerdings erweitern wir die Überlegungen zur Konstruktion: Oben haben wir die Elemente selbst verglichen. Das ist möglich, wenn man in einem geordneten Universum arbeitet. Aber nehmen wir an, dass wir Daten haben, die aus Paaren bestehen, deren zweite Komponente reelle Zahlen sind, mit denen die Priorität angegeben wird. Paare lassen sich lexikographisch vergleichen, sofern die erste Komponente aus einer geordneten Menge kommt. Das ist aber nicht immer der Fall, sodass wir als Alternative den folgenden Weg beschreiten könnten: Wir ordnen $\langle x, y \rangle$ vor $\langle x', y' \rangle$ ein, falls $y < y'$, oder, ein wenig allgemeiner, falls $f(x, y) < f(x', y')$ gilt mit $f : \langle x, y \rangle \mapsto y$. Wir geben der Prioritätswarteschlange also eine Funktion mit auf den Weg, mit deren Hilfe die zu betrachtenden Elemente verglichen werden sollen. Diese Funktion muss dann natürlich bei allen Vergleichen präsent sein. Daher hat unsere Prioritätswarteschlange zwei Attribute, nämlich die Warteschlange `__diePQ` selbst zur Aufbewahrung der Daten und die Funktion `f_0` zur Durchführung der Vergleiche. Zudem wollen wir die Funktion bei der Instanziierung der Klasse als Parameter verwenden können.

Das ist die `__init__`-Methode für unsere Klasse `PriorityQf`:

```
def __init__(self, dasF):
    self.__diePQ = []
    self.f_0 = dasF
```

Wir initialisieren also die Warteschlange als leere Liste und definieren als lokale Vergleichsfunktion diejenige Funktion, die der Klasse bei der Instanziierung mitgegeben wurde. Die Funktionen für das Finden des minimalen Elements und seine Entfernung sind einfach zu definieren:

```
def __findeMin(self):
    return self.__diePQ[0]
```

```
def __entfMin(self):
    self.__diePQ = self.__diePQ[1:]
```

Die Funktion `__findeMin` gibt das erste Element zurück, das nach Konstruktion das Element mit der höchsten Priorität sein muss. Zur Entfernung des minimalen Elements entfernen wir das erste Element, denn es muss ja das Element mit dem kleinsten Vergleichswert sein; das ist die Methode `__entfMin`. Diese beiden Funktionen sollen nicht von außen aufgerufen werden können, um die Warteschlange vor Manipulationen von außen zu schützen.

```
@property
def gibMinimum(self):
    tt = self.__findeMin()
```

```
        self.__entfMin()
        return tt
```

Die Funktion `gibMinimum` greift auf Identifikation und Entfernung des minimalen Elements zu; die ist mit dem Dekorator `@property` geschmückt, sodass wir sie für eine Prioritätswarteschlange `pq` als `pq.gibMinimum`, also wie ein Attribut aufrufen können.

Das Einfügen eines neuen Elements und die Konstruktion einer Warteschlange aus einer Liste von Daten, die sich darauf bezieht, geschieht durch die Methoden `einfNeu` und `konstruierePQ`. Das Element mit dem kleinsten Vergleichswert landet also am Beginn der Liste. Beide Funktionen können von außen aufgerufen werden.

```
    def einfNeu(self, x):
        f = self.f_0
        vor  = [j for j in self.__diePQ if f(j) <= f(x)]
        nach = [j for j in self.__diePQ if f(j) >  f(x)]
        self.__diePQ = vor + [x] + nach

    def konstruierePQ(self, objekte):
        for i in range(len(objekte)):
            self.einfNeu(objekte[i])
```

Schließlich formulieren wir noch die Methoden, die nach der Anzahl der Elemente fragt bzw. danach, ob die Warteschlange leer ist; sie sollen auch wie Attribute verwendet werden können, daher benutzen wir für beide die entsprechende Dekoration durch `@property`:

```
    @property
    def anzElemente(self):
        return len(self.__diePQ) > 1

    @property
    def istNichtLeer(self):
        return len(self.__diePQ) > 0
```

Wollen wir eine Prioritätswarteschlange konstruieren, die reelle Zahlen als Objekte hat, sodass die kleinste Zahl die höchste Priorität hat, so instanziieren wir die Warteschlange durch `PriorityQf(lambda x:x)`; soll hingegen die größte Zahl die höchste Priorität haben, so lautet die Instanziierung `PriorityQf(lambda x:-x)`. Haben wir Listen oder Tupel, deren erste Komponente jeweils die Priorität angibt, so instanziieren wir `PriorityQf(lambda x:x[0])`, haben wir Paare reeller Zahlen, so dass die Priorität von $\langle x_1, y_1 \rangle$ höher ist als die von $\langle x_2, y_2 \rangle$ genau dann, wenn $\sqrt{x_1^2 + y_1^2} < \sqrt{x_2^2 + y_2^2}$ (der erste Punkt also näher am Ursprung liegt als der zweite), so instanziieren wir `PriorityQf(lambda x:x[0]**2 + x[1]**2)`, etc. Die Verwendung des funktionalen Parameters verleiht uns also beträchtliche Flexibilität.

7.3 Vererbung

Die Klasse Datum ist für unsere jetzigen Zwecke wie in Abbildung 7.2 definiert.

```
class Datum:
    def __init__(self, tag = 1, monat = 1, jahr = 2017):
        self.__tag = tag
        self.monat = monat
        self.jahr = jahr

    def auskunft(self):
        print("Heute ist der {0}. {1}. {2}".format(self.__tag,\
            self.monat, self.jahr))

    Nikolaus = (6, 12, 2017)
    @staticmethod
    def derNikolaus():
        return Datum.Nikolaus

    @classmethod
    def NikolausTag(cls):
        print("Nikolaus-Tag:\t", cls.Nikolaus)
```

Abb. 7.2: Modifizierte Klasse Datum

Wir definieren eine Klasse DatumMitZeit, die über das Datum hinaus noch Angaben zur Uhrzeit enthält. Offensichtlich ist es sinnvoll, wenn die neue Klasse von der Klasse Datum erbt. Das geht in diesem Fall so:

```
class DatumMitZeit(Datum):
    def __init__(self, hh = 12, mm = 0, ss = 0):
        super().__init__()
        self.stunde = hh
        self.minute = mm
        self.sekunde = ss

    monatsNamen = {1:"Januar", 2:"Februar", 3: "März", 4: "April",\
                   5: "Mai", 6:"Juni", 7: "Juli", 8: "August",\
                   9: "September", 10: "Oktober", 11: "November", \
                   12: "Dezember"}

    def auskunft(self):
        print("Im Monat {0} im Jahre des Herrn {1}".\
            format(self.monatsNamen[self.monat], self.jahr))
        print(" und es ist %s Uhr"%self.stunde)
```

```
        print("War: ")
        super().auskunft()

    Nikolaus = "mit Knecht Ruprecht"
```

Die Klasse `DatumMitZeit` wird also als Erbe von `Datum` definiert, damit sind alle nicht-privaten Methoden und Attribute der Klasse `Datum` auch für Instanzen von `DatumMitZeit` verfügbar. Die Initialisierung in der Methode `__init__` setzt die Attribute der Klasse (also `stunde`, `minute` und `sekunde`) entsprechend den Parametern, vorher wird die `__init__`-Methode der Oberklasse `Datum` aufgerufen; dies geschieht qualifiziert durch `super()`. Eine ähnliche Vorgehensweise sehen wir in der Methode `auskunft`. Sie redefiniert die gleichnamige Methode der Oberklasse, ruft sie aber auch auf; durch den Aufruf `super().auskunft()` wird auch klar, dass es sich hier nicht um einen rekursiven Aufruf der Methode in der Klasse `DatumMitZeit` handelt, sondern dass wir uns auf die Methode in der Oberklasse beziehen. Wir redefinieren das Klassen-Attribut `Nikolaus`, sodass `DatumMitZeit` ein eigenes Klassen-Attribut dieses Namens hat (jeder sollte seinen eigenen Nikolaus haben).

Erzeugen wir also eine Instanz der neuen Klasse und sehen, was geschieht.

```
In [76]: dmz = DatumMitZeit(); dmz.auskunft()
Im Monat Januar im Jahre des Herrn 2017
 und es ist 12 Uhr
War:
Heute ist der 1. 1. 2017
```

Durch die Instanziierung `dmz = DatumMitZeit()` werden also alle Attribute gesetzt, als da sind:
-   aus der Klasse `Datum`: `__tag`, `_monat`, `jahr`; das wird durch den Aufruf `super().__init__()` bewirkt.
-   zusätzlich aus der Klasse `DatumMitZeit`: `stunde`, `minute`, `sekunde`; das sind die expliziten Zuweisungen nach dem Aufruf für die Oberklasse.

Da wir keine expliziten Werte angegeben haben, werden die Voreinstellungen für die Zuweisungen genommen. Der Aufruf `dmz.auskunft()` druckt zunächst die sichtbaren Attribute aus, die aus der Klasse `Datum` kommen; offensichtlich wird auf das Attribut `__tag` nicht zugegriffen, weil es in dieser Klasse nicht verfügbar ist. Dann wird die Methode `auskunft` aus der Oberklasse aufgerufen, die die Werte aller dort verfügbaren Attribute ausdruckt, also auch den Wert des Attributs `__tag`, denn mit dem `super()`-Aufruf wechseln wir sozusagen die Bühne und begeben uns in die Klasse `Datum`, wo dieses Attribut verfügbar ist.

Daraus folgt, dass die erbende Klasse keinen Zugriff auf die privaten Attribute der Oberklasse hat. Das Vorgehen zeigt, wie man Informationen vor erbenden Klassen verbergen kann.

Wenn wir die Instanziierung der Klasse `DatumMitZeit` betrachten, so ist klar, dass wir für den Datumsteil die voreingestellten Werte nehmen, denn der Aufruf für die Oberklasse sieht nichts Anderes vor. Wollten wir bei der Zuweisung an ein Objekt auch das Datum einstellen können, so müssten wir die entsprechenden Angaben in die Parameter für die `__init__`-Funktion für die erbende Klasse aufnehmen, also etwa

```
class DatumMitZeit(Datum):
    def __init__(self, Tag=5, Monat=5, Jahr=8,
                       hh = 12, mm = 0, ss = 0):
        super().__init__(Tag, Monat, Jahr)
        ....
```

Eine Instanziierung könnte dann etwa so aussehen: `dmz = DatumMitZeit(1, 4, 2017, 11, 55, 0)` und das Datum auf den 1. `April 2017` setzen mit `fünf vor Zwölf` als Uhrzeit.

Da `Nikolaus` ein Klassen-Attribut für die Klasse `Datum` ist, gibt der Aufruf der Methode `derNikolaus` für die Instanz `dmz` den Wert `(6, 12, 2017)` aus der Klasse `Datum` zurück, ebenso wie der Aufruf `DatumMitZeit.derNikolaus()`. Mal sehen, was die Klassenmethode `NikolausTag` macht:

```
In [93]: Datum.NikolausTag()
Nikolaus-Tag:    (6, 12, 2017)
In [96]: DatumMitZeit.NikolausTag()
Nikolaus-Tag:    mit Knecht Ruprecht
```

Die Klassenmethode `NikolausTag` verhält sich nur auf den ersten Blick überraschend anders. Ihr formaler Parameter ist eine Klasse, sodass der Aufruf `Datum.Nikolaus Tag()` auf einen anderen Wert von `Nikolaus` zugreift, als dies der Aufruf `DatumMit Zeit.NikolausTag()` tut. Im Unterschied dazu liefern `Datum.derNikolaus()` und `DatumMitZeit.derNikolaus()` dieselben Werte. Damit ist der Unterschied zwischen einer statischen Methode und einer Klassenmethode deutlich.

Alle Klassen erben von der universellen Oberklasse `object`, das Universum der Typen ist also nach oben abgeschlossen. Das ist ähnlich wie in Java, wo der obere Abschluss der Typhierarchie durch die Klasse `Object` gegeben ist, aber anders als in C++, das keine oberste Klasse kennt (daraus eine Neigung von C++ zur Anarchie abzuleiten erscheint gleichwohl gewagt).

Module
Wenn wir annehmen, dass die Klasse `Datum` in der Datei `dasDatum.py` abgelegt ist, dann würde man zur Konstruktion der erbenden Klasse `DatumMitZeit` so vorgehen:

```
import dasDatum
class DatumMitZeit(dasDatum.Datum):
```

```
        def __init__(self, hh = 12, mm = 0, ss = 0):
            super().__init__()
            self.stunde = hh
            self.minute = mm
            self.sekunde = ss
    ...
```

Insbesondere ist keine Referenz im Text der Klassendefinition auf den Modul dasDatum notwendig (das wird durch den Hinweis auf die Vererbungsbeziehung geregelt). Diese Klassendefinition kann dann natürlich selbst wieder in einem Modul abgelegt werden.

Magische Attribute und Methoden

Die type-Funktion erlaubt die Überprüfung des Typs eines Namens, sie liefert bei Klassen den Wert type, also type(Datum) == type; wir werden uns in Abschnitt 7.4 noch näher mit dieser Funktion befassen. Ein solches Typ-Objekt t hat unter anderem diese Attribute

- t.__doc__ Das ist die dokumentierende Zeichenkette für t, vgl. Seite 55.
- t.__name__ Hier steht der Name von t, Datum.__name__ == 'Datum'
- t.__bases__ Das ist das Tupel der direkten Oberklassen, also
  Datum.__bases__ == (object,)
  und
  DatumMitZeit.__bases__ == (__main__.Datum,).
  Da wir hier nur die einfache Vererbung diskutieren, haben wir hier auch nur ein Tupel mit einem einzigen Element. Jede Klasse erbt von einer abstrakten übergeordneten Klasse namens object.
- t.__dict__ Ein Lexikon mit Klassenmethoden und Variablen für t, also
  ```
  In [102]: DatumMitZeit.__dict__
  Out[102]:
  mappingproxy({'Nikolaus': 'mit Knecht Ruprecht',
              '__doc__': None,
              '__init__':
                  <function __main__.DatumMitZeit.__init__>,
              '__module__': '__main__',
              'auskunft':
                  <function __main__.DatumMitZeit.auskunft>,
              'monatsNamen': {1: 'Januar',
              2: 'Februar',
              ...
              11: 'November',
              12: 'Dezember'}})
  ```
(mappingproxy ist ein abstrakter Datentyp, der uns hier nicht im Detail zu interessieren braucht).

– t.__module__ gibt den Modul-Namen an, in dem t definiert ist, z. B.

```
In [103]: Datum.__module__
Out[103]: '__main__'

In [104]: DatumMitZeit.__module__
Out[104]: '__main__'
```

Ist i die Instanz einer Klasse, so gibt i.__class__ die Klasse an, zu der die Instanz gehört, und i.__dict__ ist das Lexikon für die Daten der Instanz. In unserem Beispiel:

```
In [105]: i = Datum()
In [106]: i.__class__
Out[106]: __main__.Datum
In [107]: i.__dict__
Out[107]: {'_Datum__tag': 1, 'jahr': 2017, 'monat': 1}
# Beachten Sie die Transformation von __tag
In [108]: i = DatumMitZeit()
In [109]: i.__class__
Out[109]: __main__.DatumMitZeit
In [110]: i.__dict__
Out[110]:
{'_Datum__tag': 5, # auch hier
 'jahr': 8,
 ...
 'stunde': 12}
```

Die Zeichenkette i.__str__ gibt die Repräsentation der Instanz i an. Gelegentlich ist es nützlich, diese Methode zu überschreiben, die das folgende kleine Beispiel eines Erben der Klasse int zeigt.

```
class Ganz(int):
    def __str__(self):
        return '%i ist die Antwort auf alle Fragen, oder?'%self
g = Ganz(6)
```

Dann liefert print(g) als Ausgabe

```
6 ist die Antwort auf alle Fragen, oder?.
```

Mit der vordefinierten Funktion isinstance können wir überprüfen, welcher Klasse ein Objekt angehört; isinstance kennt die Vererbungshierarchie. Also erhält man isinstance(a, B) == True genau dann, wenn a eine Instanz von B ist. Analog gibt issubclass(A, B) == True genau dann, wenn die Klasse B eine Unterklasse von A ist, also B von A erbt.

Wir haben oben gesehen, dass die Methode __init__ dazu dient, die Attribute der Instanzen zu definieren. Die Signatur von __init__ ist __init__(self, *args,

**kwargs), hier können die letzten beiden Angaben auch fehlen. Falls die Klasse von einer anderen erbt, wird deren __init__-Methode über super() angesprochen, also, wie wir gesehen haben, nicht automatisch aufgerufen. Daher ist eine erbende Klasse dafür verantwortlich, die Attribute der Oberklasse zu setzen. Eine Klasse ohne Attribute benötigt trivialerweise keine __int__-Methode.

Eine Instanz einer Klasse wird mit der Methode __new__ erzeugt; das ist eine Klassenmethode. Nehmen wir an, wir erzeugen mit Klasse(args) eine Instanz von Klasse und geben dieser Instanz die Argumente args mit. Das wird dann in die folgende Sequenz übersetzt:

```
x = A.__new__(A, args)
if isinstance(x, A): x.__init__(args)
```

Die Methode __new__ hat die Signatur __new__(cls, *args, **kwargs), wobei cls der Name einer Klasse ist. Die Übersetzung zeigt, dass man die Methode __new__ in der Regel nicht benötigt, weil die Erzeugung einer Instanz *hinter der Bühne* durchgeführt wird. Will man jedoch Metaklassen definieren, so kann die Verwendung von __new__ in Kooperation mit __init__ hilfreich sein, wie wir in Abschnitt 7.4.1 sehen werden.

Die Methode __del__ ist destruktiv, denn damit wird die Instanz, die diese Methode aufruft, zerstört, sie ist nicht länger zugänglich. Die Methode hat die Signatur __del__(self), sie muss explizit definiert werden. Sie ist wohl nur dann nützlich, wenn die Ressourcen knapp werden, was im Zusammenhang mit Prozessen interessant sein kann. Ich erwähne sie auch nur der Vollständigkeit halber.

Erweiterung der Suchstrategie

Der Namensraum einer erbenden Klasse umfasst den Namensraum der vererbenden Klasse, soweit die Namen nicht lokal sind, also Namen, die mit __ beginnen, aber nicht enden, und den eigenen Namensraum. Daraus ergibt sich eine natürliche Erweiterung der Suchstrategie aus Abschnitt 7.1.2.

7.4 Typfragen

In Python gilt der schöne Satz, dass alles ein Objekt ist. Ganz Python? Ganz **Python**! Im Gegensatz zu Sprachen wir C++ oder Java, die eine sichtbare Trennungslinie zwischen primitiven Entitäten wie zum Beispiel ganzen Zahlen (int) oder Zeichen (char) auf der einen Seite und Objekten auf der anderen Seite ziehen, sind auch ganze Zahlen und Zeichen in Python Objekte und können daher auch Attribute haben. Das ist ein Ausschnitt aus den 61 Attributen int.__dict__.keys() für ganze Zahlen...

```
... '__le__', '__eq__', '__ne__', '__gt__', '__ge__', '__add__',
... ,'__mul__', '__rmul__', '__mod__', '__rmod__', '__divmod__', ...
```

Manche Attribute erkennt man, manche nicht; sie schlagen sich unmittelbar in den Attributen für Instanzen dieses Types nieder.

Setzt man x = 3, so bekommt man den Typ von x durch die Typabfrage type(x), die als Ergebnis int zurückgibt. Also scheint type eine Funktion zu sein, die auf Namen definiert ist und Typen zurückgibt. Versuchen wir, den Typ von type zu berechnen: type(type) gibt type zurück, das sieht nach einem Fixpunkt aus und hilft nicht besonders. Die Anfrage help(type) hilft jedoch weiter:

```
class type(object)
 |   type(object_or_name, bases, dict)
 |   type(object) -> the object's type
 |   type(name, bases, dict) -> a new type
 |
 |   Methods defined here:
...
```

type ist also eine Klasse, die von der universellen Oberklasse object erbt, und entweder den Typ eines Objekts als Resultat hat, oder einen neuen Typ zu erzeugen gestattet. Das lassen wir uns jetzt auf der Zunge zergehen: ... *oder einen neuen Typ zu erzeugen gestattet.*

Im folgenden befassen wir uns näher mit der Funktion type, und zwar in ihrer Rolle als Typkreator oder, wie man sagen könnte, als Fabrik, die Typen produziert.

7.4.1 Metaklassen oder: Klassen als Resultate

Wenn alles ein Objekt ist, so müsste doch eigentlich eine Klasse ebenfalls ein Objekt sein. Das ist in der Tat der Fall. Wenn der Interpreter eine Klassendefinition verarbeitet, so iteriert er über den Code für die Definition, merkt sich die Definitionen der Methoden und macht diverse Eintragungen, zum Beispiel in das Lexikon __dict__ der verwendeten Namen. Wir illustrieren das am Beispiel der Klasse Datum, die noch einmal in Abbildung 7.3 wiedergegeben ist.

Sehen wir uns Datum.__dict__an:

```
mappingproxy({'Nikolaus': (6, 12, 2017),
             '__dict__':
                 <attribute '__dict__' of 'Datum' objects>,
             '__doc__': None,
             '__init__': <function __main__.Datum.__init__>,
             '__module__': '__main__',
             '__weakref__': <...>,
             'auskunft': <function __main__.Datum.auskunft>})
```

Wir bekommen offenbar ein Lexikon zurück, das in den Typ mappingproxy konvertiert ist; wir kümmern uns wieder nicht um diesen Typ, ausser anzumerken, dass

```
class Datum:
    def __init__(self, tag = 1, monat = 1, jahr = 2017):
        self.__tag = tag
        self._monat = monat
        self.jahr = jahr

    def auskunft(self):
        print("Heute ist der {0}. {1}. {2}".format(self.__tag,\
            self._monat, self.jahr))

    Nikolaus = (6, 12, 2017)
```

Abb. 7.3: Klasse Datum

er als Hilfsmittel zur effizienzorientierten Implementation von Lexika den Nutzern nicht direkt zugänglich ist. Das Lexikon selbst enthält zum Teil vertraute, zum Teil neue Einträge. Die Methode __init__ und auskunft sind vertreten, ebenfalls das Attribut Nikolaus mit seinem Wert; bemerkenswert ist vielleicht noch das Attribut __weakref__, das als Hilfsmittel zur Speicherbereinigung dient.

Wir definieren eine neue Klasse als modifizierte Kopie der Klasse Datum. Dazu rufen wir die Funktion type auf, und zwar mit dieser Signatur:

```
type(KlassenName, (Oberklassen), AttributLexikon)
```

Hierbei ist KlassenName eine Zeichenkette, der Name der neuen Klasse, mit (Oberklassen) wird die Liste der Oberklassen angegeben, und AttributLexikon ist das __dict__ der neuen Klasse.

Unsere neuen Klasse soll DatumNeu heissen, sie soll von object erben; das kann durch (object,) oder durch () angedeutet werden, da alle Klassen von object erben. Im AttributLexikon möchte ich gern das Attribut Nikolaus in festa_di_San_Nicolo ändern, und ich möchte die Methode auskunft in notizia umbenennen. *Now watch this*:

```
altesDict = dict(Datum.__dict__)
neuesDict = altesDict.copy()
del neuesDict['Nikolaus']; del neuesDict['auskunft']
neuesDict['festa_di_San_Nicolo'] = altesDict['Nikolaus']
neuesDict['notizia'] = altesDict['auskunft']

DatumNeu = type('DatumNeu', (object,), neuesDict)
neues_datum = DatumNeu(3, 3, 2018)
```

Damit konstruieren wir ein neues Lexikon neuesDict, das die Werte aus dem Lexikon Datum.__dict__ übernimmt. Unerwünschte Einträge werden gelöscht und neue Ein-

träge definiert. Schließlich wird die neue Klasse `DatumNeu` definiert und instanziiert.
Wir erhalten:

```
In [19]: neues_datum.festa_di_San_Nicolo
Out[19]: (6, 12, 2017)
In [20]: neues_datum.notizia
Out[20]: <bound method Datum.auskunft of <__main__.DatumNeu object...>>
In [21]: neues_datum.notizia()
Heute ist der 3. 3. 2018
In [22]: neues_datum.Nikolaus
...
AttributeError: 'DatumNeu' object has no attribute 'Nikolaus'
In [23]: neues_datum.auskunft()
...
AttributeError: 'DatumNeu' object has no attribute 'auskunft'
```

Die Attribute von `Datum` schimmern zwar noch schwach durch, sind aber nicht
mehr zugänglich. Übrigens hätte ich das auch durch Redefinitionen mit einer erbenden Klasse erreichen können, aber dann wäre der Effekt verschwunden ...

Die Sache hat noch einen Haken – der ausgedruckte Text der Methode `notizia` ist
noch deutsch. Wir definieren eine neue Methode, die dieses Problem heilen soll:

```
def notiziaNuova(self):
    print('Oggi è il {}. {}. {}'.format(self._Datum__tag,\
          self._monat, self.tag))
```

Die Methode hat also `self` als einzigen Parameter; das Attribut `__tag` kann nicht direkt verwendet werden, weil sein Name intern zu `_Datum__tag` transformiert wird (vgl.
Seite 115).

Die weitere Vorgehensweise ist eher kanonisch:

```
nuovLex = neuesDict.copy(); del nuovLex['notizia']
nuovLex['notiziaNuova'] = notiziaNuova
ItDatum = type('ItDatum', (), nouvLex)
```

Wir modifizieren den `__dict__`-Eintrag und erzeugen eine die Klasse `ItDatum`. Instanziierung und Aufruf

```
it_datum = ItDatum(1, 2, 2018)
it_datum.notiziaNuova()
```

ergeben dann, wie gewünscht, `Oggi è il 1. 2. 2018`.

Wir haben jetzt zwei Versionen, die sich sprachlich unterscheiden. Dem Benutzer
sollten diese Unterschiede jedoch verborgen bleiben, es sollte vielmehr eine einheitliche Schnittstelle angeboten werden. Ein Zugang hierzu geht folgendermaßen vor: Zunächst wird eine Funktion `unterscheide` definiert, die eine vom Parameter der Funktion abhängige Klasse zurückgibt. Diese Klasse wird instanziiert, und abhängig von

ihrer Instanz wird die gewünschte Methode zurückgegeben und kann aufgerufen werden.

Das geht so:

```
def unterscheide(was):
    if was == 'ital': return ItDatum
    else: return Datum
```

Die Funktion hat also eine Klasse als Wert (das geht nur, weil Klassen eben auch Objekte sind ...). Diese Klasse kann dann instanziiert werden:

```
derTag = (1, 3, 2017)
a = unterscheide('ital')(*derTag)
```

Damit haben wir a als ItDatum(1, 3, 2017) instanziiert. Der Aufruf unterscheide ('dt')(*derTag) hätte die Instanziierung von a zu Datum(1, 3, 2017) bedeutet. Jetzt bestimmen wir die einheitliche Schnittstelle durch die Funktion wasIst:

```
def wasIst(b):
    if isinstance(b, ItDatum): return b.notiziaNuova
    elif isinstance(b, Datum): return b.auskunft
    else: return lambda: print('weiß nicht')
```

Damit erhalten wir einen einheitlichen Funktionsaufruf. Hinter den Kulissen werden unterschiedliche Methoden aufgerufen, und das sollte ja gerade verborgen werden.

```
a = unterscheide('ital')(*derTag); fn = wasIst(a)
fn()
Oggi è il 1. 3. 17

a = unterscheide('dt')(*derTag); fn = wasIst(a)
fn()
Heute ist der 1. 3. 17

fn = wasIst('oh!')
fn()
weiß nicht
```

Klassen als Ergebnisse von Funktionsaufrufen resultieren in einer nicht unbeträchtlichen Flexibilität, ohne allzu tief in den Innereien des Systems wühlen zu müssen und ohne an Nachvollziehbarkeit zu verlieren.

Die *Arbeitsgemeinschaft vortschrittlicher Designer* 𝔄𝔳𝔇 hat hausinterne Codierungsregeln, die erfordern, dass jedes Attribut einer Klasse mit einem Großbuchstaben beginnt, und dass die Namen der Klassen mit dem Präfix 'AvD_' anfangen. Wir schreiben zur Ferarbeitung von *legacy code* eine Funktion, mit der wir Klassen transformieren können; diese Funktion nimmt also eine Klasse als Parameter und gibt eine Klasse als Wert zurück. Falls es Probleme gibt, muss die Ausnahme `AttributeError` behandelt werden, das Resultat der Funktion soll dann `None` sein.

Hierzu benötigen wir einige Informationen:

- Der Name einer Klasse ist unter dem Attribut `__name__` abgelegt, also erhalten wir etwa `Datum.__name__ == 'Datum'`. Wird eine Klasse mit `type` erzeugt, so ist der erste Parameter des Aufrufs gerade der Name der Klasse (der ja nicht mit dem Bezeichner für die Klasse übereinstimmen muss, auch wenn wir das bei der üblichen, etwas nachlässigen Sprechweise zu implizieren scheinen).
- Der unmittelbare Vorgänger in der Vererbungshierarchie ist unter `__bases__` zu finden. Es gilt also zum Beispiel `Datum.__bases__ == (object,)`.

Nach diesen Vorbereitungen lässt sich diese Funktion jetzt so formulieren:

```
def verwandle(B):
    try:
        return type('AvD_'+B.__name__+, B.__bases__,\
                {a.capitalize():b for \
                 a, b in dict(B.__dict__).items()})
    except AttributeError:
        print('Klassenproblem')
        return None
```

Wir verschaffen uns also den Namen `B.__name__` der als Parameter übergebenen Klasse `B` und transformieren ihn, dann besorgen wir uns das Tupel der unmittelbaren Vorgänger in der Vererbungshierarchie, und schließlich transformieren wir die Namen der Attribute. Dazu benutzen wir die Methode `capitalize`, die für Zeichenketten definiert ist. Dies ergibt ein neues Lexikon. Hieraus wird die neue Klasse erzeugt.

Nehmen wir als Beispiel die Klasse `Datum`:

```
Verw = verwandle(Datum)
meinV = Verw(3, 3, 2018)
meinV.Auskunft()
```

Wir erhalten als Ausgabe `'Heute ist der 3. 3. 2018'`, wie zu erwarten. Rufen wir die in Datum definierte Methode `auskunft` für `meinV` auf, so bekommen wir eine Fehlermeldung. Der Bezeichner für die neue Klasse ist `Verw`, ihr Name `Verw.__name__` ist `'AvD_Datum'` (das ist ein wenig verwirrend). In bester objekt-orientierte Manier hätten wir übrigens auch `verwandle(Datum)(3, 3, 2018).Auskunft()` aufrufen können.

Die Vorgehensweise ist ein wenig umständlich, es wäre angemessener, die Klassen und ihre Methoden gleich bei ihrer Erzeugung wie gewünscht zu benennen, den *legacy code* also nicht erst entstehen zu lassen. Hier kommen Meta-Klassen ins Spiel. Wir haben gesehen, dass `type` auch eine Klasse darstellt, in deren Zuständigkeit die

```
class AvD_Fabrik(type):
    def __new__(cls, Name, oberKlassen, alt):
        neuesLexikon = {a.capitalize():b\
                        for a, b in dict(alt).items()}
        geändert = [a for a in dict(alt).keys()\
                    if a != a.capitalize()]
        for a in geändert:
            print('Achtung: {} in {} geändert'.\
                  format(a, a.capitalize()))
        cls.NeuesAttribut = 'neu: ' + Name
        return type.__new__(cls, 'AvD_' + Name,\
              oberKlassen, neuesLexikon)
```

Abb. 7.4: Klasse AvD_Fabrik als Metaklasse

Produktion von Klassen fällt. Diese Klasse wird nun durch Vererbung zu einer Fabrik spezialisiert, die Klassen nach Maß herstellt.

Versuchen wir's. Die Klasse AvD_Fabrik ist in Abbildung 7.4 zu finden. Die Idee besteht darin, die Methode __new__ zur Erzeugung von Objekten geeignet anzupassen. Diese Anpassung sollte auf der Ebene von Klassen vorgenommen werden, indem das Muster, nach dem eine Klasse bei der Instanziierung von Objekten geändert wird. Hierzu benutzen wir die __new__-Funktion von type, nachdem wir ihre Parameter an unsere Wünschen angepasst haben. Wir übergeben den Namen Name der Klasse, das Tupel oberKlassen ihrer Oberklassen und das Lexikon alt; cls ist der Klassenparameter (analog zum Objektparameter self). Wir ändern die Einträge im Lexikon alt, wie oben besprochen, und erzeugen so ein neues Lexikon neuesLexikon; zudem schreiben wir zur Erbauung des Nutzers heraus, welche Einträge wir geändert haben. Die modifizierten Parameter übergeben wir der Funktion __new__ der Klasse type. Zudem erzeugen wir ein neues Attribut NeuesAttribut für die Klasse und weisen ihm einen Namen zu, der den Wert des Parameters Name enthält[2].

Wenn wir jetzt mit dieser Klassenfabrik eine Klasse erzeugen, sollten wir das vermerken. Hierzu dient der Parameter metaclass in der Vereinbarung der Klasse wie in Abbildung 7.5. Die erste Zeile ist hier von besonderem Interesse. Sie besagt, dass zur Erzeugung die Klasse AvD-Fabrik herangezogen werden soll (die bisherige Erzeugung ohne weitere Angaben ist zu metaclass = type gleichwertig).

Wir erhalten nach der Eingabe der Definition der Klasse Datum die Nachricht Achtung: auskunft in Auskunft geändert, und

```
In [9]: Datum.NeuesAttribut
Out[9]: 'neu: Datum'
```

---

2 Das war ziemlich steil. Wenn Ihnen das zu schnell ging, lesen Sie es noch einmal ganz langsam. Es ist wichtig, wenn Sie den Klassenmechanismus von Python verstehen wollen.

```
class Datum(metaclass = AvD_Fabrik):
    def __init__(self, tag = 1, monat = 1, jahr = 2017):
        self.__tag = tag
        self._monat = monat
        self.jahr = jahr

    def auskunft(self):
        print("Heute ist der {0}. {1}. {2}".format(self.__tag,\
            self._monat, self.jahr))

    Nikolaus = (6, 12, 2017)
```

Abb. 7.5: Klasse Datum mit Metaklasse

Das neue Attribut ist also vorhanden. Wir erzeugen eine abgeleitete Klasse:

```
In [17]: class Hugo(Datum):
   ...:         def hugo(self):
   ...:             print("Hugo!")
Achtung: hugo in Hugo geändert

In [18]: Hugo.NeuesAttribut
Out[18]: 'neu: Hugo'
```

Der metaclass-Parameter wirkt also auch auf die Erben.

Die Beispiele sind einfach gehalten, halt Beispiele aus dem Lehrbuch. Sie demonstrieren jedoch auf eindrückliche Weise die Möglichkeiten, die das metaclass-Konstrukt mit sich bringt. Man kann sich etwa vorstellen, dass für gewisse Zwecke Klassen nach einem vorgegebenen Muster erzeugt werden sollten, oder dass bei der Definition von Klassen zusätzliche, dem Nutzer vielleicht nicht zugängliche oder nicht transparente Eigenschaften spezifiziert werden.

7.4.2 Enten als Paradigma zur Typisierung

Python bindet Variable dynamisch. Das bedeutet, dass der Typ einer Variablen zur Laufzeit bestimmt wird, um zu überprüfen, ob eine anstehende Operation durchgeführt werden kann. Diese Überprüfung wird auf der Grundlage der Attribute des betreffenden Objekts durchgeführt: Ist das entsprechende Attribut vorhanden, so wird die Operation durchgeführt, falls nicht, wird eine Ausnahme ausgelöst. Mit der Funktion hasattr kann überprüft werden, ob ein Objekt ein Attribut hat, mit getattr wird der Wert gelesen.

Instanziieren wir die Klasse Datum aus Abbildung 7.3 und sehen uns an, was geschieht:

```
In [3]: d = Datum(3, 3, 2018)
In [4]: hasattr(d, 'Nikolaus')
Out[4]: True
In [5]: hasattr(d, 'niko')
Out[5]: False
In [6]: getattr(d, 'Nikolaus')
Out[6]: (6, 12, 2017)
In [7]: getattr(d, 'niko')

AttributeError: 'Datum' object has no attribute 'niko'
In [8]: getattr(d, 'niko', 17)
Out[8]: 17
```

Der Name des Attributs wird also als Zeichenkette übergeben. Wir sehen in `In [7]`, dass der Versuch, den Wert eines nicht existierenden Attributs zu lesen die Ausnahme `AttributeError` aktiviert wird. Wir können jedoch wie in `In [8]` einen Wert vorgeben, der für diesen Fall als Resultat zurückgegeben wird.

Die Suche `hasattr(Obj, Attrib)` in einem Objekt `Obj` nach einem Attribut `Attrib` und dann nach seinem Wert findet im Objekt selbst statt. Falls es dort nicht gefunden werden kann, sucht man in der Hierarchie der Klassendefinitionen, bis ein Eintrag gefunden wurde, der erste so gefundene wird genommen. Aus dieser Suchstrategie folgt, dass der Typ des Objekts irrelevant ist, der wesentliche Aspekt ist die Existenz des Objekts (erinnern Sie sich: Objekte können mit beliebigen Attributen versehen werden, Seite 116).

Diese Vorgehensweise unterscheidet sich beträchtlich etwa von der in Haskell, die, obgleich interpretiert, doch eine statische Typanalyse durchführt. Sie ähnelt stärker der von SETL, die den Typ einer Variable zur Laufzeit bestimmt (und sich dafür erhebliche[3]) Laufzeitprobleme einhandelt. Durch das beschriebene dynamische Binden wird es möglich, Operationen auf einem Objekt durchzuführen, ohne den Typ allzu stark in die Betrachtungen aufzunehmen.

Das wird deutlich bei der Iteration: Wir iterieren über ein Objekt in der gleichen Art und Weise, ob es sich nun um eine Liste, ein Tupel oder um ein Lexikon handelt; wesentlich ist, dass das Objekt über gewisse Attribute und Methoden (u. a. um `__getitem__` und `__iter__`) verfügt, mit deren Hilfe dann ein Iterator konstruiert werden kann. Diese Objekte heissen daher *iterierbar*, sie sind in Python allgegenwärtig. Wir werden in Abschnitt 8.3 Kontexte kennen lernen, die etwa das Öffnen und Schließen einer Datei, aber auch das Betreten und Verlassen eines kritischen Abschnitts modellieren. Offensichtlich sind diese Vorgänge strukturell ähnlich. Auch hier ist die

---

3 Es ist jedoch ein Gerücht, dass sich auf dem Schreibtisch von Jacob T. Schwartz, dem treibenden Kopf des SETL-Projekts an der New York University, das Bild einer Schnecke mit der Devise *Slow is beautiful* befand.

Benutzung durch das Vorhandensein spezifischer Operationen in unterschiedlichen Zusammenhängen, eben Kontexten, möglich.

In der englischsprachigen Literatur zu **Python** wird diese Vorgehensweise mitunter als *duck typing* bezeichnet; zur Erläuterung[4]:

> If it looks like a duck,
> swims like a duck,
> and quacks like a duck,
> then it probably is a duck.

Der Ausdruck wird dem US-Dichter James Whitcomb Riley (1849–1916) zugeschrieben und allgemein als Vorgehensweise angesehen, mit der eine Person durch ihre oder seine Verhaltensweisen charakterisiert wird.

---

[4] https://en.wikipedia.org/wiki/Duck_test, August 2017

8 Ausnahmen

Gelegentlich ist es notwendig, den normalen Ablauf eines Programms zu unterbrechen. Das ist zum Beispiel dann der Fall, wenn man in einem arithmetischen Ausdruck durch Null dividiert, oder wenn man auf eine Datei zugreifen möchte, die nicht existiert. Dann kann man das Programm anhalten (was jedoch nicht immer sinnvoll ist, da zum Beispiel Ergebnisse verloren gehen können), oder man kann sich durch geeignete Abfragen gegen solche Ausfälle schützen. Bekanntlich führt die zweite Alternative jedoch zu *Spaghetti-Code*, also zu Programmen, die unleserlich sind, die schwer verständlich und umständlich zu warten sind. Python bietet wie C++ oder Java die Möglichkeit der Ausnahmebehandlung. Ähnlich wie in diesen Sprachen ist eine Ausnahme Instanz einer entsprechenden Klasse in einer Klassen-Hierarchie, sodass es möglich ist, Ausnahmen an die Fehlersituation anzupassen. Im folgenden soll der Mechanismus näher geschildert werden.

8.1 Werfen und Fangen: Klauseln für die Ausnahmebehandlung

Betrachten wir das gute alte Problem der Division durch Null. In unserem Beispiel definieren wir eine Methode, die um zwei ganze Zahlen bittet und den Quotienten berechnet. Es wird jedoch nicht überprüft, ob der Nenner des Bruchs gleich Null ist. Die Division wird vielmehr in einem try-Block durchgeführt, auf den ein except-Block zur Behandlung der Ausnahme folgt. Die Ausnahme ist benannt, sie sieht verdächtig danach aus, dass hier die Division durch Null abgewehrt werden soll. Aber das ist noch nicht alles, es folgt ein else-Block, finally und dann ein finally-Block. Diese Blöcke sollen jetzt diskutiert werden, nachdem wir uns die Ausführung der Funktion angesehen haben.

```
def iDivi():
    q = input("Erste Zahl? \t")
    p = input("Zweite Zahl?\t")
    try:
        a = int(q)/int(p)
    except ZeroDivisionError:
        print("Division durch Null?")
    else:
        return a
    finally:
        print("Schließlich: Das war eine Demo-Methode")
```

https://doi.org/10.1515/9783110544138-009

Und das geschieht bei der Ausführung dieser Methode:

```
In [23]: iDivi()
Erste Zahl?      9
Zweite Zahl?     5
Schließlich: Das war eine Demo-Methode
Out[23]: 1.8
```

```
In [24]: iDivi()
Erste Zahl?      9
Zweite Zahl?     0
Division durch Null?
Schließlich: Das war eine Demo-Methode
```

In der ersten Ausführung geben wir zwei Zahlen ein, von denen die zweite, also der Nenner des Bruchs, von Null verschieden ist, die Division kann also ohne Probleme durchgeführt werden. Sie sehen, dass der Text im `finally`-Block ausgedruckt wird, bevor der Quotient als Resultat zurückgegeben wird. Der zweite Durchlauf durch diese Methode sieht jedoch anders aus. Hier geben wir als Nenner die Zahl 0 ein, der Text, der für die Behandlung der Ausnahme vorgesehen ist, wird ausgedruckt, dann wird der `finally`-Block ausgeführt. In jedem Fall führen wir also den `try`-Block und den `finally`-Block aus.

Das Muster der Ausnahmebehandlung folgt einem Ballspiel: Ein Ball wird geworfen und muss gefangen werden; eine Ausnahme wird aktiviert, die Ausnahmesituation muss behandelt werden. Findet man keine Ausnahmebehandlung in der Methode, in der die Ausnahme aktiviert wird, so sieht man in der aufrufenden Methode nach, dann in deren Aufrufer, etc.; auf diese Weise wird der Stack der aufrufenden Methoden in umgekehrter Aktivierungsreihenfolge durchlaufen. Erst wenn keine Behandlung der Ausnahme gefunden werden kann, wird die Abarbeitung des Skripts unterbrochen und eine Meldung an den Nutzer ausgegeben.

Sehen wir uns die einzelnen Klauseln genauer an:

try: Ausnahmen müssen in einem `try`-Block aktiviert werden; ein solcher Block ist eine Folge von Anweisungen, durch die die Ausnahmen aktiviert werden. Das kann indirekt geschehen wie im Fall der Division durch Null oder beim Fehlen einer Datei, auf die zugegriffen werden soll (in diesem Fall aktiviert das Laufzeitsystem die Ausnahme), es kann aber auch direkt durch die `raise`-Anweisung geschehen, die explizit eine Ausnahme aktiviert, zum Beispiel `raise ZeroDivisionError`.

except: Hier findet die Behandlung der Ausnahmen statt. Syntaktisch sieht es so aus:

```
except exception_Typ_1 as var_1:
    Code zur Behandlung der Ausnahme
except exception_Typ_2 as var_2:
    Code zur Behandlung der Ausnahme
...
except exception_Typ_n as var_n:
```

```
            Code zur Behandlung der Ausnahme
        except:
            Code (unspezifisch)
```

Die erste Ausnahme in der Liste `exception_Typ_1,...`, `exception_Typ_n` der Ausnahmen, die mit der ausgelösten Ausnahme übereinstimmt, bestimmt den Code, der nun ausgeführt wird; dieser Code folgt unmittelbar auf die entsprechende `except`-Klausel. Bevor das geschieht, wird die entsprechende Variable `var_...` erzeugt und der Instanz der Ausnahme `exception_Typ_...` zugewiesen, sodass sie später weiterverarbeitet werden kann. Das ist möglich, weil Ausnahmen Instanzen von Klassen sind, also trivialerweise alle Bürgerrechte solcher Instanzen genießen.

1. Will man diese Möglichkeit zu einer Zuweisung nicht nutzen, so kann man die Klausel `as var_...` weglassen (nicht jedoch den Doppelpunkt).
2. Möchte man für mehrere Ausnahmen denselben Code ausführen, so kann man zusammenfassen. Die Liste der Ausnahmen sollte in Klammern stehen:
   `except (exception_Typ_1, exception_Typ_2) as var_Whatever:`
   wieder mit optionalem `as var_Whatever`
3. Ausnahmen stehen in einer Objekt-Hierarchie, so erben zum Beispiel `IndexError` und `KeyError` von `LookupError`[1]. Die Ausnahme-Behandlung von `LookupError` behandelt also auch `IndexError` und `KeyError`, sofern sie nicht früher in der `except`-Liste auftauchen.

Die letzte `except`-Klausel schließlich behandelt *alle* nicht in der vorhergehenden Liste behandelten Ausnahmen. *Alle* bedeutet hier wirklich ALLE, also auch Ausnahmen, die von System ausgelöst werden, wie etwa Interrupts der Tastatur. Deshalb sollte man sich gut überlegen, ob man diese Klausel wirklich benötigt. Sie kann auch ausgelassen werden.

`else:` Diese Klausel ist optional; ihre Anweisungen werden ausgeführt, wenn die Anweisungen im `try`-Block keine Ausnahmen aktivieren.

`finally:` Auch diese Klausel ist optional, ihre Anweisungen werden ausgeführt, nachdem die Anweisungen in den `try`-, `except`- und `else`-Klauseln ausgeführt wurden. Wird im `try`-Block eine Ausnahme aktiviert, die nicht im `except`-Block behandelt wird, so wird sie erneut aktiviert, nachdem der `finally`-Block ausgeführt wurde. Die in diesem Block aufgeführten Anweisungen werden auf jeden Fall und stets ausgeführt, falls sie vorhanden sind, sodass man sie dazu benutzen kann, Aufräum-Arbeiten durchzuführen.

---

1 Die Hierarchie der vordefinierten Ausnahmen ist in Anhang B zu finden.

8.2 Ausnahmen als Objekte, selbstdefinierte Ausnahmen

Ausnahmen sind Unterklassen der Klasse Exception, die wiederum Unterklasse der Klasse BaseException sind, der Mutter aller Ausnahmen. Diese Basisklasse dient als Basis auch für solche Ausnahmen, die das System auslöst. Der Nutzer kann selbst Ausnahmen definieren, die von der Klasse Exception erben. Das kann dazu dienen, die Ausnahmebehandlung spezifisch an die Bedürfnisse des Programms anzupassen.

Im folgenden Beispiel sehen wir uns alle Skripte von Python im gegenwärtigen Verzeichnis '.' an (also alle Dateien, die auf .py enden) und zählen deren Buchstaben. Zwei außergewöhnliche Situationen sind zu betrachten: die Datei enthält Zeichen, die wir nicht verarbeiten können, oder die Datei ist zu klein, um ein Python-Skript zu sein, sagen wir, weil sie weniger als 110 Zeichen enthält. Im ersten Fall aktivieren wir die Ausnahme ValueError, im zweiten Fall die selbstdefinierte Ausnahme DateiZuKlein. In beiden Fällen wollen wir einen Text ausgeben. Das Programm ist in Abbildung 8.1 zu finden. Die Ausnahme DateiZuKlein wird als Erbe der Klasse Exception definiert und fügt keine eigenen Komponenten hinzu. Bei ihrer Aktivierung weisen wir der Instanz die Variable klein zu; klein bekommt – ganz ähnlich der Parameterübergabe an Programme in der Kommandozeile – eini-

```python
class DateiZuKlein(Exception): pass
import os
ww1 = [j for j in os.listdir('.') if j[-3:] == '.py']
for dat in ww1:
    f1 = open(dat, 'r')
    try:
        li = f1.readlines()
        f1.close()
    except ValueError:
            print("Problem mit Darstellung: {0}".format(dat))
    else:
        try:
            anz = sum([len(j) for j in li])
            if anz < 110:
                raise DateiZuKlein(dat, " ist zu klein (", \
                    anz, " Buchstaben)")
        except DateiZuKlein as klein:
            print(klein.args[0], klein.args[1],\
                klein.args[2], klein.args[3])
        else:
            print("Anzahl der Buchstaben: {0} \
                in Datei {1}".format(anz, dat))
```

Abb. 8.1: Ausnahmebehandlung: Klasse DateiZuKlein

ge Parameter mit auf den Weg. Sie können über die Liste `klein.args` angesprochen werden. Das Skript selbst arbeitet auf einer Liste von Dateinamen, die wir uns mit Hilfe von `os.listdir` verschaffen. Wir iterieren über die Liste der Namen, öffnen die entsprechende Datei zum Lesen, speichern die einzelnen Zeilen in einer Liste ab und schließen die Datei wieder. Hier kann es dazu kommen, dass ungewöhnliche Werte eingelesen werden, dann wird die Ausnahme `ValueError` aktiviert, ihre Behandlung druckt eine entsprechende Nachricht aus. Im `else`-Zweig dieser Ausnahmebehandlung, also in dem Fall, dass `ValueError` nicht aktiviert wurde, öffnen wir einen `try`-Block, in dem wir die Anzahl der Buchstaben in der Datei berechnen. Kommen hier zu wenig Buchstaben vor, so kann es sich nicht um ein Skript handeln. Wir aktivieren die Ausnahme `DateizuKlein` und geben ihr den Namen der Datei und die Anzahl der Buchstaben als Parameter (mit ein bisschen Petersilie) mit. Diese Argumente werden bei der Ausnahmebehandlung ausgedruckt. Sie sehen, wie das gehandhabt wird: Die Instanz der Ausnahme wird einer Variablen zugewiesen, deren oben genannte Attribute ausgedruckt werden. Das ist ein Ergebnis:

```
Problem mit Darstellung: Basis.py
Anzahl der Buchstaben: 602 in Datei datum.py
...
Anzahl der Buchstaben: 583 in Datei ModDatum.py
Problem mit Darstellung: ModDMZ.py
Anzahl der Buchstaben: 575 in Datei neu-a.py
...
Problem mit Darstellung: umbenannt.py
Anzahl der Buchstaben: 549 in Datei untitled0.py
...
ziemlichLeer.py  ist zu klein ( 106  Buchstaben)
```

8.3 Kontexte mit `with`

Die Arbeit mit einer Datei folgt in der Regel einen ziemlich festen Arbeitsablauf:
- Öffnen der Datei,
- Verarbeiten der Daten,
- Behandlung von Ausnahmen,
- Schließen der Datei.

Das ist ziemlich repetitiv, man kann etwa im Eifer des Gefechts vergessen, die Datei zu schließen. Vergisst man das bei vielen Dateien, so hat man schließlich ein ganzes Bündel offener Dateien, was der Performanz nicht gerade zugute kommt, außerdem ein Sicherheitsproblem darstellen kann.

Python stellt für solche Gelegenheiten einen *Kontext* zur Verfügung. Am Beispiel der Textdatei `Text.txt`, die zum Lesen geöffnet werden soll, sieht das so aus:

```
with open('Text.txt', 'r') as f:
    Anweisungen
```

Sind die Anweisungen abgearbeitet, so schließt der Kontext die Datei und behandelt, falls nötig, die aktivierten Ausnahmen; die Variable f kann so behandelt werden, als hätten wir f = open('Text.txt', 'r') geschrieben. Die Ausnahmebehandlung muss natürlich mit dem üblichen try-except-else-finally-Block spezifiziert sein.

Technisch geschieht folgendes:

- Beim Betreten eines Kontexts, also unmittelbar bevor die Anweisungen ausgeführt werden, wird die Methode f.__enter__() aufgerufen, die für das Datei-Objekt definiert ist. Der Rückgabewert wird in der Variablen abgelegt, die hinter as angegeben wird.

- Beim Verlassen der Anweisungen wird die ebenfalls für f definierte Methode __exit__ mit den drei Parametern type, value und traceback aufgerufen, deren Wert von der Ausnahmebehandlung innerhalb der Anweisungen abhängt:
    - wurde keine Ausnahme aktiviert, so werden die drei Parameter auf None gesetzt,
    - wurde hingegen eine Ausnahme aktiviert, die den Kontrollfluss dazu veranlasst hat, den Kontext zu verlassen, so enthält type den Typ der Ausnahme, value ihren Wert und traceback den Zustand des Aufrufstacks zur Zeit der Aktivierung der Ausnahme. Zudem gibt die Methode dann True oder False zurück, um anzugeben, ob die aktivierte Ausnahme gefangen wurde oder nicht. Der Wert False deutet an, dass die aktivierte Ausnahme aus dem Kontext propagiert und an anderer Stelle behandelt wird.

Damit umhüllt der Kontext sozusagen den Anweisungsblock, ähnlich einem Dekorator.

Ein Objekt, das dem Kontext-Protokoll folgt, das also die Methoden __enter__ und __exit__ verfügbar macht, kann auf diese Art und Weise mit einem Kontext versehen werden. Es kann also mit with arbeiten. Sehen wir uns ein Beispiel [1, p. 90] an. Wir definieren einen Kontext für eine Liste, die geändert werden kann; falls jedoch eine Ausnahme aktiviert wird, sollen die Änderungen rückgängig gemacht und die ursprüngliche Liste soll zurückgegeben werden.

```
class ListTransaction():
    def __init__(self, theList):
        self.theList = theList
    def __enter__(self):
        self.workingcopy = list(self.theList)
        return self.workingcopy
```

```
def __exit__(self, exctype, value, tb):
    if exctype == None:
        self.theList[:] = self.workingcopy
    return False
```

Beim Eintritt wird also eine Arbeitskopie workingcopy der Liste gemacht, die bei der Instanziierung übergeben wird; auf dieser Arbeitskopie arbeiten wegen return self.workingcopy die Anweisungen. Wird bei der Ausführung von __exit__ festgestellt, dass eine Ausnahme aktiviert wurde (also bei exctype == None), so wird die Arbeitskopie in die ursprügliche Liste kopiert. Das Code-Schnipsel

```
items = [1, 2, 3]
with ListTransaction(items) as working:
    working.append(4)
    working.append(5)
print(items)
```

sorgt dafür, dass [1, 2, 3, 4, 5] ausgedruckt wird. Lässt man darauf diesen Code

```
try:
    with ListTransaction(items) as working:
        #
        # beim Eintritt hat working den Wert [1, 2, 3, 4, 5]
        #
        working.append(6)
        working.append(7)
        raise RuntimeError("Fontane hatte es auch nicht leicht")
except RuntimeError as e:
    print(e)
print(items)
```

folgen, so bekommt man den Ausdruck

```
Fontane hatte es auch nicht leicht
[1, 2, 3, 4, 5]
```

Das sollte klar sein.

Wann immer man einen Kontext-Manager benutzen möchte, muss man sicherstellen, dass die beiden genannten Methoden vorhanden sind. Die Nutzung von with mit Dateien ist ziemlich praktisch, weil sie den Nutzer von der lästigen Standardaufgabe befreit, die Datei explizit schließen zu müssen. Wenn man den Namen f des Objekts bei as f nicht benötigt (wenn also __enter__ keinen Rückgabewert hat), so kann man auf as und den Namen verzichten, wie wir zum Beispiel bei der Diskussion von Sperren auf Seite 258 sehen werden.

8.4 Zusicherungen

Zusicherungen sind ein wichtiges Hilfsmittel, das gern während der Formulierung eines Programms eingesetzt wird, sie dienen oft dazu, das Debugging zu unterstützen. In Python geschieht das mit Hilfe der `assert`-Anweisung. Die allgemeine Form sieht so aus:

```
assert Anweisung, Nachricht
```

Die `Anweisung` sollte entweder den Wert `True` oder `False` liefern, die `Nachricht` ist eine Zeichenkette, die bei der Ausnahmebehandlung verwendet wird; die Zeichenkette ist optional, muss also nicht unbedingt vorhanden sein. Erweist es sich, dass die Anweisung den Wert `False` liefert, so wird die Ausnahme `AssertionError` aktiviert.

Sehen wir uns ein Beispiel an:

```
In [113]: q = 3; assert q == 5
Traceback (most recent call last):
  File "<ipython-input-113-def5653203e5>", line 1, in <module>
    q = 3; assert q == 5
AssertionError
In [114]: q = 3; assert q != 5
In [115]:
```

Die Zusicherung `assert 3 == 5` löst die Ausnahme aus, die Zusicherung `assert 3 != 5` hat keinen sichtbaren Effekt. Wir haben hier auf eine zusätzliche Nachricht verzichtet. Wir können damit auch die Eingabe überprüfen:

```
In [116]: q = int(input("-- ? ")); assert q != 5
-- ? 5
Traceback (most recent call last):
  File "<ipython-input-116-586cadb0ed2c>", line 1, in <module>
    q = int(input("-- ? ")); assert q != 5
AssertionError
```

Die Ausnahme `AssertionError` wird also hier aktiviert, wenn wir 5 eingegeben haben.

Zusicherungen können verwendet werden, um während der Programmkonstruktion Werte abzufragen und so sicherzustellen, dass das Programm auf einem guten Weg ist. Die Alternative ist gelegentlich, diese Abfragen durch bedingte Anweisungen zu realisieren, was jedoch erfahrungsgemäß zu unlesbarem Code führt und bei Produktionsläufen die Effizienz beeinträchtigen kann. Im Gegensatz dazu erlauben Zusicherungen ein sozusagen duales Vorgehen, weil sie, wenn die Skripte als Programme ausgeführt werden, über die Kommandozeile abgeschaltet werden können. Wir sehen uns das an einem Beispiel an.

```
def meineZ(imm):
    def ausloeser(im):
        assert im != 5, "--- Wert {0} offenbar = 5.".format(im)

    try:
        ausloeser(imm)
    except AssertionError as ae:
        print(ae.args[0], "Au weh! --- ")
    else:
        print("%i - tutto apposto"%imm)
    finally:
        print("Das war's dann.".upper())
```

Die Funktion meineZ hat einen Parameter im, der in einem lokalen try-Block an die
Methode ausloeser übergeben wird. Diese Methode überprüft, ob die an sie übergebene ganze Zahl von 5 verschieden ist; ist das nicht der Fall, so wird die Ausnahme aktiviert und eine entsprechende Nachricht generiert, die an die Ausnahmebehandlung weitergereicht wird. Die Ausnahmebehandlung für AssertionError druckt
diese Nachricht als arg[0] des entsprechenden Ausnahmeobjekts und fügt noch einen zusätzlichen Text hinzu. Wird hingegen keine Ausnahme ausgelöst, so wird der
else-Block betreten, der ein nüchternes tutto apposto mit dem Wert des Parameters
ausdruckt. Der finally-Block schreibt dann eine Meldung in Großbuchstaben aus.

Das sind zwei Durchläufe durch das Skript:

```
In [121]: meineZ(5)
--- Wert 5 offenbar = 5. Au weh! ---
DAS WAR'S DANN.

In [122]: meineZ(6)
6 - tutto apposto
DAS WAR'S DANN.
```

Durch Hinzufügen dieser Anweisung

```
if __name__ == "__main__": meineZ(int(input("-- ?\t")))
```

können wir die in der Datei MeineZ.py gespeicherte Methode meineZ von der Kommandozeile ausführen und die Eingabe untersuchen:

```
EEDs-MBP:Python EED$ python meineZ.py
-- ?        5
--- Wert 5 offenbar = 5. Au weh! ---
DAS WAR'S DANN
EEDs-MBP:Python EED$
```

Die Zusicherung greift also auch hier. Sie kann jedoch durch die Option -O deaktiviert werden:

```
EEDs-MBP:Python EED$ python -O meineZ.py
-- ?        5
5 - tutto apposto
DAS WAR'S DANN
EEDs-MBP:Python EED$
```

Offenbar wird die Ausnahme durch assert nicht aktiviert, sodass die Ausnahmebehandlung nicht im except- sondern im else-Block durchgeführt wird.

Dies wird technisch ermöglicht durch die Variable __debug__, die im Interpreter den Wert True hat und erst durch die Option -O auf den Wert False gesetzt wird. Die assert-Anweisung wird im Fall __debug__ == True ausgeführt, andernfalls wird sie ignoriert. Ihr Wert kann abgefragt, aber vom Benutzer *ausschließlich* durch die Option -O geändert werden.

9 Einige Beispiele

Dieses Kapitel ist eine Galerie für die Anwendung von Python. Jetzt stehen fast alle sprachlichen Ausdrucksmöglichkeiten zur Verfügung, mit deren Hilfe wir die eine oder andere Anwendung formulieren können.

Zunächst begeben wir uns in die Welt der Bilder. Es geht bei der betrachteten Problemstellung darum, das Entstehungsdatum einer Photographie zu ermitteln, und hierbei ist nicht unmittelbar klar, welche Hilfsmittel überhaupt dafür zur Verfügung stehen. Man geht also ins Netz und sieht sich an, welche Ansätze für dieses oder ein ähnliches Problem vorhanden sind und diskutiert werden. Da wir hier schon einmal beim Thema *Bilder* sind, bietet sich ein kleiner Spaziergang zur Bildmanipulation an. Auch hier erweist sich die Suche im Netz als ganz hilfreich, denn wir müssen geeignete Bibliotheken identifizieren, mit deren Hilfe solche Bilder manipuliert werden können.

Dann folgen klassische Algorithmen, nämlich zur Ermittlung minimaler Gerüste in einem Kostengraphen, zur Bestimmung aller Cliquen in einem Graphen, zur Berechnung der Huffman-Verschlüsselung und schließlich zur Mustererkennung mit Automaten. Dieses letzte Beispiel dient dazu, einen ersten, prototypischen Algorithmus für ein Problem zu formulieren, das an vielen Stellen wichtig ist und effizient gelöst werden muss. Nach der Formulierung in Python bieten wir Implementierungen in zwei anderen Sprachen an, nämlich der funktionalen Sprache Haskell und der prozedural-objektorientierten Sprache Java. Dem Leser soll die Möglichkeit an die Hand gegeben werden, sich über die Mächtigkeit dieser Sprachen im Vergleich zu Python zu orientieren.

9.1 Bilder

In diesem Abschnitt machen wir einen kleinen Ausflug in die Bildverarbeitung mit Python. Wir ermitteln das Datum der Entstehung einer Photographie und manipulieren dann einige Photos. Die Werkzeuge und Bibliotheken zur Bildbearbeitung in Python sind so reichhaltig, dass wir hier nur ein wenig die Oberfläche ankratzen können, um dem Leser zu zeigen, was man hier alles machen kann und um einen suggestiven Eindruck davon zu vermitteln, was man alles machen könnte. Glücklicherweise ist Python so gut dokumentiert, dass dieser erste Einblick eine Handreichung für die weitere Beschäftigung sein könnte.

9.1.1 Ermittlung des Entstehungsdatums

Gelegentlich möchte ich wissen, wann ich ein Bild geknipst habe; ich müsste mir also die Metadaten der Datei ansehen und versuchen, das Datum, an dem sie erzeugt wor-

https://doi.org/10.1515/9783110544138-010

den ist, zu bestimmen: Diese Information muss ja irgendwo vorhanden sein, denn die Editoren, mit denen ich ein Bild verarbeiten kann, verfügen offensichtlich über diese Information.

Die Lektüre der Python-Dokumentation [1, 5, 11, 18] brachte zunächst keinen Aufschluss; es werden zwar Bibliotheken zur Manipulation von Bildern diskutiert (davon später), aber ich konnte dort keine Information zur Extraktion der gesuchten Verwaltungsdaten finden. Die Befragung einer stadtbekannten Suchmaschine brachte ans Licht, dass ich nach *EXIF*-Daten suchen sollte, *EXIF* ist die Abkürzung von *Exchangeable Image File Format*. Weitere Befragungen ergaben, dass es hilfreich sein würde,

– die *Python Imaging Library*, die unter dem Namen PIL bekannt ist, zu verwenden. Hier erscheint die Verwendung der aktuellen Variante namens Pillow als sinnvoll, die ich dann mit pip install pillow installiert habe,
– nähere Auskünfte bei *stackoverflow*[1] einzuholen.

In der Tat fand ich dann den folgenden Code-Ausschnitt[2], der sich als hilfreich erweisen würde:

```
from PIL import Image
from PIL.ExifTags import TAGS

def get_exif(fn):
    ret = {}
    i = Image.open(fn)
    info = i._getexif()
    for tag, value in info.items():
        decoded = TAGS.get(tag, tag)
        ret[decoded] = value
    return ret
```

Sehen wir uns das kurz an. Das zu öffnende Bild ist in der Datei fn abgelegt, die, wie ich annehme, das Suffix jpg trägt. Das Lexikon ret wird initialisiert (dass es sich um ein Lexikon handelt, kann ich dem Code entnehmen), das Bild wird mit Image.open geöffnet und i zugewiesen; offensichtlich handelt es sich bei open um eine statische Methode der Klasse Image, in der auch eine Methode _getexif verfügbar ist. Das Resultat des Aufrufs dieser Methode für das Bild i wird info zugewiesen; info verfügt über ein Lexikon items(), in dem ich, wie ich vermute, die gesuchten *EXIF*-Daten nachschlagen kann. Das klappt auch fast, allerdings stellt sich heraus, dass diese Daten unter einem numerischen Schlüssel abgelegt sind. Das Lexikon TAGS bildet diese numerischen Schlüssel auf Zeichenketten ab, sodass für einen numerischen Schlüssel tag die Zeichenkette TAGS[tag] interessant ist und an decoded zugewiesen wird. Be-

---

1 http://stackoverflow.com
2 http://stackoverflow.com/questions/765396/exif-manipulation-library-for-python (Juli 2017)

achten Sie die Formulierung decoded = TAGS.get(tag, tag), die für den Fall, tag not in TAGS.keys() den Wert tag zurückgibt (eine Zuweisung wie decoded = TAGS[tag] würde in diesem Fall die Ausnahme KeyError auslösen, vgl. Seite 37). Schließlich wird die so gefundene Zeichenkette decoded als Schlüssel verwendet, um den betreffenden *EXIF*-Wert in das Lexikon ret einzutragen.

Inspektion dieses Lexikons und Lektüre der *EXIF*-Spezifikation[3] legen es nahe, einige Felder von der weiteren Betrachtung auszuschließen, weil sie binäre Daten enthalten. Wir ignorieren diese Felder:

```
verboten = ['PrintImageMatching', 'UserComment', 'MakerNote',
            'ComponentsConfiguration']
```

und definieren das Lexikon metaDaten jetzt ein wenig kompakter als

```
# i = Image.open(fn)
# info = i._getexif()
metaDaten = {
    TAGS[k]: v
    for k, v in info.items()
    if k in TAGS and TAGS[k] not in verboten
}
```

Das ist ein Ausschnitt aus den dreiundvierzig Feldern von metaDaten für ein Beispielbild:

```
'BrightnessValue': (2914, 2560),
...
'DateTime': '2016:09:20 12:18:46',
'DateTimeDigitized': '2016:09:20 12:18:46',
'DateTimeOriginal': '2016:09:20 12:18:46',
...
'WhiteBalance': 0,
'XResolution': (350, 1),
'YResolution': (350, 1)}
```

Aus den drei Feldern, die ein Datum tragen, wählen wir nach Konsultation der *EXIF*-Spezifikation das Feld 'DateTimeOriginal' als das Feld aus, das uns die Entstehungszeit des Bilds angibt. Einige der Felder sind offensichtlich spezifisch für die Kamera oder den Hersteller, 'DateTimeOriginal' gehört zum invarianten, vom Hersteller unabhängigen Teil der Spezifikation.

Daraus lässt sich jetzt eine Funktion wannGeknipst zusammensetzen, die für eine Bilddatei fn das Datum ihrer Entstehung angibt; da die Vorgehensweise offensicht-

---

3 http://www.cipa.jp/std/documents/e/DC-008-2012_E.pdf, Juni 2017

lich ist, wollen wir es dabei belassen und die Funktion nicht explizit formulieren. Wir erhalten für ein Beispielbild `'Bild3.jpg'` als Resultat `wannGeknipst('Bild3.jpg')` = `'2016:09:20 12:18:46'`. Ich möchte dieses Resultat ein wenig weiter aufschlüsseln und das Datum in Jahr, Monat und Tag, die Uhrzeit in Stunden, Minuten und Sekunden angeben können. Das lässt sich mit *benannten Tupeln* machen, also solchen Tupeln, deren Komponenten mit Namen angesprochen werden können. Sie sollen jetzt eingeführt werden.

Benannte Tupel

Der Modul `collections` stellt eine Funktion `namedtuple` zur Verfügung, mit deren Hilfe eine Subklasse der Klasse `Tupel`, die wir bislang nur implizit kennen gelernt haben, erzeugt werden kann. Im folgenden Beispiel erzeugen wir ein Tupel mit drei Komponenten, die wir, man glaubt es kaum, mit den Namen `eins`, `zwei` und `drei` ansprechen wollen.

```
from collections import namedtuple
dasTupel = namedtuple('EinsZweiDrei', ['eins', 'zwei', 'drei'])
einTupel = dasTupel(12, 'kleine', (8, 'a', lambda x: x+1))
```

Das bewirkt die Erzeugung einer Klasse mit dem Namen `dasTupel`; der Typ der Klasse ist der gegebene Name `EinsZweiDrei`. Diese Klasse ist eine Subklasse von Tupel. Dann gilt `isinstance(einTupel, tuple) == True`, und `type(einTupel)` liefert den Wert `__main__.EinsZweiDrei`. Zudem erhalten wir als Wert von `einTupel` den Ausdruck `EinsZweiDrei(eins=12, zwei='kleine',` `drei=(8, 'a', <function <lambda> at 0x108d05378>))`, insbesondere gilt `einTupel.eins == 12` und `einTupel.drei[2](17) == 18`.

Die Bezeichner für den Namen des Typs und für die Komponenten müssen Python-Bezeichner sein, dürfen aber nicht mit einem Unterstrich beginnen. Alternativ hätten wir auch schreiben können `dasTupel = namedtuple('EinsZweiDrei', 'eins zwei drei')` oder `dasTupel = namedtuple('EinsZweiDrei', 'eins, zwei, drei')`.

Zurück zum Photo

Wir definieren

```
# from collections import namedtuple
tZeit = ["Jahr", "Monat", "Tag", "Stunde", "Minute", "Sekunde"]
dasDatum = namedtuple("dasDatum", tZeit)
```

Haben wir `fotoZeit` als Zeichenkette mit den Zeitangaben von der Methode `wannGeknipst` bekommen, also zum Beispiel

```
fotoZeit == '2016:09:20 12:18:46',
```

so müssen wir diese Zeichenkette in ein Sechstupel von Zeichenketten konvertieren, sodass wir sie in einer Instanz von dasDatum speichern können. Die folgende Funktion erledigt das für uns. Sie ist durch die Verwendung partieller Evaluation und von Currying im Stil der funktionalen Programmierung formuliert.

```
import re
def mk6Tuple(stri):
    insD = lambda x: re.sub(' ', ':', x)
    splt = lambda x: re.split(':', x)
    return dasDatum(*splt(insD(stri)))
```

Die Funktion insD ersetzt jedes Vorkommen eines Leerzeichens in ihrem Argument durch ':', also insD('2016:09:20 12:18:46') == '2016:04:03:16:25:31', die Funktion splt zerlegt eine Zeichenkette nach dem Vorkommen von ':' und liefert eine Liste von Zeichenketten, also in unserem Beispiel splt('2016:04:03:16:25:31') == ['2016', '04', '03', '16', '25', '31']. Das Resultat wird dann in eine Instanz des benannten Tupels verpackt und ausgegeben (beachten Sie den Stern *, der dafür sorgt, dass die entstehende Liste entpackt wird, vgl. Seite 65). Wir erhalten insgesamt

```
mk6Tuple('2016:04:03 16:25:31') ==
        dasDatum(Jahr='2016', Monat='04', Tag='03',
                Stunde='16', Minute='25', Sekunde='31').
```

Weisen wir zu x = mk6Tuple('2016:04:03 16:25:31'), so erhalten wir x.Jahr == 2016, x.Stunde == 16, das Tupel x[:3] == ('2016', '04', '03') gibt das Datum und das Tupel x[3:] == ('16', '25', '31') die Uhrzeit wieder. Das benannte Tupel x unterstützt also (natürlich) die gewöhnlichen Tupel-Operationen.

9.1.2 Einige Operationen auf Bildern: ein kleiner Spaziergang

Python bietet mit dem PIL-Paket und dem Modul Image eine Fülle von Operationen auf Bilddateien, die vorzüglich dokumentiert sind[4]. Es werden die üblichen Bildformate unterstützt, also jpg, png, tiff, eps, bnp, ... Schwieriger wird es mit herstellerabhängigen Dateiformaten, z. B. konnte ich für SONYs raw-Format keine Unterstützung finden.

Im folgenden sollen einige Operationen auf Bildern diskutiert werden, um Geschmack auf einen Streifzug in das Gebiet und seine Operationen zu machen. Es zeigt sich, dass viele Operationen, die in anderen Sprachen mühselig zusammengesucht werden müssen, in Python recht einfach verfügbar gemacht werden können (man muss halt die richtigen Bibliotheken finden, was manchmal auch nicht so einfach ist ...).

---

4 Ich orientiere mich hier an http://pillow.readthedocs.io, Stand April 2017

Wie oben importieren wir `Image` von `PIL` und öffnen ein Bild (die Beispieldaten sind unter `http://hdl.handle.net/2003/36234` verfügbar).

```
from PIL import Image
tasse = Image.open('MeineTasse.jpg')
tasse.show()
```

Das sehen wir:

Die Größe `tasse.size` des Bildes in Pixeln wird mit (5472, 3648) angegeben, hat also eine Ausdehnung von 5472 Pixeln in Richtung der *x*-Achse und 3642 Pixeln in Richtung der *y*-Achse. Das Koordinatensystem ist gelegentlich wichtig, sein *Ursprung* liegt, wie bei Graphik üblich, in der *linken oberen Ecke*. Wir definieren mit `a, b = tasse.size; daumen = int(a/3), int(b/3)` eine Größe für ein verkleinertes Bild, vorher machen wir jedoch noch eine Kopie `tasse_daumen = tasse.copy()` des Bildes. Mit `tasse_daumen.thumbnail(daumen)` wird dieses Bild verkleinert, wir erhalten `tasse_daumen.size = (1824, 1216)`.

`tasse_daumen(point)` ist die Kollektion der Pixel des Bilds `tasse_daumen`, der eine Funktion übergeben werden kann, die auf alle Pixel angewandt werden soll. Die Funktion muss ein einziges, ganzzahliges Argument haben und eine ganze Zahl zurückgeben. Durch den Aufruf wird eine neue Pixel-Kollektion erzeugt. Als Beispiel erzeugen wir ein Negativ:

```
neg_tasse = tasse_daumen.point(lambda i: 255 - i);
```

jeder Punkt wird also durch ein Komplement *modulo 255* ersetzt. Das sieht dann so aus:

Wir setzen das verkleinerte Bild `tasse_daumen` in die untere rechte Ecke von `tasse` und das Negativ `neg_tasse` in die linke untere Ecke. Dazu benutzen wir die Methode `paste` von `tasse`. Sie modifiziert das ursprüngliche Bild, wir müssen dazu berechnen, wohin die oberen linken Ecke jeweils kommen sollen.

```
a, b = tasse.size
x, y = neg_tasse.size
unten_rechts = a - x, b - y
unten_links = 0, b - y
tasse.paste(neg_tasse, unten_links)
tasse.paste(tasse_daumen, unten_rechts)
```

Das linke obere Pixel des Bilds von `neg_tasse` in dem neuen Bild hat also die Koordinaten `unten_links`, das von `tasse_daumen` die Koordinaten `unten_rechts`. Die Methode `paste` benötigt außer dem einzufügenden Bild auch die Koordinaten des Ziels als Parameter; sind sie nicht angegeben, wird (`0, 0`) als vordefinierter Wert angenommen, also die linke obere Ecke des Ausgangsbilds. Wir haben hier ein Paar für die linke obere Ecke im Ziel angegeben, es ist auch möglich, ein Tupel von vier Zahlen (`x links oben, y links oben, x rechts unten, y rechts unten`) anzugeben.

Das Bild der Kaffeetasse ist in Abbildung 9.1 zu sehen. Wir öffnen eine png-Datei, die das Bild `text` eines Texts enthält (vgl. Abbildung 9.2); in der Tat aus einer pdf-Datei erzeugt, `Image` unterstützt das Format PDF nicht direkt. Zusätzlich öffnen wir erneut das Bild der Tasse, um die bisherigen Effekte zu ignorieren. Um die alte Volksweisheit

> **Ein Mathematiker ist eine Maschine, die Kaffee in Formeln verwandelt**

zu illustrieren, sollen beide Bilder zu einem Bild kombiniert werden. Dazu sind einige Vorarbeiten erforderlich. Zunächst sollten beide Bilder dieselbe Größe haben, wir sehen `tasse.size == (5472, 3648)` und `text.size == (1240, 1753)`.

Der Aufruf `text_R = text.resize(tasse.size)` erzeugt ein neues Bild `text_R` von der richtigen Größe. Die Modi der Bilder, also ihre Farbräume, sind unterschied-

Abb. 9.1: Tasse mit Einschub

an interval I, yielding $\{\mathcal{N}(s, \sigma^2) \mid \sigma \in I\}$ as a set of distributions effective for Angel in that situation.

But we cannot do with just arbitrary subsets of the set of all subprobabilities on state space S. We want also to characterize possible outcomes, i.e., sets of distributions over the state space for composite games. This means that we will want to average over intermediate states, which in turn requires measurability of the functions involved. Hence we require measurable sets of subprobabilities as possible outcomes. We also impose a condition on measurability on the interplay between distributions on states and reals for measuring the probabilities of sets of states. This leads to the definition of a stochastic effectivity function.

Modeling all this requires some preparations by fixing the range of a stochastic effectivity function through a suitable functor. Put for a measurable space S

$$\mathcal{V}(S) := \{V \subseteq \mathcal{B}(\mathcal{S}(S)) \mid V \text{ is upper closed}\} \tag{10}$$

thus if $V \in \mathcal{V}(S)$, then $A \in V$ and $A \subseteq B$ together imply $B \in V$. A measurable map $f : S \to T$ induces a map $\mathcal{V}(f) : \mathcal{V}(S) \to \mathcal{V}(T)$ upon setting

$$\mathcal{V}(f)(V) := \{W \in \mathcal{B}(\mathcal{S}(T)) \mid \mathcal{S}(f)^{-1}[W] \in V\} \tag{11}$$

for $V \in \mathcal{V}(S)$, then clearly $\mathcal{V}(f)(V) \in \mathcal{V}(T)$.

Note that $\mathcal{V}(S)$ has not been equipped with a σ-algebra, so the usual notion of measurability between measurable spaces cannot be applied. In particular, $\mathcal{V}$ is not an endofunctor on the category of measurable spaces. We will not discuss functorial aspects of $\mathcal{V}$ here in detail, referring the reader to [8] instead.

It would be most convenient if we could work in a monad — after all, the semantics pertaining to composition of games is modelled appropriately using a composition operator, as demonstrated, e.g., in [33]. Markov transition systems are based on the Kleisli morphisms for the Giry monad, and the functor assigning each set upper closed subsets of the power set form a monad as well [9, Example 2.4.10]. So one might want to capitalize on the composition of these monads. Alas, it is well known that the composition of two monads is not necessarily a monad, and this particular composition has defied so far all attempts at establishing the properties of a monad. Consequently, this approach does not work, and one has to resort to ad-hoc methods simulating the properties of a monad (or of a Kleisli tripel) [41]. This is what we will do in the sequel.

Preparing for this, we require some properties pertaining to measurability, when dealing with the composition of distributions when discussing composite games. This will be provided in the following way. Let $H \in \mathcal{B}(\mathcal{S}(S) \otimes [0, 1])$ be a measurable subset of $\mathcal{S}(S) \times [0, 1]$ indicating a quantitative assessment of subprobabilities (a typical example could be

$$\{\langle \mu, q \rangle \mid \mu \in \beta(A, > q), q \in \mathbb{Q} \cap [0, 1]\}$$

for some $A \in \mathcal{B}(S)$; the set $\beta(A, > q)$ is defined in (5). Fix some real q and consider the set

$$H_q := \{\mu \mid \langle \mu, q \rangle \in H\}$$

of all measures evaluated through q. We ask for all states s such that this set is effective for s. They should come from a measurable subset of S. It turns out that this is not enough, we

January 6, 2017

Abb. 9.2: Eine Seite Text

lich, wir finden `text_R.mode == 'RGBA'` und `tasse.mode == 'RGB'`. RGB gibt die Farben für jedes Pixel als Tripel (i_r, i_g, i_b), wobei i_r die Intensität für die Farbe Rot (mit $i_r \in \{0, \ldots, 255\}$ oder, wenn in Prozent angegeben, $i_r \in [0, 1]$), analog i_g bzw. i_b für die Farben Grün und Blau. RGBA fügt noch einen Wert für den α-Wert eines Pixel hinzu, wo $\alpha \in [0, 1]$ die Lichtdurchlässigkeit (Opazität) des Pixels angibt. Wir erzeugen mit `neu = Image.new(tasse.mode, tasse.size)` ein neues, leeres Bild mit dem Modus `tasse.mode` und der Größe `tasse.size`. Dann fügen wir mit `neu.paste(text_R)` das Bild `text_R` ein und wenden auf eine Kopie von `tasse` einen Schwellwertfilter an, der das Bild der Tasse kräftiger hervorhebt:

```
n_tasse = tasse.copy().point(lambda i: 0 if i < 120 else 255).
```

Schließlich kombinieren wir beide Bilder `blend = Image.blend(n_tasse, neu, 0.5)` durch den Aufruf der Klassenmethode `blend`, die die beiden Bilder übereinanderlegt

Page 11   Stochastic Interpretation of Game Logic

an interval 1, yielding $\{\mathcal{N}(s,\sigma^2) \mid \sigma \in 1\}$ as a set of distributions effective for *angel* in that situation.

But we cannot do with just arbitrary subsets of the set of all subprobabilities on state space S. We want also to characterize possible outcomes, i.e., sets of distributions over the state space for composite games. This means that we will want to average over intermediate states, which in turn requires measurability of the functions involved. Hence we require measurable sets of subprobabilities as possible outcomes. We also impose a condition on measurability on the interplay between distributions on states and reals for measuring the probabilities of sets of states. This leads to the definition of a stochastic effectivity function.

Modeling all this requires some preparations by fixing the range of a stochastic effectivity function through a suitable structure. Put for a measurable space S

$$V(S) = \{ f: \beta(S) \to [0,1] \mid f \text{ upper closed}\} \tag{10}$$

thus if $V \in V(S)$, then $A \subseteq B$ (so that $A \subseteq B$) imply $B \in V$. A measurable map $f: S \to T$ induces a map $V(f): V(S) \to V(T)$ upon setting

$$V(f)(V) = \{ g \in \beta(T) \mid g \circ \beta(f)^{-1} \in V \} = \{W \mid \cdots \} \tag{11}$$

for $V \in V(S)$, then clearly $V(f)(V) \in V(T)$.

Note that $V(S)$ has been equipped with a σ-algebra, so the usual notion of measurability between measurable spaces cannot be applied. In particular, V is not an endofunctor on the category of measurable spaces. We will not discuss functorial aspects of V here in detail, referring the reader to [8].

It would be most convenient to work with a monad — after all, the semantics pertaining to composition of games is modeled appropriately using a composition operator, as demonstrated, e.g., in [33]. Markov transition kernels are based on the Kleisli morphism for the Giry monad, and the functor assigning each subprobability closed subsets of the power set form a monad as well [9, Example 2.4.10]. So one might want to capitalize on the composition of these monads. Alas, it is well known that the composition of two monads is not necessarily a monad, and this particular composition has defied so far all attempts at establishing the properties of a monad. Consequently, this approach does not work, and one has to resort to ad-hoc methods simulating the properties of a monad (or of a Kleisli triple) [41]. This is what we will do in the sequel.

Preparing for this, we require some properties pertaining to measurability when dealing with the composition of distributions when discussing composite games. This will be provided in the following way. Let $H \in \beta(\beta(S)\otimes[0,1])$ be a measurable subset of $\beta(S) \times [0,1]$ indicating a quantitative assessment of subprobabilities (a typical example could be

$$\{\langle \mu, q \rangle \mid \mu \in \beta(A, \succ q), q \in \Omega \cap [0,1]\}$$

for some $A \in \beta(S)$; the set $\beta(A, \succ q)$ is defined in (5)). Fix some real q and consider the set

$$H_q = \{ \mu \mid \langle \mu, q \rangle \in H\}$$

of all measures evaluated through q. We ask for all states s such that this set is effective for s. They should come from a measurable subset of S. It turns out that this is not enough, we

January 6, 2017

Abb. 9.3: Text mit Tasse

und mit einem dritten Parameter die Intensität α angibt: ist $\alpha = 0$, so wird eine Kopie des ersten Bilds genommen, bei $\alpha = 1$ eine Kopie des zweiten Bilds, und sonst wird interpoliert. Das Resultat findet sich in Abbildung 9.3. Der Code ist noch einmal zusammengefasst:

```
# from PIL import Image
tasse = Image.open('MeineTasse.jpg')
text = Image.open('GameFrames.png')
text_R = text.resize(tasse.size)
neu = Image.new(tasse.mode, tasse.size)
neu.paste(text_R)
n_tasse = tasse.copy().point(lambda i: 0 if i < 120 else 255)
blend = Image.blend(n_tasse, neu, 0.5)
```

Die Aufgabe 67 nimmt dieses Thema noch einmal auf.

9.2 Ein Klassiker: Minimale Gerüste

Nehmen wir an, wir haben eine Menge von Städten, von denen einige mit Telefonverbindungen so verbunden sind, dass es möglich ist, zwischen zwei Städten jeweils ein Telefongespräch zu führen, dass also direkt oder indirekt alle Städte miteinander verbunden sind. Jede Verbindung in diesem Netzwerk trägt gewisse Kosten, die abhängig sein können von der geographischen Lage, weiteren Nebenbedingungen und der Schwierigkeit, entsprechende Leitungen zu pflegen.

Betrachten wir als Beispiel dieses Netzwerk

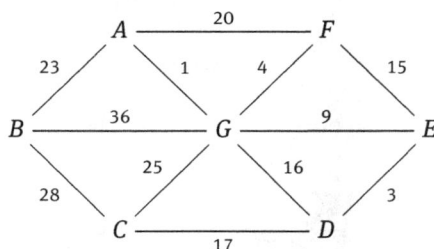

Die Städte werden bürokratisch einfach durch A bis G benannt, die Verbindung zwischen A und G etwa kostet eine Einheit, während 23 Einheiten für die Verbindung zwischen A und B zu zahlen sind und die Verbindung zwischen B und G sogar 36 Einheiten kostet.

Unser Problem besteht nun darin, eine Teilmenge der Kanten in diesem ungerichteten Graphen so zu finden, dass es immer noch möglich ist, von einer Stadt eine beliebige andere anzurufen, sodass die Konnektivität des Netzwerks erhalten bleibt, auch wenn die nicht zu der gesuchten Menge gehörenden Verbindungen entfernt werden, und dass unsere Lösung möglichst kostengünstig ist.

Das ist die Lösung für dieses Problem für unser ausgewähltes Netzwerk:

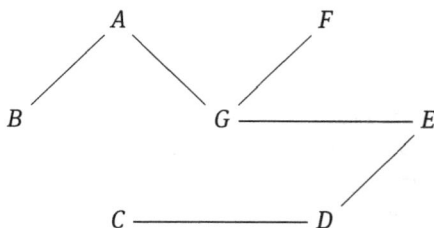

Das Problem ist für unseren Kontext interessant, weil es erlaubt, Strukturen und all das in einer Situation zu erproben, die anwendbar aussieht. Wir gehen in diesen Schritten vor:

- Wir werden die oben angeführten graphentheoretischen Begriffe ein wenig erweitern, um zum Begriff des minimalen Gerüstes zu kommen.
- Wir werden die von Kruskal (wieder-) entdeckte Lösung diskutieren.
- Wir werden den Algorithmus implementieren und kurz mit der entsprechenden Lösung in Java und in Haskell vergleichen.

Wir definieren zunächst einen ungerichteten Graphen (V, E), indem wir die Städte als Knoten definieren, weiterhin nehmen wir eine ungerichtete Kante zwischen zwei Städten an, wenn es eine Telefonverbindung zwischen diesen beiden Städten gibt. Es ist klar, dass dieser Graph ungerichtet ist, denn Telefonverbindungen sind üblicherweise bidirektional. Es ist auch klar, dass dieser Graph endlich ist, denn es sind nur endlich viele Städte im Spiel. Schreiben wir uns den Graphen für das obige Beispiel auf, so erhalten wir

$$V = \{A, B, C, D, E, F, G\}$$

und

$$E = \{\{A, B\}, \{A, F\}, \{A, G\}, \{B, C\}, \{B, G\}, \{C, D\},$$
$$\{C, G\}, \{D, E\}, \{D, G\}, \{E, F\}, \{E, G\}, \{F, G\}\}.$$

Wir nehmen an, dass der Graph zusammenhängend ist, sodass man also zwischen zwei beliebigen Knoten einen Pfad finden kann, der diese beiden Knoten miteinander verbindet. Hierbei ist ein *Pfad* in dem ungerichteten Graphen eine endliche Liste $v_0, \ldots, v_{n-1}, v_n$ von Knoten, sodass zwei benachbarte Knoten v_i, v_{i+1} eine Kante bilden. Es ist klar, dass unser Netzwerk zusammenhängend sein muss, weil sonst die Grundbedingung der Konnektivität aller Punkte nicht erfüllt ist. Unser Algorithmus wird freilich nicht überprüfen, ob der Graph auch tatsächlich zusammenhängend ist, er geht vielmehr davon aus, dass das bereits an anderer Stelle geschehen ist.

Weil wir nun eine *kostenminimale* Lösung suchen (aber noch nicht definiert haben, was Kostenminimalität bedeutet), ist es ziemlich klar, dass wir zu einer Lösung neigen werden, die möglichst wenig Kanten haben wird. Das liegt einfach daran, dass jede Kante positive Kosten trägt, also positiv zum Gesamtergebnis beitragen wird.

Graphentheoretisch suchen wir einen *freien Baum*, also einen Untergraphen des vorgegebenen Graphen, der diese beiden Eigenschaften hat:
- Er ist zusammenhängend.
- Die Entfernung einer einzelnen Kante führte zu einem unzusammenhängenden Graphen.

Man kann sich leicht überlegen, dass ein freier Baum dadurch charakterisiert ist, dass die Anzahl der Knoten die Anzahl der Kanten um genau 1 übersteigt, und dass er zusammenhängend ist. Nehmen wir also an, dass die Kosten $c(e)$ für eine Kante e positiv sind, und nehmen wir an, dass wir in der Menge $\mathcal{T}$ die Kanten eines freien Baums gespeichert haben. Dann berechnet

$$K_{\mathcal{T}} := \sum_{e \in \mathcal{T}} c(e)\,.$$

die Kosten dieses freien Baums.

Wir wollen also einen freien Baum $\mathcal{T}$ konstruieren, dessen Kosten minimal sind: Ist $\mathcal{S}$ ein weiterer freier Baum, so soll gelten $K_{\mathcal{T}} \leq K_{\mathcal{S}}$. Dieser kostenminimale Baum wird ein *minimales Gerüst* für den Graphen genannt. Es gilt der folgende

Satz 9.2.1. *Für einen zusammenhängendenGraphen existiert stets ein minimales Gerüst. Falls die Kosten für die Kanten paarweise voneinander verschieden sind, dann ist dieses minimale Gerüst eindeutig bestimmt.* □

Die Frage ist natürlich, wie wir das minimale Gerüst konstruieren, jetzt, wo wir wissen, dass es existiert und bei injektiver Kostenfunktion sogar eindeutig bestimmt ist.

9.2.1 Kruskals Algorithmus

Die Idee, die *Kruskals Algorithmus* zugrunde liegt, besteht darin, das minimale Gerüst zu züchten. Präziser ausgedrückt liegt dem Algorithmus diese Tatsache zugrunde: Falls wir bereits zwei minimale Gerüste für zwei disjunkte Teilgraphen konstruiert haben, so suchen wir die Kante mit den kleinsten Kosten, die diese beiden minimalen Gerüste miteinander verbindet. Dann kann man zeigen, dass es ein minimales Gerüst für den Graphen gibt, der die beiden vorgegebenen minimalen Gerüste und diese Kante enthält. Wir wollen diese Aussage aber nicht beweisen. Hieraus ergibt sich die Konstruktion eines minimalen Gerüstes, wenn wir einen zusammenhängenden Graphen (V, E) vorgegeben haben.

Initialisierung: Wir initialisieren die Menge $\mathcal{T}$ aller Gerüstkanten zur leeren Menge und definieren gleichzeitig eine Partition $\mathcal{C}$ der Knoten, die zu $\{\{v\}|v \in V\}$ initialisiert wird. Wir ordnen die Kanten des Graphen aufsteigend nach ihren Kosten.

Iteration: Solange die Partition $\mathcal{C}$ mehr als ein Element enthält, tun wir in jedem Iterationsschritt das Folgende:

- Wir entfernen die billigste Kante $e = \{a, b\}$ aus der Liste der Kanten,
- Falls e zwei unterschiedliche Elemente C_1 und C_2 der Partition verbindet, falls also $a \in C_1$ und $b \in C_2$ mit $C_1 \neq C_2$ gilt, so ersetzen wir C_1 und C_2 durch $C_1 \cup C_2$ in der Partition und fügen e zu $\mathcal{T}$ hinzu,
- Falls hingegen a und b in ein und demselben Element der Partition liegen, so ignorieren wir diese Kante.

Es ist klar, dass nach jedem erfolgreichen Auswahlschritt, also nach jedem Schritt, in dem die minimale Kante zwei unterschiedliche Elemente in der Partition miteinander verbindet, die Partition um genau ein Element kleiner wird. Die Abbruchbedingung sagt, dass die Partition genau ein Element erhalten soll. Also ist offensichtlich, dass der Algorithmus terminiert. Die Menge $\mathcal{T}$ enthält dann die Kanten des minimalen Gerüstes.

Sehen wir uns das für unser Beispiel an: Es wird jeweils die minimale Kante notiert. Knotenmengen sind durch Auflistung der Knoten angegeben, die Partition als Liste solcher Mengen, die durch • voneinander getrennt sind:

Kante	Partition 𝒞	Baum 𝒥
AG	*A · B · C · D · E · F · G*	*AG*
ED	*AG · B · C · D · E · F*	*AG, ED*
FG	*AG · B · C · DE · F*	*AG, ED, FG*
EG	*AFG · B · C · DE*	*AG, ED, FG, EG*
EF	*ADEFG · B · C*	*AG, ED, FG, EG*
DG	*ADEFG · B · C*	*AG, ED, FG, EG*
CD	*ADEFG · B · C*	*AG, ED, FG, EG, CD*
AF	*ACDEFG · B*	*AG, ED, FG, EG, CD*
AB	*ACDEFG · B*	*AG, ED, FG, EG, CD, AB*
(fertig)	*ABCDEF*	*AG, ED, FG, EG, CD, AB*

Sie sehen, dass in den ersten vier Schritten Kanten ausgewählt wurden, die zwei unterschiedliche Elemente der Partition miteinander verbinden. Im nächsten Schritt ist die Kante, die die Knoten *E* und *F* miteinander verbindet, die minimale Kante. Die Knoten liegen jedoch nicht in zwei unterschiedlichen Elementen der Partition, die Kante wird also ignoriert, ebenso die Kante, die die Städte *D* und *G* verbindet. Die nächste Kante ist dann erfolgreich, während die Kante, die *A* und *F* miteinander verbindet, eine Kante innerhalb eines Partitions-Elements ist. Nach zwei weiteren Schritten ist die Partition auf ein Element zusammengeschrumpft, sodass der Algorithmus terminiert, und wir, wie vorhergesagt, die Baumkanten

$$\{A, G\}, \{E, D\}, \{F, G\}, \{E, G\}, \{C, D\}, \{A, B\}$$

erhalten.

9.2.2 Zur Implementierung

Zur Implementierung von Kostengraphen realisieren wir zunächst Graphen, um daraus durch Spezialisierung, d. h., durch Vererbung, die Klasse Kostengraph zu gewinnen. Die Klasse Graph ist in voller Schönheit unten dargestellt. Wir verzichten auf eine Kommentierung im Text, weil wir sie im Code niedergelegt haben.

```
"""
Gespeichert in der Datei KlasseGraph.py
"""
class Graph:
    """
    Implementiert die Klasse Graph. Ein ungerichteter Graph
    ist gegeben durch ein Lexikon derGraph, das wiederum durch
    die Knoten indiziert wird. Für jeden Knoten wird seine
    Adjazenzliste als Menge angegeben.

    Operationen:
    * Initialisierung zum leeren Graphen mit leerer Knotenmenge
```

```
* Einfügen von Kanten
* Entfernen von Kanten
* Extraktion der Menge aller Knoten aus dem Lexikon
"""

def __init__(self):
    self.derGraph = {}
    self.alleKnoten = set()

def einfKante(self, v):
    """
    Das Argument sollte zwei Komponenten haben;
    q = v[0] ist die Quelle, z = v[1] ist das Ziel.
    Der Graph ist ungerichtet, also muss auch die Kante
    von z nach q eingefügt werden.
    """
    def eineEinfuegung(q, z):
        # lokale Funktion
        if q in self.derGraph.keys():
            self.derGraph[q].add(z)
        else:
            self.derGraph[q] = set([z])

    a, b = v
    eineEinfuegung(a, b)
    eineEinfuegung(b, a)
    self.alleKnoten.update(v)


def delKante(self, v):
    """
    z = v[1] wird aus der Adjazenzliste von q = v[0] entfernt.
    Ist die dann leer, so wird q auch aus dem Definitionsbereich
    des Lexikons entfernt. Ist q nicht im Definitionsbereich,
    so geschieht nichts.
    """
    q, z = v
    if q in self.derGraph.keys():
        if z in self.derGraph[q]: self.derGraph[q].remove(z)
        if self.derGraph[q] == set():
            del self.derGraph[q]
```

Zur Implementierung repräsentieren wir den Kostengraphen als Liste von Tripeln [a, b, c]; die ungerichtete Kante von a nach b hat also die Kosten c. Es wird angenommen, dass diese Liste in einer binären Datei abgelegt ist, die beim Instanziieren des Kostengraphen gelesen wird (daher wird eine Zeichenkette zur Instanziierung benötigt). Es wird dann auch gleich der zugehörige ungerichtete Graph erzeugt.

Die Kosten werden als Abbildung in einem Lexikon abgelegt (so das also dem Tripel [a, b, c] die Zuordnung $\{a, b\} \mapsto c$ entspricht). Hierzu ist anzumerken, dass die Menge $\{a, b\}$ eingefroren werden muss. Das liegt daran, dass, wie wir wissen, Elemente von Mengen geändert werden können, ohne dass die Menge etwas davon merkt; daher kann sich der für die Abspeicherung in einem Lexikon notwendige Hash-Code ändern. Eingefrorene Mengen können verhasht werden.

Die Klasse Kostengraph erbt von der Klasse Graph; der Code ist unten zu finden. Auch hier verzichten wir auf eine ausführliche Kommentierung im Text und vertrauen darauf, dass der Code mit seinen Kommentaren klar genug ist.

```python
class Kostengraph(Graph):

    def __init__(self):
        super().__init__()
        self.derKostengraph = {}

    def einfTripel(self, t):
        """
        Die Funktion konstruiert {a, b} \mapsto c. Gleichzeitig
        wird die zugehörige Kante im zugrundeliegenden
        ungerichteten Graphen konstruiert.
        """
        a, b, c = t
        self.einfKante([a, b])
        self.derKostengraph[frozenset([a, b])] = c

    def konstrKostenGr(self, list_li):
        for li in list_li: self.einfTripel(li)

    def holeListe(self, inp_fi):
        """
        In der Datei inp_fi liegt eine Liste von Tripeln, die mit
        pickle dorthin geschrieben wurde. Sie wird eingelesen,
        daraus wird der Kostengraph mit dem zugehörigen
        ungerichteten Graphen konstruiert.
        """
        import pickle
        gi = open(inp_fi, 'rb')
        self.konstrKostenGr(pickle.load(gi))
        gi.close()
```

Das Skript
Die Implementierung des Algorithmus von Kruskal ist damit ziemlich direkt zu bewerkstelligen. Anzumerken ist, dass wir die jeweils kostengünstigen Elemente durch die entsprechenden Operationen einer Prioritätswarteschlange herausfinden, vgl. Abschnitt 7.2. Sie wird mit einer Vergleichsfunktion realisiert, aus einem Tripel die Kosten extrahiert. Sie müssen für einen Vergleich herangezogen werden. Die Realisierung ist an dieser Stelle nicht relevant, wir nehmen an, dass die Datei PQf.py den Code des Moduls enthält, mit pq = PQf.PriorityQf(lambda x: x[1]) instanziieren wir die Prioritätswarteschlange, die Operationen sind wie in Abschnitt 7.2 vorhanden. Der Spannbaum wird als Liste von Kanten und Kosten berechnet. Das ist der Code, in dem wir die binäre Datei und die Instanziierung der Prioritätswarteschlange aus der Methode Kruskal() herausgezogen haben, um den Kern des Algorithmus klarer herauszustellen.

```
import PQf
import KlasseGraph

kg = KlasseGraph.Kostengraph("bspGr")
pq = PQf.PriorityQf(lambda x: x[1])


def Kruskal():

    # Initialisiere die Partition und die Prioritätswarteschlange
    partition = [set(v) for v in kg.alleKnoten]
    dieKanten = [[set(v), kg.derKostengraph[v]]\
                for v in kg.derKostengraph.keys()]

    pq.konstruierePQ(dieKanten)

    spannBaum = []
    while len(partition) > 1:
        a1 = pq.gibMinimum     # das ist die kostengünstigte Kante
        x, y = a1[0]           # x, y sind die beteiligten Knoten
        a = dasElement(partition, x)
        b = dasElement(partition, y)
        # wir verschaffen uns die Elemente der Partition,
        # in der sie leben
        if a != b:
            # sind sie verschieden, ersetzen wir diese beiden
            # Elemente in der Partition durch ihre Vereinigung
            spannBaum.append(a1)
            partition = manPart(partition, a, b)
    return spannBaum
```

Die Methode dasElement(potz, blitz) sucht aus der Partition potz dasjenige Element heraus, das das Element blitz enthält:

```
def dasElement(potz, blitz):
    for j in potz:
        if blitz in j: return j
```

Der Aufruf der Methode manPart(part, a, b) manipuliert die Partition part, indem die Elemente a und b durch ihre Vereinigung ersetzt werden; sie wird als die neue Partition zurückgegeben.

```
def manPart(part, a, b):
    part.remove(a)
    part.remove(b)
    part.append(a|b)
    return part
```

Der Aufruf Kruskal() ergibt

```
[[{'a', 'g'}, 1], [{'d', 'e'}, 3], [{'f', 'g'}, 4], [{'e', 'g'}, 9],
 [{'c', 'd'}, 17], [{'a', 'b'}, 23]]
```

Die Methode Kruskal umfasst sechsundzwanzig Zeilen, der eigentliche Algorithmus etwa zehn. Das ist vergleichbar mit der Implementierung in Haskell in [8], hier wird der Algorithmus auch in etwa zehn Zeilen formuliert, hinzu kommen gut dreißig Zeilen für vorbereitende und helfende Funktionen. Die Implementierung in Java [7] umfasst etwa einhundert Zeilen, die vorbereitenden Arbeiten zur Realisierung der Prioritätswarteschlange nicht mitgerechnet.

Programme werden häufiger von Menschen als von Maschinen gelesen, deshalb ist ein – subjektiver – Vergleich der Lesbarkeit nicht uninteressant. Als Autor aller drei Programme erscheint mir die vorliegende Python-Implementierung die lesbarste, weil ihre Nähe zur Spezifikation ziemlich deutlich wird, aber nicht durch sprachliche Idiosynkrasien überdeckt wird. Das ist bei der Haskell-Implementierung schon eher der Fall, die aber, wenn man in der Ausdrucksweise der funktionalen Programmierung geübt ist, durch ihre Transparenz besticht. Die Java-Implementierung erfordert vom Leser beträchtliche Mühe, den Algorithmus selbst zu erkennen, der in notwendigen, aber dem Verständnis hinderlichen Manipulation von Variablen, Hilfsmethoden etc. verdeckt ist.

9.3 Cliquen in ungerichteten Graphen

Es sollen alle Cliquen in dem Graphen $\mathcal{G}$ berechnet werden. Hierbei folgen wir dem klassischen Ansatz von Bron-Kerbosch [10, 15]. Der ungerichtete Graph $\mathcal{G} = (V, E)$ wird im folgenden festgehalten. Eine *Clique* $A \subseteq V$ ist eine maximal vollständige Menge, es gilt also

Vollständigkeit Je zwei unterschiedliche Knoten in A sind durch eine Kante miteinander verbunden.

Maximalität Ist $A \subseteq B$ und B vollständig, so gilt $A = B$ (gleichwertig damit ist, dass es zu jedem $x \notin A$ einen Knoten $y \in A$ gibt, sodass die Knoten x und y nicht durch eine Kante miteinander verbunden sind).

Für den Graphen in Abbildung 9.4 besteht die Menge aller Cliquen aus

$$\{\{1, 2, 3\}, \{1, 9\}, \{4, 6, 8\}, \{5, 8, 9\}, \{6, 7, 8, 9\}\}.$$

Die Menge $\{6, 7, 8\}$ ist vollständig, aber keine Clique.

Wir setzen

$$W_{\mathcal{G}}(A) := \{x \in V \mid \{x, y\} \in E \text{ für alle } y \in A\}$$

für die Kantenmenge $A \subseteq V$. Es gilt also für den Beispielgraphen $W_{\mathcal{G}}(\{6, 7, 8\}) = \{9\}$. Ein Knoten x ist also genau dann in der Menge $W_{\mathcal{G}}(A)$, wenn x mit allen Knoten der Menge A verbunden ist. Es gilt

Lemma 9.3.1. *A ist genau dann eine Clique, wenn A vollständig ist und $W_{\mathcal{G}}(A) = \emptyset$.*

Beweis. 1. Ist A eine Clique, so ist A vollständig. Gibt es einen Knoten $x \in W_{\mathcal{G}}(A)$, so ist x mit allen Knoten in A verbunden, also ist $V \cup \{x\}$ auch vollständig, im Widerspruch zur Annahme, dass A eine Clique ist.

2. Sei nun A vollständig mit $W_{\mathcal{G}}(A) = \emptyset$. Ist A keine Clique, so gibt es eine vollständige Menge B, in der A als echte Teilmenge enthalten ist. Also gibt es ein $y \in V$ mit $y \notin A$, sodass y mit allen Elementen von A verbunden ist, also $y \in W_{\mathcal{G}}(A)$, was im Widerspruch zu $W_{\mathcal{G}}(A) = \emptyset$ steht. $\qquad\square$

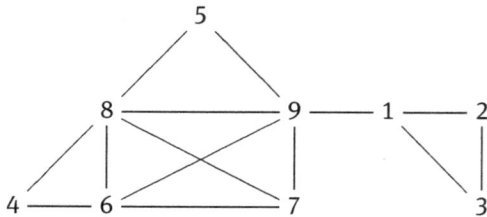

Abb. 9.4: Ungerichteter Graph

9.3.1 Implementierung mit roher Gewalt

Zur Implementierung importieren wir die Klasse `KlasseGraph` von oben und nehmen an, dass wir für eine Instanz `gr` aus einer Adjazenzliste die Menge der Knoten und Kanten konstruiert haben:

```
Knoten, Kanten = gr.alleKnoten, gr.derGraph
```

In der weiteren Diskussion werden wir jedoch meist mit Listen arbeiten, die Mengen entsprechen, die also kein Element mehrfach aufführen. Das ist bequemer und führt zu einer durchsichtigeren Darstellung, weil wir uns dann bei der Konstruktion von Mengen von Mengen nicht mit der Frage belasten müssen, ob wir gewisse Mengen einfrieren sollten. Die Ausdrucksweise unterscheidet im folgenden nicht immer streng zwischen Mengen und Listen (die Leserin weiss jedoch stets, worum es sich handelt).

Die wichtige Menge $W_{\mathcal{G}}(A)$ aller Knoten, die mit allen Knoten der Menge A verbunden sind, kann – als Liste – rekursiv berechnet werden. Hierzu dient die Funktion `alleFreunde`. Für die leere Menge berechnen wir alle Knoten des Graphen, für die Menge $A \cup \{x\}$ berechnen wir zunächst die Menge aller Freunde für A und schneiden dann mit der Adjazenzliste von x. Das geht so:

```
def alleFreunde(a, lex):
    if a == []:
        return list(Knoten)
    else:
        return([j for j in alleFreunde(a[1:], lex)\
                if j in lex[a[0]]])
```

Ähnlich berechnen wir, ob eine Menge vollständig ist. Wir wissen, dass die leere Menge vollständig ist, und die Menge $A \cup \{x\}$ ist vollständig, falls A vollständig ist, und falls jedes Element in A mit x verbunden ist.

```
def vollst(a, lex):
    if a == []: return True
    else: return vollst(a[1:], lex)\
               and lex[a[0]].issuperset(a[1:])
```

Damit können wir nun durch alle Teilmengen der Knoten gehen und alle Cliquen herausfiltern. Jede Teilmenge ist als Liste in der Liste `Pow` gespeichert, sodass wir erhalten

```
dieVollst = [j for j in Pow if vollst(j, Kanten)]
dieCliquen = [j for j in dieVollst if alleFreunde(j, Kanten) == []]
```

Aus Gründen der Lesbarkeit haben wir die Liste `dieVollst`, die alle vollständigen Teilmengen enthält, separat berechnet.

Für unser Beispiel erhalten wir für die Cliquen:

```
[[9, 8, 7, 6], [9, 8, 5], [8, 6, 4], [9, 1], [3, 2, 1]]
```

Jetzt müssen wir nur noch die Liste Pow aller Teilmengen berechnen. Das geschieht rekursiv und beruht auf der Beobachtung, dass

$$\mathcal{P}(A \cup \{x\}) = \mathcal{P}(A) \cup \{B \cup \{x\} \mid B \in \mathcal{P}(A)\}$$

gilt, falls $x \notin A$. Das ist klar: Für $C \subseteq A \cup \{x\}$ gilt $C \subseteq A$, falls $x \notin C$, und $C = C' \cup \{x\}$ mit $C' \subseteq A$, falls $x \in C$. Na gut. Das ist die Übersetzung:

```
def alleTeil(a):
    if a == []:
        return [[]]
    else:
        return alleTeil(a[1:]) +\
            [j+[a[0]] for j in alleTeil(a[1:])]
```

Ruft man alleTeil(list(Knoten)) auf, so erhält man die oben benutzte Liste Pow.

9.3.2 Der Algorithmus von Bron-Kerbosch

Die vorgeschlagene Lösung zur Berechnung aller Cliquen ist ziemlich ineffektiv. Das liegt daran, dass *alle* Teilmengen erzeugt und untersucht werden. Das aber ist unnötig: Ist A eine Clique und B eine echte Obermenge von A, so kann B wegen der Maximalitätseigenschaft keine Clique sein, wird aber trotzdem daraufhin untersucht.

Wir wollen die Berechnung aller Cliquen von diesen Ungereimtheiten befreien und einen anderen Algorithmus angeben. Vorher modifizieren wir die Berechnung aller Teilmengen einer Menge. Dabei gehen wir von dieser Überlegung aus: Wenn wir alle Teilmengen $\mathcal{P}(A)$ einer Menge $A \subseteq X$ erzeugt haben, so können wir, um alle Teilmengen von X zu erhalten, zu $\mathcal{P}(A)$ alle Teilmengen $\mathcal{P}(X \setminus A)$ berechnen und erhalten

$$\mathcal{P}(X) = \mathcal{P}(A) \cup \{C \cup B \mid C \in \mathcal{P}(A), B \in \mathcal{P}(X \setminus A)\}.$$

Das lässt sich in eine Funktion teilM übersetzen, deren erster Parameter eine Menge ms ist, der zweite Parameter ist eine Liste y, die mit ms kein Element gemeinsam hat (Abbildung 9.5).

Als Arbeitspferd dient offensichtlich die lokale Funktion teilmenge, die lokale Variable alle dient als Akkumulator für das Ergebnisse, der schließlich zurückgegeben wird. Zur Erläuterung der Arbeitsweise von teilmenge überlegen wir uns folgendes: Sei M eine Menge, die dem ersten Parameter ms entspricht, und $Y = [y_1, \ldots, y_k]$ eine Liste y mit $M \cap \{y_1, \ldots, y_k\} = \emptyset$, dann gibt ein Aufruf von teilmenge(M, []) die Liste

```
def teilM(ms, y):
    def teilmenge(a, b):
        alle.append(a)
        while b != []:
            x, b = b[0], b[1:]
            teilmenge(a+[x], b)

    alle = []
    teilmenge(ms, y)
    return alle
```

Abb. 9.5: Erzeugung von Teilmengen

[M] zurück. Ist hingegen Y nicht leer, so erfolgt für $1 \le j \le k$ ein Aufruf für die Kombination $M + [y_j], [y_{j+1}, \ldots y_k]$. Die Ergebnisse werden in einer Hilfsstruktur gesammelt und in die Liste *alle* + [M] eingefügt. Damit können wir die Korrektheit der Funktion teilM beweisen, genauer:

Lemma 9.3.2. *Der Aufruf der Funktion* teilM([], X) *erzeugt jede Teilmenge der Menge* X *genau einmal.*

Beweis. 0. Es reicht aus, folgendes zu zeigen: Der Aufruf von teilmenge(A, B) mit $A \cap B = \emptyset$ erzeugt jede Menge Z mit $A \subseteq Z \subseteq A \cup B$ genau einmal. Spezialisiert man diese Aussage dann zu $A = \emptyset$ und $B = X$, so folgt die Aussage des Lemmas.

1. Die Behauptung wird durch Induktion nach der Anzahl n der Elemente in B bewiesen. Für $n = 0$ ist B leer, sodass die while-Schleife nicht ausgeführt wird und die Liste alle lediglich A enthält. Im Induktionsschritt $n \to n + 1$ nehmen wir an, dass B geschrieben werden kann als $B = [x] + B'$, wobei B' die Länge n hat. Die Iteration in der while-Schleife über B' liefert nach Induktionsvoraussetzung jede Menge Z' mit $A \subseteq Z' \subseteq A \cup B'$ genau einmal, die Aufrufe, die von x ausgehen, fügen alle Mengen Z hinzu mit $A \subseteq Z \subseteq A \subseteq A \cup B$ und $x \in Z$. Daraus folgt die Behauptung. □

Zur Erzeugung aller Cliquen für den ungerichteten Graphen $\mathcal{G}$ wird dieser Algorithmus modifiziert. Die Idee besteht darin, dass kein weiterer Aufruf mehr stattfinden sollte, wenn eine Clique gefunden wurde. Ein rekursiver Aufruf kommt zustande, indem ein neues Element zu der Menge M im ersten Parameter hinzugefügt wird. Bei der Erzeugung aller Teilmengen kann hierzu ein beliebiges Element aus dem zweiten Parameter B genommen werden. Hierbei dient B als Reservoir für Kandidaten. Bei der Erzeugung von Cliquen ist es geschickt, nur solche Elemente hinzuzufügen, die mit allen anderen Elementen von M verbunden sind, also einem Element von $W_{\mathcal{G}}(M)$. Wenn wir dafür sorgen, dass die Menge M vollständig ist, so haben wir durch $W_{\mathcal{G}}(M) = \emptyset$ auch gleich mit Lemma 9.3.1 ein Kriterium dafür, dass wir keinen weiteren rekursiven Aufruf benötigen. Diese Idee führt zu der folgenden Funktion:

```
def erzeuge(ms, y, lex):

    def Arbeitspferd (a, b, lex):
        if alleFreunde(a, lex) == []:
            alle.append(a)
        b = [j for j in b if j in alleFreunde(a, lex)]
        while b != []:
            x, b = b[0], b[1:]
            Arbeitspferd(a+[x], b, lex)
            b = [j for j in b if j in alleFreunde(a, lex)]

    alle = []
    Arbeitspferd(ms, y, lex)
    return alle
```

Wir haben jetzt einen dritten Parameter lex hinzugefügt, der das Lexikon der Kanten darstellen soll. Als Reservoir für Knoten, die zu a hinzugefügt werden können, stehen jetzt nur noch solche Knoten in b zur Verfügung, die mit allen Knoten in a verbunden sind (also alle Knoten in b, die auch in alleFreunde(a, lex) liegen); zudem fügen wir nur solche Mengen zur Ergebnismenge alle hinzu, die maximal sind. Damit können wir die Funktion BronKerbosch definieren:

```
BronKerbosch = lambda kn, ka: erzeuge([], kn, ka)
```

Für den Graphen in Abbildung 9.4 finden wir auch hier

```
BronKerbosch(Knoten, Kanten) == \
    [[1, 2, 3], [1, 9], [4, 6, 8], [5, 8, 9], [6, 7, 8, 9]]
```

Mit den obigen Vorüberlegungen können wir uns nun daran machen, die Korrektheit des Algorithmus zu beweisen.

Lemma 9.3.3. *Der Aufruf* BronKerbosch(Knoten, Kanten) *erzeugt jede Clique des Graphen* $\mathcal{G}$.

Beweis. 0. Wir zeigen zunächst durch vollständige Induktion nach der Anzahl der Knoten in der vollständigen Menge M, dass ein Aufruf der Funktion mit den Parametern M und $W_{\mathcal{G}}(M)$ alle Cliquen erzeugt, die M enthalten.

1. Der Induktionsbeginn liegt bei n, der Anzahl der Knoten des Graphen. In der Tat muss hier M mit der Menge aller Knoten des Graphen übereinstimmen, und es gilt $W_{\mathcal{G}}(M) = \emptyset$ (beachten Sie, dass die Konklusion leer ist, wenn M als die Menge der Knoten nicht vollständig ist). Gelte die Voraussetzung nun für alle vollständigen Mengen der Größe $k + 1$, so gilt sie auch für vollständige Mengen der Größe k. Wir können annehmen, dass $W_{\mathcal{G}}(M) \neq \emptyset$, da M sonst bereits eine Clique ist (Lemma 9.3.1). Für $i \in W_{\mathcal{G}}(M)$ ist die Menge $M \cup \{i\}$ vollständig, und es gilt $W_{\mathcal{G}}(M \cup \{i\}) = W_{\mathcal{G}}(M) \cap$

$adj_{\mathcal{G}}(i)$. Also greift die Induktionsvoraussetzung, jeder Aufruf mit den Parametern $M \cup \{i\}$ und $W_{\mathcal{G}}(M \cup \{i\})$ erzeugt alle Cliquen, die $M \cup \{i\}$ enthalten, wenn $i \in W_{\mathcal{G}}(M)$. Ist Q eine Clique, die M enthält, so gilt $Q \setminus M \subseteq W_{\mathcal{G}}(M)$, also erzeugt der Aufruf für M alle Cliquen, die M enthalten.

2. Aber daraus folgt die Behauptung, dass $W_{\mathcal{G}}(\emptyset) = V$ gilt, wenn V die Menge Knoten der Knoten des Graphen ist. □

Das Problem, eine Clique maximaler Größe in einem Graphen zu finden, ist *NP*-vollständig [6, Theorem 36.11], sodass keiner der hier vorgestellten Algorithmen effizient ist, wenn wir $P \neq NP$ voraussetzen. Gleichwohl ist der zweite vorzuziehen, auch wenn er auf den ersten Blick weniger durchsichtig ist, denn er vermeidet überflüssige Arbeit.

Fingerübung: Kontexte
Als Fingerübung führen wir die Berechnung der Cliquen in einem Kontext durch, vgl. Abschnitt 8.3. Dazu definieren wir eine Klasse `BronKerboschKontext`, die aus der Klasse `Graph` abgeleitet ist. Wir instanziieren die Klasse, indem wir ihr den Dateinamen `datei` mitgeben, in der binären Datei ist eine Liste mit Adjazenzen für den Graphen abgespeichert. Die `__init__`-Methode liest diese Liste (mit `pickle`, das zu diesem Zweck importiert wird) und konstruiert das Lexikon für die Adjazenzliste zugleich mit der Menge aller Knoten. Das geschieht in der Tat durch die entsprechenden Methoden der Oberklasse `Graph`. Die für den Kontext erforderliche Methode `__enter__` gibt lediglich das Paar bestehend aus der Menge aller Knoten und dem Lexikon zurück. Die ebenfalls für den Kontext erforderliche Methode `__exit__` schreibt lediglich einen Text aus.

```
# import KlasseGraph:
# oben schon erfolgt
#
class BronKerboschKontext(KlasseGraph.Graph):
    def __init__(self, datei):
        super().__init__()
        import pickle
        dat = open(datei, 'rb')
        adj = pickle.load(dat)
        dat.close()
        for a in adj:
            self.einfKante(a)

    def __enter__(self):
        return (self.alleKnoten, self.derGraph)

    def __exit__(self, exctype, value, tb):
        print("Das war's; ci vediamo!")
        return False
```

Die Liste der Adjazenzen ist in der Datei `Adjazenz` gespeichert, sodass wir den Kontext so benutzen:

```
with BronKerboschKontext('Adjazenz') as (Knoten, Kanten):
    print(BronKerbosch(Knoten, Kanten))
```

Als Ausgabe erhalten wir

```
[[1, 2, 3], [1, 9], [4, 6, 8], [5, 8, 9], [6, 7, 8, 9]]
Das war's; ci vediamo!
```

Aus dem Beispiel wird deutlich, dass Kontexte eine ziemlich weite Verwendung finden können, die über das Öffnen und Schließen von Dateien hinausgeht.

9.4 Noch'n Klassiker: Die Huffman-Verschlüsselung

Die Problemstellung ist bekannt: Wir wollen einen Text, also eine Folge von Zeichen, so codieren, dass die Codierung für jeden Buchstaben eine endliche Sequenz von 0 und 1 ist, weiterhin soll der Code präfixfrei sein, und schließlich soll die Verschlüsselung für solche Buchstaben, die häufig vorkommen, kürzer sein als die für weniger häufig vorkommende. Die *Präfixfreiheit* bedeutet, dass die Verschlüsselung eines Buchstaben kein Präfix eines anderen Buchstaben ist. Wäre dies nicht der Fall, so würde die eindeutige Entschlüsselung der Codierung nicht gewährleistet sein.

Wir gehen von einem Text aus, doch wollen wir den Begriff *Text* nicht allzu wörtlich nehmen: Es können beliebige Sequenzen von unterscheidbaren Zeichen sein, also auch ein Eingabe-Strom multimedialer oder ähnlicher Objekte. In der Tat ist die Huffman-Codierung die Grundlage für einige der erfolgreichen Codierungsverfahren im multimedialen Bereich. Wir lassen uns davon jedoch nicht beeindrucken und sprechen im folgenden von *Text* und von *Buchstaben*, wenn wir die einzelnen Einheiten unserer Eingabe meinen. Die Anforderung, dass häufige Buchstaben eine kürzere Verschlüsselung als weniger häufige haben sollen, impliziert, dass wir die Häufigkeit der einzelnen Buchstaben kennen müssen, also müssen wir ihr Vorkommen zählen und festhalten. Die Anforderung, dass wir eine präfixfreie Codierung von Nullen und Einsen berechnen, lässt sich mit Hilfe eines binären Baums realisieren: Betrachten Sie den Baum in der folgenden Abbildung.

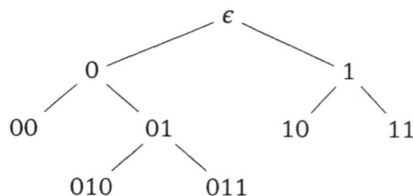

Wir sehen, dass der Weg von der Wurzel zu einem Blatt binär codiert werden kann: Zweigen wir nach links ab, so notieren wir 0, zweigen wir nach rechts ab, so codieren wir 1. Sie finden in den Blättern die Codierung des Pfades, den wir genommen haben, um zu diesem Blatt zu kommen. Ganz offensichtlich ist der entstehende Code, wenn wir die einzelnen Blätter auslesen, präfixfrei. Das liegt daran, dass wir, wenn wir von der Wurzel zu einem Blatt laufen, ja schließlich nicht an einem anderen Blatt vorbeikommen können.

9.4.1 Idee für den Algorithmus

Damit steht die Idee fest: Wir konstruieren einen binären Baum zur Codierung, speichern die einzelnen Buchstaben in den Blättern und verwenden die gerade beschriebene Pfad-Codierung als Codierung für die einzelnen Blätter. Dabei sollten wir dafür sorgen, dass diejenigen Buchstaben, die häufiger vorkommen, näher an der Wurzel sind als die weniger häufig auftauchenden. Das spricht dafür, dass unser Baum nicht ausgeglichen sein wird, sodass also Pfade zu häufig vorkommenden Buchstaben kurz, Pfade zu weniger häufig vorkommenden Buchstaben länger sein werden. Daraus ergibt sich natürlich ebenfalls eine Idee zur Decodierung: Der Baum sei gegeben, ebenso ein Wort über dem Alphabet {0, 1}. Wir starten an der Wurzel, wir verbrauchen die vorliegenden Bits, indem wir im Baum navigieren: Eine 0 deutet an, dass wir nach links, eine 1, dass wir nach rechts gehen. Wenn wir auf diese Weise zu einem Blatt kommen, so haben wir diesen Teil entschlüsselt, wir merken uns diesen Buchstaben, gehen zur Wurzel zurück und verarbeiten den nächsten Teil des Eingabestroms. Das Verfahren endet, wenn wir entweder in einer Sackgasse stecken bleiben (dann lag keine korrekte Codierung vor) oder wenn wir die gesamte binäre Kette von Zeichen konsumiert haben, dann ergibt sich aus den erkannten Buchstaben der entschlüsselte Text.

Es ist aber noch nicht klar, wie wir den Baum konstruieren. Nehmen wir an, dass wir den Text durchgegangen sind und die Häufigkeit der einzelnen Buchstaben festgestellt haben, illustriert an diesem Beispiel. Die Anfangssituation sei wie folgt:

$$f : 5 \quad e : 9 \quad c : 12 \quad b : 13 \quad d : 16 \quad a : 45$$

Wir haben einen – na ja, etwas merkwürdigen – Text, der nur aus den Buchstaben zwischen a und f besteht und deren Häufigkeiten ebenfalls notiert wird. Offensichtlich ist der Buchstabe a der häufigste Buchstabe, der Buchstabe f der am seltensten verwendete. Diese Buchstaben werden nun als gewichtete Bäume aufgefasst; die Bäume sind am Anfang noch recht klein, bestehen eigentlich nur aus einem einzigen Knoten, dem ein Gewicht beigegeben ist. Diese Bäume werden nun Schritt für Schritt zu größeren Bäumen kombiniert, wobei die Gewichte der einzelnen Bäume addiert werden, und die Bäume ihrem Gewicht entsprechend in den Wald eingeordnet werden. Das geht so vor sich:

– Wir nehmen die beiden Bäume $T1$ und $T2$ mit dem geringsten Gewicht, wobei das Gewicht von $T1$ nicht größer als das Gewicht von $T2$ sein soll.
– Wir kombinieren diese beiden Bäume in einem neuen Baum T^*:
  – der Baum T^* erhält eine neue Wurzel, der linke Unterbaum ist $T1$, der rechte Unterbaum ist $T2$, das Gewicht von T^* ist die Summe der Gewichte $T1$ und $T2$
  – Die Bäume $T1$ und $T2$ werden aus dem Wald entfernt, der neue Baum T^* wird in diesen Baum seinem Gewicht gemäß eingefügt.

Sehen wir uns das an einem Beispiel an: Am Anfang ist der Baum $T1$ der Baum, der aus den Buchstaben f mit dem Gewicht 5 besteht, der Baum $T2$ ist der Buchstabe e mit dem Gewicht 9. Diese beiden Bäume werden zu einem neuen Baum kombiniert, indem eine neue Wurzel erzeugt wird. Linker und rechter Unterbaum werden wie beschrieben definiert, das Gewicht ist die Summe der Einzelgewichte. Nach diesem Schritt sieht unser Wald so aus:

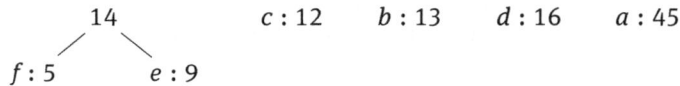

```
        14           c : 12    b : 13    d : 16    a : 45
       /  \
    f : 5   e : 9
```

Im nächsten Schritt kombinieren wir die einzelnen Bäume, die aus den Buchstaben c und b bestehen, der neue Baum hat das Gewicht 25, er wird entsprechend seinem Gewicht in den Wald eingefügt. Im dritten Schritt haben wir jetzt einen Baum mit dem Gewicht 14 und einen Baum mit dem Gewicht 16, wir erzeugen einen neuen Baum mit dem Gewicht 30, der Baum mit dem Gewicht 14 ist der linke, der Baum mit dem Gewicht 16 ist der rechte Unterbaum:

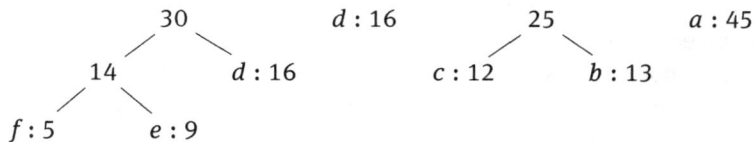

```
        30          d : 16         25          a : 45
       /  \                       /  \
     14    d : 16          c : 12   b : 13
    /  \
 f : 5   e : 9
```

Dann kombinieren wir diese beiden Bäume mit dem Gewicht 25 (links) und 30 (rechts) zu einem neuen Baum mit dem Gewicht 55, sodass der Wald wie folgt aussieht:

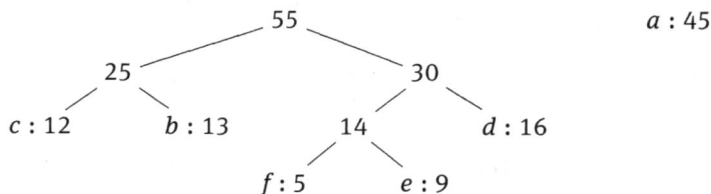

```
              55                    a : 45
       25            30
      /  \          /  \
 c : 12  b : 13   14    d : 16
                 /  \
              f : 5   e : 9
```

Im letzten Schritt der Baumkonstruktion kombinieren wir die beiden verbleibenden Bäume, und erhalten diesen Baum:

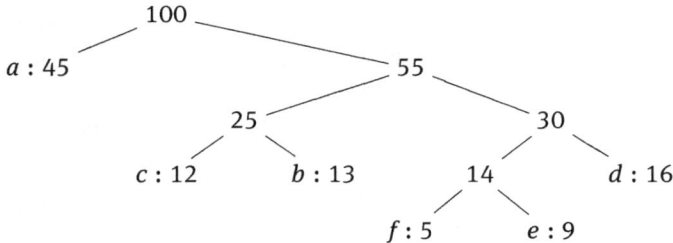

```
            100
      ╱            ╲
  a : 45            55
               ╱        ╲
            25            30
          ╱    ╲        ╱    ╲
      c : 12  b : 13  14     d : 16
                    ╱    ╲
                  f : 5   e : 9
```

Aus ihm können wir die Codierung der einzelnen Buchstaben ablesen.

a	b	c	d	e	f
0	101	100	111	1101	1100

Diesen Baum können wir dann nach dem beschriebenen Verfahren auslesen, indem wir die Pfade von der Wurzel zu den einzelnen Buchstaben berechnen. Es wird aus der Abbildung deutlich, dass der Buchstabe a, der die höchste Häufigkeit hat, die Codierung 0 bekommt, der Buchstabe f, der am wenigsten häufig vorkommt, die Codierung 1100 erhält und schließlich, dass der entsprechende Code präfixfrei ist.

Zur Implementierung dieses Algorithmus sollten wir über die folgenden Punkte nachdenken:

Häufigkeit: Iteration über den Text iterieren und Berechnung der Häufigkeit für jeden Buchstaben.

Baumdarstellung: Repräsentation des entstehenden Baums und der in den Zwischenschritten entstehenden Bäume als Datenstruktur.

Wald: Manipulation des entstehenden Waldes, also der Kollektion der Bäume; hierbei ist zu beachten, dass die Bäume mit einem Gewicht versehen sind, und dass das Gewicht ein Auswahlkriterium ist. Also sollte die Repräsentation des Waldes diese Gewichtsfunktion ebenfalls berücksichtigen.

Codierung: Bestimmung der Codierung.

9.4.2 Datenstrukturen

Wir sollten uns also zunächst den Text hernehmen und für jedes Zeichen im Text herausfinden, wie oft es vorkommt. Die zugehörige Datenstruktur ist einfach zu bestimmen, mathematisch ist es eine Abbildung, die jedem Buchstaben seine Häufigkeit zuordnet, die wir also als Lexikon implementieren. Damit ist die Vorgehensweise im wesentlichen kanonisch. Wir definieren eine Hilfsfunktion, die als Argument eine Zeichenkette nimmt, über diese Zeichenkette iteriert und für jedes Vorkommen eines Buchstaben in der Zeichenkette den entsprechenden Wert im Lexikon setzt.

Mit dieser Hilfsfunktion bewaffnet öffnen wir die Eingabedatei, speichern den Inhalt in einer Zeichenkette ab und konstruieren für diese Zeichenkette das Lexikon. Da es uns aber nicht nur auf die Feststellung der Häufigkeiten der einzelnen Buchstaben ankommt, sondern auch darauf, dieser Häufigkeiten in aufsteigender Reihenfolge zu bringen, sortieren wir das Lexikon aufsteigend nach den Häufigkeiten. Hier kommt uns die Bibliotheksfunktion zum Sortieren entgegen, wobei wir als Funktion für die Vergleiche zum Sortieren die Projektionen auf die ganzzahligen Komponenten heranziehen. Wir hätten hierbei auch eine der Sortierfunktionen nehmen können, die wir durch die Prioritätswarteschlange gewonnen haben. Hat man jedoch die Wahl wie hier, eine selbst definierte oder eine vom System bereitgestellte zu verwenden, so sollte die Wahl auf die vordefinierte fallen. Das ist so, weil diese Funktionen in aller Regel viel effizienter implementiert sind als die selbst definierten.

```
dictBuchst = {}
def schauZeile(eineZeile):
    for j in eineZeile:
        if j in dictBuchst.keys(): dictBuchst[j] +=1
        else: dictBuchst[j] = 1

f = open("MeinText.txt")
derGanzeText = f.readlines()
for derText in derGanzeText: schauZeile(derText)
f.close()

sortedBuchst = sorted(dictBuchst.items(), key= lambda s: s[1])
```

Wir sollten uns jetzt wohl überlegen, wie wir die Bäume darstellen. Die übliche Darstellung besteht darin, die Wurzel mit den beiden Unterbäumen zu repräsentieren. In unserem Fall kommt noch dazu, dass wir das Gewicht des Baums zu verwalten haben. Wenn man näher hinsieht, so stellt man fest, dass wir zwei Arten von Knoten darstellen sollten: zum einen die Blätter, in denen die einzelnen Buchstaben sitzen, die jedoch leere linke und rechte Unterbäume haben. Weiterhin haben wir innere Knoten, die möglicherweise einen linken oder einen rechten Unterbaum haben, aber keine textuelle Information tragen. Es erscheint sinnvoll zu sein, für beide Arten von Knoten eine einheitliche Darstellung zu wählen, die die folgenden Daten enthält:
- die Wurzel,
- das Gewicht,
- der Inhalt,
- linker Unter- und rechter Unterbaum.

Die Wurzeln der Bäume werden jeweils erzeugt, sie sind ja nicht Teil der Eingabe, können also nicht vom Benutzer kommen. Um Eindeutigkeit zu gewährleisten, definieren wir einen Generator countup, der Zeichenketten der Art at-1, at-2, ... erzeugt, bei jedem Aufruf eine neue, bisher unbenutzte. Die Variable c wird als Instanz des Generators definiert.

```
def countup():
    n = 0
    while 1 > 0:
        yield "at-"+ str(n)
        n += 1
    return


c = countup()
```

Wir definieren ein zusätzliches Lexikon baum, um die Baumstruktur selbst zu speichern. Hierzu bilden wir jeden Knoten im Baum auf die Wurzeln der beiden Unterbäume ab, es erscheint hilfreich, auch die in dem Knoten vorhandene Information und das Gewicht des Knotens in diesem Lexikon abzuspeichern (diese Information ist zwar redundant und kann an anderer Stelle ebenfalls erhalten werden, es erscheint aber praktisch, so vorzugehen). Das Lexikon wird als leer initialisiert:

```
baum = {}
```

Konstruktion des Waldes
Jetzt können wir den Wald initialisieren: wir definieren für jeden Buchstaben seinen eigenen Baum, für die Wurzel erzeugen wir eine Zeichenkette, das Gewicht ist das ermittelte Gewicht aus der Zählung des Texts, und die Linken sowie rechten Unterbäume sind leer; der Inhalt des Knotens ist der Buchstabe selbst. Die lokale Funktion kleinerBaum erzeugt das einzelne Bäumchen und trägt diese Informationen in das Dictionary baum ein; die Funktion initBaum sammelt alle diese Bäume ein und stellt den initialen Wald auf. Sie sehen, wie durch einen Aufruf der __next__-Funktion des Generators jeweils ein neuer Knoten erzeugt wird.

```
def initBaum(so):

    def kleinerBaum(pp):
        a, n = pp
        w = c.__next__()
        baum[w] = [n, a, None, None]
        return [w, n, a, None, None]

    return [kleinerBaum(j) for j in so]
```

Die Funktion zur Verschmelzung von Bäumen arbeitet genau so, wie man es erwarten würde: Es wird eine neue Wurzel erzeugt, die Gewichte der einzelnen Teilbäume werden addiert, die Summe wird als Gewicht in der neuen Baum eingetragen, vgl.

```
def macheBaum(b1, b2):
    w1, n1 = b1[0], b1[1]
    w2, n2 = b2[0], b2[1]
    if n1 > n2:
        return macheBaum(b2, b1)
    else:
        w = c.__next__()
        baum[w] = [n1+n2, None, w1, w2]
        return [w, n1+n2, None, w1, w2]
```

Abb. 9.6: Zur Konstruktion des Baums

Abbildung 9.6. Dann wird vermerkt, welches der linke und welches der rechte Unterbaum ist. Der Inhalt des jeweiligen Knotens wird auf None gesetzt, weil hier ja keine Inhalte zu verzeichnen sind. Dieser Knoten wird zurückgegeben, nachdem die Information auch im Lexikon baum eingetragen wurde.

Wir manipulieren den Wald als Prioritätswarteschlange, wobei die Prioritäten durch die einzelnen Gewichte gegeben sind, wie in der Einleitung beschrieben. Hierzu verschaffen wir uns eine Prioritätswarteschlange aus dem Modul PQf.py, indem wir uns eine Instanz der entsprechenden Klasse besorgen. Die zum Sortieren herangezogene Funktion sollte definiert werden. Da wir nach Prioritäten ordnen, definieren wir eine Funktion, mit der diese Prioritäten extrahiert werden. Nach der Instanziierung der Prioritätswarteschlange wird sie mit dem bisher vorhandenen Wald initialisiert, hierzu ziehen wir die Menge der kleinen Bäumchen heran.

```
import PQf
pq = PQf.PriorityQf(lambda w: w[1])
pq.konstruierePQ(initBaum(sortedBuchst))
```

Damit ist der Wald initialisiert. Solange wir mehr als einen Baum haben, ersetzen wir die beiden Bäume mit dem geringsten Gewicht durch den kombinierten Baum.

```
while pq.anzElemente > 1:
    b1 = pq.gibMinimum
    b2 = pq.gibMinimum
    pq.einfPQ(macheBaum(b1, b2))
```

Damit hat auch der Generator c seine Aufgabe erfüllt, wir schließen ihn: c.close().

9.4.3 Berechnung der Codierung

Die Codierung wird durch eine Tiefensuche, die an der Wurzel beginnt, berechnet. Nehmen wir an, wir sind an einem Knoten und haben als partielle Codierung bereits

```
def TiefenSuche(nde, bin):
    b = nde[0]
    if b != None:
        s = baum[b]
        l = s[2]; r = s[3]
        if l == None and r == None:
            codierung[s[1]] = bin
        else:
            TiefenSuche([l] + baum[l], bin + '0')
            TiefenSuche([r] + baum[r], bin + '1')

TiefenSuche(pq.findeMin(), '')
```

Abb. 9.7: Tiefensuche, Huffman-Verschlüsselung

die binäre Folge w berechnet. Ist der Knoten ein Blatt mit Buchstaben b, so wird w als Codierung für b vermerkt, ist der Knoten ein innerer Knoten, so wird die Tiefensuche mit der Codierung w0 im linken und der Codierung w1 im rechten Unterbaum fortgesetzt. Auf diese Weise erhalten wir für jedes Blatt die Angaben über einen eindeutig bestimmten Pfad, sodass die entstehende Codierung präfixfrei ist. Das Lexikon codierung speichert die Codierung; es wird als leer initialisiert:

codierung = {}.

Die Funktion TiefenSuche in Abbildung 9.7 realisiert die Tiefensuche. Sie beginnt an der Wurzel des einzig überlebenden Baums in unserem Wald; dieser Baum ist das Minimum der Prioritätswarteschlange, die ja jetzt nur noch aus einem einzigen Element besteht. Wir übergeben an die Tiefensuche einen Knoten der Form nde = [Wurzel, Gewicht, Inhalt, Linker Sohn, rechter Sohn] und die soweit berechnete Codierung bin, also den binären Pfad zu diesem Knoten. Wir haben damit baum[Wurzel] = [Gewicht, Inhalt, linker Sohn, rechter Sohn]. Diese Redundanz erklärt den ersten Parameter für den rekursiven Aufruf.

Das Lexikon codierung enthält jetzt die Codierung für die einzelnen Buchstaben des Texts. Wir legen die Codierung des ursprünglich gegebene Text in der Text-Datei MeinText_Huff.txt ab und schreiben das Lexikon für die Codierung in die binäre Datei MeinText.cde; hierfür benötigen wir pickle. Der Code ist in Abbildung 9.8 zu finden.

Man kann den Bitstrom auch als binäre Datei abspeichern, weil der Erkenntnisgewinn bei der Lektüre der Verschlüsselung doch stark nach oben beschränkt ist, man also die Sequenz der Bits nicht selbst lesen möchte.

Die Entschlüsselung geht kanonisch vor sich. Da die Abbildung, die in dem Lexikon codierung vermittelt wird, eine Bijektion ist, kann sie invertiert werden; die entsprechende Abbildung *F*, die wieder als Lexikon abgespeichert wird, hat als De-

```
f = open("MeinText_Huff.txt", "w")
for derText in derGanzeText:
    for x in derText: f.write(codierung[x])
f.close()

import pickle
cde_fi = open("MeinText.cde", "wb")
pickle.dump(codierung, cde_fi)
cde_fi.close()
```

Abb. 9.8: Huffman-Verschlüsselung, `pickling` der Codierung

finitionsbereich eine präfixfreie Teilmenge der Menge der Zeichenketten über dem Alphabet {0, 1} und als Wertebereich die Menge der Buchstaben unserer Nachricht. Wir lesen den zu entschlüsselnden Bitstrom Bit für Bit; wenn eine Bitfolge β entstanden ist, die im Definitionsbereich von F enthalten ist, so geben wir den Buchstaben $F(\beta)$ aus. Das geschieht solange, bis der Bitstrom erschöpft ist. Aufgabe 69 befasst sich mit diesem Problem.

9.5 Mustererkennung mit Automaten

In diesem Abschnitt soll ein Algorithmus zur Erkennung eines Musters in einem Text diskutiert werden; hierbei folgen wir der Darstellung in [6, Abschnitt 34.3] ziemlich eng. Das Problem wird zunächst mathematisch mit Automaten modelliert, die wesentliche Eigenschaft der Automatenabbildung wird hergeleitet. Daraus ergibt sich ein Algorithmus, dessen Implementierung in Python diskutiert wird.

Die Terminologie ist im ersten Augenblick vielleicht ein wenig verwirrend, weil wir Muster im Abschnitt 9.5 ja schon im Zusammenhang mit regulärer Ausdrücke kennen gelernt haben. Aber im Kontext sollte die Unterscheidung klar sein: In diesem Kapitel geht es darum, eine Struktur dafür zu finden, dass wir einen vorgegebenen Text (das Muster) in einem anderen Text finden können. Wir konstruieren also eine Blaupause für die effiziente Behandlung des Problems im Modul `re`.

9.5.1 Vorbereitende Überlegungen: Ein Automat

Gegeben ist ein Text und ein Muster, es ist danach gefragt, ob das Muster in dem Text vorkommt. Text und Muster sind also jeweils Folgen von Buchstaben. Sei X das Alphabet der Buchstaben, mit dem unsere Texte geschrieben sind, dann bezeichnet X^* die Menge der Wörter, die mit Buchstaben aus X geschrieben werden können; sie enthält das leere Wort ϵ. X^* ist mit der Konkatenation $\langle v, w \rangle \mapsto vw$ eine (nicht-kommutative)

Halbgruppe mit ϵ als neutralem Element. Ist $v \in X^*$, so sei $|v|$ die Länge von v mit $|\epsilon| = 0$.

Es erweist sich als sinnvoll, Präfixe und Suffixe einzuführen, um eine einfache Sprechweise zu haben: Das Wort $v \in X^*$ ist ein *Präfix* von $w \in X^*$, falls w als $w = vz$ für ein geeignetes $z \in X^*$ geschrieben werden kann. Das Wort $v \in X^*$ ist ein *Suffix* von $w \in X^*$, falls w geschrieben werden kann als $w = zv$ für ein geeignetes $z \in X^*$.

Also ist etwa 'Anna' ein Präfix von 'Annanas': Man setzt v ='Anna', w =Annanas, z = 'nas'. 'Anna' ist jedoch kein Präfix von 'Ananas'; v ='anas' ist ein Suffix von w = 'Ananas' mit z = 'An'.

Wir brauchen diesen einfachen Hilfssatz.

Lemma 9.5.1. *Seien $x, y, z \in X^*$ Zeichenketten, sodass x wie auch y Suffixe von z sind. Ist $|x| \leq |y|$, so ist x ein Suffix von y; ist $|x| \geq |y|$, so ist y ein Suffix von x. Ist schließlich $|x| = |y|$, so ist $x = y$.*

Beweis. Schreibe $z = z_1 \ldots z_k$ mit den Buchstaben $z_1, \ldots, z_k \in X$. Dann kann x geschrieben werden als $x = z_\ell \ldots z_k$, und y kann geschrieben werden als $y = z_n \ldots z_k$ mit $|x| = k - \ell + 1$ und $|y| = k - n + 1$. Also

$$|x| \leq |y| \Leftrightarrow k - \ell + 1 \leq k - n + 1 \Leftrightarrow \ell \geq n \Leftrightarrow x \text{ ist Suffix von } y \,.$$

Der Rest wird analog bewiesen. ☐

Ist ein Muster $p \in X^*$ und ein Text $t \in X^*$ gegeben, so wollen wir entscheiden, ob das Muster p in t vorkommt. Das ist genau dann der Fall, wenn t geschrieben werden kann als $t = vpw$ für geeignete Wärter $v, w \in X^*$. Nun lesen wir den Text t sequentiell, also Buchstaben für Buchstaben, sodass uns der Teil von t, der nach dem Muster p kommt, nicht interessiert, falls p in t vorkommt. Wir suchen also ein Präfix t_0 von t, sodass $t_0 = vp$ für ein $v \in X^*$. Etwas pointiert können wir das Problem beschreiben als die Suche nach einem Präfix von t, das das Muster p als Suffix hat.

Nehmen wir an, der Text t wird geschrieben als $t = t_1 \ldots t_n$ mit den Buchstaben $t_1, \ldots, t_n \in X$, und das Muster als $p = p_1 \ldots p_m$ mit $p_1, \ldots, p_m \in X$. Wenn wir $T_k := t_1 \ldots t_k$ gelesen haben und bereits wissen, dass $P_j := p_1 \ldots p_j$ mit $j < m$ ein Suffix von $t_1 \ldots t_k$ ist, so lesen wir als nächstes den Buchstaben t_{k+1}. Diese Fälle können dann auftreten:

- $t_{k+1} = p_{j+1}$: dann sind wir weiter auf Erfolgskurs,
- $t_{k+1} \neq p_{j+1}$: das ist der kritische Fall, denn jetzt müssen wir den Vergleich zwischen Text und Muster neu aufsetzen. Intuitiv suchen wir ein Anfangsstück von $p_1 \ldots p_j$, das an das Ende von $t_1 \ldots t_{k+1}$ passt, und offensichtlich nehmen wir hier am besten das längste. Auf diese Weise stellen wir sicher, dass wir ein bereits erkanntes Teilstück nicht verlieren. Es ist natürlich möglich, dass wir kein Anfangsstück außer dem leeren Wort finden.

Diese Vorgehensweise wird durch einen Automaten modelliert:

Definition 9.5.2. Ein *endlicher Automat* $A = (X, Z, z_0, F, \delta)$ besteht aus einer endlichen Menge X von Eingaben, einer endlichen Menge Z von inneren Zuständen, einem Anfangszustand $z_0 \in Z$ und einer Menge $F \subseteq Z$ von Endzuständen. $\delta: X \times Z \to Z$ ist die Transitionsfunktion.

Der Automat hat also z_0 als Anfangszustand; liest er im Zustand $z \in Z$ einen Buchstaben $x \in X$, so ist $\delta(x, z) \in Z$ der neue Zustand.

Wir betrachten als Beispiel diesen Automaten:

- Zustände $Z = \{0, 1, 2, 3, 4, 5, 6, 7\}$,
- Anfangszustand $z_0 = 0$,
- Menge $\{F\}$ der Endzustände $\{7\}$,
- Eingabealphabet $X = \{a, b, c\}$,
- Überführungsfunktion δ gemäß dieser Tabelle

	0	1	2	3	4	5	6	7
a	1	1	3	1	5	1	7	1
b	0	2	0	4	0	4	0	2
c	0	0	0	0	0	6	0	0

Die Abbildung δ wird zu einer Funktion $\delta^*: X^* \times Z \to Z$ fortgesetzt durch

$$\delta^*: \begin{cases} \langle \epsilon, z \rangle & \mapsto z, \\ \langle x, z \rangle & \mapsto \delta(x, z), \text{ falls } x \in X, \\ \langle vx, z \rangle & \mapsto \delta(x, \delta^*(v, z)), \text{ falls } x \in X, v \in X^*. \end{cases}$$

Sehen wir uns diese Beispiele an:

- Lese im Anfangszustand $abcabc$, neuer Zustand ist

$$\delta^*(0, abcabc) = \delta^*(\delta^*(0, a), bcabc)$$
$$= \delta^*(1, bcabc) = \delta^*(2, cabc) = \delta^*(0, abc) = \delta^*(1, bc)$$
$$= \delta^*(2, c) = \delta(2, c) = 0.$$

- Lese im Anfangszustand $ababaca$, neuer Zustand ist

$$\delta^*(0, ababaca) = \cdots = \delta^*(5, ca) = \delta^*(6, a) = \delta(6, a) = 7.$$

Das ist übrigens ein Endzustand.

Offenbar beschreibt δ^* die sequentielle Arbeitsweise von A. Wie definieren zusätzlich

$$\Phi_A(v) := \delta^*(v, z_0).$$

Dann ist $\Phi_A(v)$ der Zustand, in den der Automat gelangt, wenn er im Anfangszustand das Wort $v \in X^*$ liest. Die Abbildung $\Phi_A: X^* \to Z$ wird die *Automatenabbildung* von A genannt.

Nehmen wir X als das Eingabealphabet für unseren erkennenden Automaten $\mathcal{A}$, und repräsentieren den bereits erkannten Teil des Musters durch einen Zustand. Die Zustandsmenge können wir am besten durch die Menge $\{0, \dots m\}$ modellieren und sagen, dass der Automat im Zustand j ist, wenn wir $P_j = p_1 \dots p_j$ erkannt haben. Am Anfang haben wir noch nichts erkannt, also $z_0 = 0$, im Erfolgsfall haben wir das gesamte Muster P_m erkannt, also $F = \{m\}$. Jetzt müssen wir die Transitionsfunktion δ von $\mathcal{A}$ bestimmen.

Ist $y \in X^*$ ein Wort über X, dann setzen wir

$$\sigma(y) := \max\{k \mid P_k \text{ ist ein Suffix von } y\} \,.$$

Also ist $\sigma(y) = k$ genau dann, wenn P_k das längste Präfix des Musters ist, das ein Suffix von y ist. Wir bestimmen also für $y \in X^*$ die Länge des längsten Präfix von P, das an das Ende von y passt.

Sehen wir uns als Beispiel $P =$ 'ababaca' an, das wir zur Erläuterung als

$$a_1 b_2 a_3 b_4 a_5 c_6 a_7$$

schreiben, in der Schreibweise von **Python** also etwa P[:1] == 'a' oder P[:6] == 'ababac'.

– Ist $y =$ 'ababab', so ist $P_2 =$ 'ab' ein Präfix von P, das auch ein Suffix von y ist. Das längste Präfix von P, das auch ein Suffix von y ist, ist offenbar $P_4 =' abab'$ (denn wenn wir das Präfix verlängern zu $P_5 =$ 'ababa', so ist P_5 kein Suffix mehr von y. Also gilt $\sigma(y) = 4$.

– Ist $y =$ 'ababc', so muss ein nicht-leeres Präfix von P, das ein Suffix von y ist, den Buchstaben 'c' enthalten, muss also mindestens sechs Buchstaben haben, aber y hat nur fünf Buchstaben. Also gilt $\sigma(y) = 0$.

Lemma 9.5.3. *Es gilt stets $\sigma(xa) \le \sigma(x) + 1$, wenn $x \in X^*$ eine Zeichenkette und $a \in X$ ein Buchstabe ist.*

Beweis. Sei $r = \sigma(xa)$. Ist $r = 0$, so ist die Ungleichung richtig. Ist $r > 0$, so ist P_r ein Suffix von xa. Also ist P_{r-1} ein Suffix von x, denn xa endet in a, und P_r muss auch a als letzten Buchstaben haben: Wir können also a auf beiden Seiten streichen. Daraus, dass P_{r-1} ein Suffix von x ist, folgt aber, dass $\sigma(x) \ge r - 1$, da $\sigma(x)$ maximal ist. Daher gilt $\sigma(xa) = r \le \sigma(x) + 1$. $\qquad\square$

Dieser Heuristik folgend definieren wir

$$\delta(a, q) := \sigma(P_q a) \,.$$

Wir sind im Zustand q, haben also bereits gefunden, dass das Präfix P_q im bereits gelesenen Text zu finden ist; lesen wir jetzt den Buchstaben a, so wollen wir das längste Präfix finden, das an das Ende von $P_q a$ passt.

Die zentrale Hilfsaussage erlaubt uns die Berechnung von $\sigma(xa)$ durch $\sigma(P_q a)$, falls wir $\sigma(x)$ schon kennen.

Lemma 9.5.4. *Sei $x \in X^*$ eine Zeichenkette mit $q = \sigma(x)$, $a \in X$ ein Buchstabe, so gilt $\sigma(xa) = \sigma(P_q a)$.*

Beweis. 1. Wir wissen, dass $q = \sigma(x)$, also ist P_q ein Suffix von x, damit ist $P_q a$ ein Suffix von xa. Setze $r := \sigma(xa)$, so gilt $r \leq q + 1$ nach Lemma 9.5.3. Also

- $P_q a$ ist ein Suffix von xa,
- P_r ist ein Suffix von xa,
- $|P_r| \leq |P_q a|$.

Daher ist P_r ein Suffix von $P_q a$ nach Lemma 9.5.1. Daraus folgt $(\sigma(xa) =) r \leq \sigma(P_q a)$.

2. Andererseits ist $P_q a$ ein Suffix von xa, denn P_q ist ein Suffix von x. Daraus erhält man $\sigma(P_q a) \leq \sigma(xa)$. $\square$

Daraus folgt nun die zentrale Aussage, dass wir die Automatenabbildung mit Hilfe von σ berechnen können.

Satz 9.5.5. *Wird der Text $T = t_1 \ldots t_n$ eingelesen, so gilt $\Phi_A(t_1 \ldots t_i) = \sigma(t_1 \ldots t_i)$ für $0 \leq i \leq n$.*

Beweis. Der Beweis wird durch Induktion nach i geführt.

INDUKTIONSBEGINN: Da $\Phi_A(\epsilon) = 0 = z_0 = \sigma(\epsilon)$, ist die Behauptung für $i = 0$ korrekt.

INDUKTIONSSCHRITT: Wir nehmen an, dass $\Phi_A(t_1 \ldots t_i) = \sigma(t_1 \ldots t_i)$ gilt, und wollen

$$\Phi_A(t_1 \ldots t_i t_{i+1}) = \sigma(t_1 \ldots t_i t_{i+1})$$

zeigen. Sei dazu $q := \Phi_A(t_1 \ldots t_i)$ und $a := t_{i+1}$.

Es gilt

$$
\begin{aligned}
\Phi_A(t_1 \ldots t_i t_{i+1}) &= \Phi_A(t_1 \ldots t_i a) && \text{(Definition von } a) \\
&= \delta(\Phi_A(t_1 \ldots t_i), a) && \text{(Definition von } \Phi_A) \\
&= \delta(q, a) && \text{(Definition von } q) \\
&= \sigma(P_q a) && \text{(Definition von } \delta) \\
&= \sigma(t_1 \ldots t_i a) && \text{(Lemma 9.5.4)} \\
&= \sigma(t_1 \ldots t_i t_{i+1}) && \text{(Definition von } a)
\end{aligned}
$$

Daraus folgt die Behauptung. $\square$

9.5.2 Zur Implementierung

Wir benötigen einige einfache Hilfsfunktionen: Die Zeichenkette x ist ein Suffix der Zeichenketten y, falls x^R ein Präfix von y^R ist, wobei $\cdot^R$ die Zeichenkette umdreht, also,

```
def istSuffix(a, b):

    def istPräfix(a, b):
        if a == '': return True
        elif b == '': return False
        elif a[0] == b[0]: return istPräfix(a[1:], b[1:])
        else: return False

    return istPräfix(a[::-1], b[::-1])
```

Damit kann die Abbildung σ leicht berechnet werden. Wir berechnen das Maximum der Liste aller Indizes k, sodass P_k ein Suffix von $P_q a$ ist. Die Implementierung nutzt aus, dass P[:0] die leere Zeichenkette ist, und dass P[:k] die ersten k Buchstaben von P enthält.

```
def sigma(pat, q, a):
    """
    pat ist eine Zeichenkette, r ein Index, a ein Buchstabe
    """
    lnn = range(len(pat)+1)
    ind = [k for k in lnn if istSuffix(pat[:k], pat[:q]+a)]
    return max(ind)
```

Sehen wir uns den Automaten (X, Z, z_0, F, δ) für $P =$ *'ababaca'* an. Weil P sieben Buchstaben lang ist, erhalten wir $Z = \{0, \ldots, 7\}$ für die Menge der Zustände, das Eingabealphabet X ist gerade $X = \{a, b, c\}$, der Anfangszustand ist $z_0 = 0$ und die Menge $F = \{7\}$ der Endzustände entält nur den Zustand 7. Die Überführungsfunktion δ ist gegeben durch

	0	1	2	3	4	5	6	7
a	1	1	3	1	5	1	7	1
b	0	2	0	4	0	4	0	2
c	0	0	0	0	0	6	0	0

Wir berechnen einige Übergänge und schreiben wieder $P = a_1 b_2 a_3 b_4 a_5 c_6 a_7$:

-   $\delta(5, b) = \sigma(P_5 b) = \sigma(ababab) = 4$, denn $P_4 = abab$ ist das längste Präfix von P, das auch ein Suffix von $P_5 b$ ist.
-   $\delta(6, a) = \sigma(P_6 a) = \sigma(\underline{ababaca}) = \sigma(P) = 7$.
-   $\delta(3, a) = \sigma(P_3 a) = \sigma(\underline{aba}a) = 1$, denn $P_1 = a$ ist Suffix, $P_2 = ab$ nicht.

Nehmen wir uns mit diesem Muster den Text

$$t = ab\underline{ababa}caca = a_1 b_2 a_3 b_4 a_5 b_6 a_7 c_8 a_9 b_{10} a_{11}$$

vor und sehen uns die Zustandsübergänge an. Der Automat beginnt seine Arbeit im Anfangszustand $z_0 = 0$, nach der Eingabe des ersten Buchstabens a geht er in den Zustand $\delta(0, a) = 1$ über, etc.:

	1	2	3	4	5	6	7	8	9	10	11
	a	b	a	b	a	b	a	c	a	b	a
0	1	2	3	4	5	4	5	6	7	2	2

Wir finden also unser Muster im Text wieder, und zwar gerade an der Stelle, an der der Automat den Endzustand erreicht.

Der Automat wird als Lexikon `automat` implementiert, sodass `automat[(i, a)]` `== j` genau dann, wenn eine Transition im Zustand i bei Eingabe des Buchstaben a in den Zustand j stattfinden soll, offenbar gilt also `automat[(i, a)]` `== sigma(P, i, a)`. Daraus erhält man direkt den Code für die Konstruktion des Automaten:

```
automat = {}
for j in range(len(P)+1):
    for x in X:
        automat[(j, x)] = sigma(P, j, x)
```

Daraus ergibt auch auch direkt die Formulierung für die Suche selbst. Wir beginnen im Anfangszustand und lesen den Text `Txt` Buchstabe für Buchstabe, dabei berechnen wir jeweils den neuen Zustand. Stoßen wir auf den finalen Zustand, so brechen wir die Iteration ab und geben eine Siegesmeldung heraus. Haben wir hingegen den Text erschöpft, ohne auf den Endzustand zu stoßen, so vermerken wir, dass wir das Muster nicht im Text gefunden haben. Schließlich müssen wir uns für den Fall absichern, dass ein Zeichen im Text vorkommt, das im Muster nicht vorgesehen ist (denken Sie an ein Muster aus Buchstaben und einen Text, in dem eine Ziffer vorkommt). Wir setzen den Folgezustand auf `-1` und brechen die Iteration mit einer Misserfolgsmeldung ab.

```
def SucheNach(Txt, final):
    z = 0
    for x in Txt:
        automat[(z, x)].get(z, -1)
        if z == final:
            return pat + " kommt in " + Txt + " vor"
        elif z == -1:
            break
    return pat + " kommt nicht in " + Txt + " vor"
```

Aufgabe 70 schlägt einige naheliegende Erweiterungen der Implementierung vor.

9.5.3 Zum Vergleich: Implementierungen in Haskell und in Java

Es ist instruktiv, diese sehr knappe und straffe Implementierung in Python mit der in anderen Sprachen zu vergleichen. Da in der akademischen Ausbildung nicht der feste Glaube[5] an die Überlegenheit einer Programmiersprache gefördert werden darf, sondern der qualitative und – wo möglich und sinnvoll – quantitative Vergleich gefordert werden muss, erscheint es angemessen, zumindest einen Blick auf andere Implementierungsansätze zu werfen. Das bleibt naturgemäß exemplarisch.

Haskell

Die Implementierung in Haskell zeigt nachdrücklich, wie das funktionale Paradigma den Stil des Zugangs prägt. Es muss eben alles als Funktion formuliert werden, was einerseits eine klare, von Nebeneffekten freie Ausdrucksweise fördert, andererseits aber deutliche Einschränkungen der Ausdrucksmöglichkeiten mit sich bringt. Das wiederum kann zum Vorteil gewendet werden, bringen diese Einschränkungen doch zusätzliche Möglichkeiten für die Argumentation über Programme mit sich. Um den Aufwand gering zu halten, erläutern wir die Sprachkonstrukte von Haskell nicht und verweisen auf [8], dem der Code für diesen Abschnitt im Wesentlichen entnommen ist. Zwei unten angeführte Module aus der Standard-Bibliothek von Haskell müssen importiert werden, mit diesen Ausnahmen ist der angegebene Code ohne weitere Zusätze lauffähig.

Wir benötigen einige Hilfsfunktionen: Die Liste xs ist Suffix der Liste ys, falls die letzten n Elemente von ys mit der Liste xs übereinstimmen, wenn n die Länge von xs bezeichnet. Also,

```
istSuffix :: (Eq a) => [a] -> [a] -> Bool
istSuffix xs ys = let k = (length ys) - (length xs)
                  in xs == drop k ys
```

Damit kann die zentrale Abbildung σ leicht berechnet werden. Wir berechnen das Maximum der Liste aller Indizes k, sodass P_k ein Suffix von $P_q a$ ist.

```
sigma :: (Eq a) => Int -> a -> [a] -> Int
sigma q a pat = dasMax
                [gell | gell <- [0 .. length pat], passtScho gell]
      where
        dasMax (x:xs) = foldr max x xs
        pqa = (take q pat) ++ [a]
        passtScho m = istSuffix (take m pat) pqa
```

---

5 Als Teilnehmer mancher Diskussion über die zu verwendende Sprache für die Programmierausbildung habe ich mich häufig über die blinde, kreuzzugsmäßige Heftigkeit der Argumentation für oder gegen eine bestimmte Programmiersprache gewundert. Sie erinnert an die Unbedingtheit feministischer Glaubenssätze, ökologischer Dogmen oder eben die fremdenfeindliche Verbissenheit.

Die Transitionen werden als Abbildung (Map) repräsentiert, die einem Paar, bestehend aus einer Eingabe und einem Zustand, einen neuen Zustand zuweist. Dazu importieren wir den Modul Data.Map qualifiziert als Map (um Schreibarbeit zu sparen). Weil wir aus dem Muster alle mehrfach vorkommenden Buchstaben entfernen sollten, importieren wir die Funktion nub aus dem Modul Data.List; diese Funktion entfernt Duplikate aus Listen.

Das ist die Funktion zur Berechnung der Transitionen:

```
derAutomat :: (Ord a) => [a] -> Map.Map (a, Int) Int
derAutomat pat = Map.fromList aListe
      where
          patt   = nub pat
          lgth   = length patt
          aListe = [((a, q), sigma q a patt) |
                                 a <- patt, q <- [0 .. lgth]]
```

Der finale Zustand ist finalZust pat = length pat. Die Funktion patFind beschreibt gerade, was geschieht, wenn wir im Zustand s eine mit x beginnende Liste von Buchstaben bearbeiten: Wir berechnen den neuen Zustand; ist er der Endzustand, so wird True zurückgegeben, ist er es nicht, ruft sich die Funktion mit diesem Zustand und dem Rest der Eingabeliste auf. Die Berechnung des neuen Zustands geschieht durch die aus dem Modul Data.Map importierte Funktion

```
findWithDefault :: Ord k => a -> k -> Map k a -> a,
```

die für eine Abbildung f drei Parameter hat: findWithDefault g x f gibt den unter dem Argument x gespeicherten Wert von f zurück, falls er existiert; falls nicht, wird der Fehlerwert g zurückgegeben. Wir nehmen als Fehlerwert den unmöglichen Wert final + 1, wenn final der finale Zustand des Automaten ist (das entspricht dem Wert -1 in der Python-Version). Der Vollständigkeit halber müssen wir uns noch überlegen, was geschieht, wenn wir die Eingabe vollständig abgearbeitet haben. In diesem Falle geben wir True zurück, falls wir den Endzustand erreicht haben, und sonst False.

```
patFind :: (Ord a) => [a] -> Int -> [a] -> Bool
patFind pat k [] = k == (finalZust pat)

patFind pat s (x:xs)
    | nxt == final = True
    | otherwise    = patFind pat nxt xs
    where
      final  = finalZust pat
      errVal = final + 1
      nxt    = Map.findWithDefault errVal (x, s) (derAutomat pat)
```

Das ist das Arbeitspferd. Schließlich die Funktion, die bei gegebenem Muster den Text liest und `True` zurückgibt, falls das Muster im Text vorhanden ist:

```
patMatch :: (Ord a) => [a] -> [a] -> Bool
patMatch pat text = patFind pat 0 text
```

Der Kern des Algorithmus, nämlich der endliche Automat, muss also separat bereitgestellt werden; man vergleiche das mit der relativen Leichtigkeit, mit der in Python der Automat als Lexikon manipuliert werden kann. Das wird auch sichtbar im Aufruf `findWithDefault g x f` der zu importierenden Funktion `findWithDefault`, die das Äquivalent des Python-Ausdrucks `automat[(z, x)].get(z, -1)` von oben ist.

Java

Die Implementierung in Java definiert zunächst eine Klasse `Automat` für die zentrale Struktur des Algorithmus, siehe Abbildung 9.9. Als Attribute haben wir hier die Felder `pat` und `alfa`, die das Muster bzw. das Alphabet speichern; das Feld `alfa` enthält jeden im Muster vorkommenden Buchstaben genau einmal. Der Konstruktor für die Klasse konstruiert aus der als Muster angegebene Instanz der Klasse `String` die Zeichenkette `pat` (mit `DasMuster.toCharArray()`) und extrahiert das Alphabet. Hierzu dient die Methode `mkAlphabet`. Die anderen Methoden werden schrittweise eingeführt. Der Automat ist dadurch ein wenig barock geworden; andererseits wäre eine

```
public class Automat {
    private char[] pat;
    private char[] alfa;

    Automat(String DasMuster) {
        pat = DasMuster.toCharArray();
        mkAlphabet();
    }
    //
    // private Methoden
    //
    private void mkAlphabet() {...}
    private boolean neu(...) {...}
    private char[] mkStr(...) {...}
    private char[] mkPqa (...) {...}
    private boolean istSuffix(...) {...}
    private boolean istRecSuffix(...)
    private int detZustand(...) {...}
    public int finde(...) {...}
    public int[][] BerechneTransitionen() {...}
}
```

Abb. 9.9: Die Klasse Automat

```
private void mkAlphabet() {
char[] hilf = new char[pat.length];
    int ihilf = 0;
    for (int j = 0; j < pat.length; j++)
        if (neu(hilf, ihilf, pat[j])) hilf[ihilf++] = pat[j];
    alfa = new char[ihilf];
    for (int i = 0; i < ihilf; i++)
        alfa[i] = hilf[i];
}


private boolean neu(char[] ara, int lim, char x) {
    for (int i = 0; i <= lim; i++)
        if (x == ara[i]) return false;
    return true;
}
```

Abb. 9.10: Methoden neu und mkAlphabet

```
private char[] mkStr(int k) {
char[] t = new char[k];
    for(int i = 0; i < k; i++)
        t[i] = pat[i];
    return t;
    }


private char[] mkPqa (int k, char a) {
char[] t = new char[k + 1];
    int k1 = (k < pat.length? k : k-1);
for(int i = 0; i < k1; i++)
        t[i] = pat[i];
    t[k] = a;
    return t;
}
```

Abb. 9.11: Zur Bestimmung von σ

Aufteilung der Funktionalität in eine hier sonst nicht weiter nützliche Vererbungshierarchie wenig sinnvoll gewesen.

Zu den Methoden:

Die lokale Methode mkAlphabet arbeitet so: Wir iterieren über das Feld pat und sehen uns jeden Buchstaben an. Der Buchstabe wird zunächst in einem Hilfsfeld hilf abgespeichert, sofern er noch nicht vorgekommen ist (Aufruf der Methode neu). Danach wissen wir, wie viele Zeichen unser Alphabet hat. Wir allokieren das Feld alfa entsprechend und kopieren das Hilfsfeld dorthin, siehe Abbildung 9.10.

Wir formulieren in Abbildung 9.11 zwei Hilfsfunktionen zur Berechnung von σ. Die Funktion mkStr kopiert die ersten k Zeichen des Musters pat in ein Feld, das zu-

```
private boolean istSuffix(char[] p, char[] q) {
return istRecSuffix(p, q, p.length - 1, q.length - 1);
}

private boolean istRecSuffix(
char[] p, char[] q, int i, int j) {
        if (p.length == 0) return true;
        if (p.length > q.length)  return false;
        if (i >= p.length || j >= q.length)  return false;
        if (i < 0) return true;
        if (p[i] != q[j]) return false;
        return istRecSuffix(p, q, i-1, j-1);
    }
}
```

Abb. 9.12: Funktion istSuffix

```
public int finde(char c) {
for (int i = 0; i < alfa.length; i++)
        if (c == alfa[i])
            return i;
    return -1;
}

private int detZustand(int q, char a) {
int m = pat.length;
    int k = (m  <= q + 1 ? m: q + 1);
    for(; !istSuffix(mkStr(k), mkPqa(q, a)); k--);
    return k;
}
```

Abb. 9.13: Funktionen finde und detZustand

rückgegeben wird, und die Funktion mkPqa kopiert die ersten k Zeichen von pat in ein Feld und schreibt das Zeichen a ans Ende; hierbei dürfen wir nicht über das Ende von pat hinaus kopieren.

Die Hilfsfunktion istSuffix in Abbildung 9.12 gibt true zurück, wenn das Zeichenfeld p ein Suffix des Zeichenfelds q ist. Sie bedient sich der Funktion istRecSuffix, die von der folgenden Überlegung ausgeht: Die leere Zeichenkette ϵ ist Suffix von w. vx ist Suffix von wy genau dann, wenn x = y und v Suffix von w ist.

Damit können wir den neuen Zustand $\sigma(p_q, a)$ bestimmen. Wir setzen k auf den größtmöglichen Wert, berechnen jeweils p_k und verkürzen die Zeichenkette p_k solange, bis sie ein Suffix von $p_q a$ ist, vgl. Abbildung 9.13.

Zur Berechnung der Transitionen erscheint sinnvoll, sie als Abbildung d(i, j) zu formulieren, wobei i ein Zustand, j ein Index des Felds alfa ist. Sonst müsste man nämlich die Transitionen für jeden Zustand und für jeden Buchstaben über eine fall-

```
public int[][] BerechneTransitionen() {
int [][] delta;
delta = new int[pat.length + 1][];
  for (int i = 0; i < delta.length; i++)
    delta[i] = new int[alfa.length];
  for(int i = 0; i < delta.length; i++)
      for (int j = 0; j < delta[i].length; j++)
          delta[i][j] = detZustand(i, alfa[j]);
  return delta;
  }
```

Abb. 9.14: Methode BerechneTransitionen

```
public class Erkennung
{
    public static void main(String[] args) {
     String derString = "ababababacaba";
     Automat derAutomat = new Automat("ababaca");
     int[][] trans = derAutomat.BerechneTransitionen();
     int q = 0;
     int patLgth = trans.length - 1;
     for (int i = 0; i < derString.length(); i++) {
         q = trans[q][derAutomat.finde(derString.charAt(i))];
         if (q == patLgth) {
             int s = i - patLgth;
             System.out.println("Muster kommt vor an der Stelle " + s);
         }
     }
    }
}
```

Abb. 9.15: Klasse Erkennung

gesteuerte Anweisung separat definieren, da man keine beliebigen Unterbereiche von char bilden kann. Die Abbildung d wird als zweidimensionales Feld delta realisiert (die Methode BerechneTransitionen in Abbildung 9.14 beschreibt die Einzelheiten). Das erfordert eine Zusatzfunktion: Ist c ein Zeichen, das im Feld alfa vorkommt, so gibt ein Aufruf der Methode finde(c) den Index i zurück, sodass finde(c) == i genau dann, wenn alfa[i] == c.

Das Feld delta, das zu Aufnahme der Transitionen dient, wird, wie man sieht, schrittweise allokiert. Wir iterieren über die Zustände (Laufindex i) und die Zeichen des Alphabets (Laufindex j zur Indizierung in alfa), um die Transitionsfunktion zu bestimmen.

Nach all diesen Vorbereitungen ist der Automat formuliert, und wir können die Erkennung selbst in Gang setzen. Wir haben hierzu eine Klasse Erkennung in Abbildung 9.15 definiert, die main als Eintrittspunkt enthält. Sie kann sicher weiter parametrisiert werden, zum Beispiel durch das Muster und die zu untersuchende Zeichenkette. Aber die gegenwärtige Formulierung zeigt, worauf es ankommt. Der Automat wird initialisiert durch die Berechnung des Musters und des Alphabets und die davon abhängige Bestimmung der Transitionsfunktion. Dann läuft der Automat über den Text, um das Muster zu finden.

Die Formulierung des Automaten ist sehr aufwändig; das liegt sicher auch daran, dass wir die Funktion σ in den Automaten integriert haben. Das hat sich andererseits als notwendig herausgestellt, weil die Transitionen des Automaten davon abhängig sind. Der Eindruck einer komplexen Klasse wird zusätzlich durch die Vielzahl der Methoden verstärkt, die Hilfsfunktionen übernehmen müssen. Sie wurden zwar als `private` deklariert, erscheinen aber mit den zentralen Methoden auf einer Ebene, weil Methoden in Java ja nicht verschachtelt sein dürfen. Insgesamt prägt der prozedurale Zugang das Bild dieses Beispiels. Da Java weniger vordefinierte Bausteine bereithält, ergibt sich die Notwendigkeit für den Benutzer, diese Komponenten selbst zu definieren, was den Code zweifellos aufbläht und unübersichtlich, damit auch fehleranfällig macht.

10 Symbolisches Rechnen in Python

Wir werden uns in diesem Kapitel mit dem symbolischen Rechnen in Python beschäftigen. Die Möglichkeit, symbolisch in einer Programmiersprache zu rechnen, ist für eine Sprache der Art von Python, die ja für allgemeine Berechnungen ausgelegt, also eine sogenannte *general purpose language* ist, recht ungewöhnlich. Üblicherweise werden symbolische Rechnungen in sehr spezialisierten Sprachen ausgeführt, wie etwa Macsyma (die verehrungswürdige Mutter aller symbolischen Programmiersprachen) oder Maple oder auch μSoft, aber die Konkurrenten von Python, also etwa Java oder C++, besitzen nicht die Möglichkeit, symbolische Rechnungen *in der Sprache integriert* durchzuführen. Auf der anderen Seite ist es für die Tätigkeit des Mathematikers oder des Ingenieurs, auch gelegentlich des Informatikers, hilfreich, symbolische Rechnungen bruchlos durchführen zu können, also diese Rechnungen auszuführen, ohne die Programmiersprache zu verlassen. Die Alternative, wenn man in einer Sprache wie, sagen wir Java, arbeitet, besteht dann eben darin, beim Auftreten symbolischer Rechnungen auf eine der dediziert symbolischen Sprachen umzuschalten, und dann die dort gewonnenen Resultate wieder in die Arbeitssprache, in unserem Fall also Java, zurück zu transportieren. Das ist in gewisser Hinsicht ein Medienbruch, der das Arbeiten nicht einfacher macht und wegen seiner Diskontinuitäten natürlich auch einigermaßen fehleranfällig ist.

Bevor wir uns aber daran machen, symbolisch zu arbeiten, sollten wir vorher kurz klären, was wir hier eigentlich unter *symbolischem Rechnen* verstehen. Betrachten wir eine einfache arithmetische Anweisung, die mit den Variablen x und y arbeitet, also etwa x + y. Dieser arithmetische Ausdruck kann nur ausgewertet werden, wenn die Variablen x und y, die in Sprachen wie Java oder C++ ja auch deklariert werden müssen, mit numerischen Werten versehen sind (wir sehen davon ab, dass das plus-Zeichen überladen werden kann). So würde also etwa ein Ausdruck wie x + y - x nur nach einer Optimierungsphase im Compiler tatsächlich wie y ausgewertet werden, in einer symbolischen Programmiersprache hingegen, bei der die Vereinfachung von Ausdrücken vorgesehen ist, könnte man gleich dazu übergehen, diesen Ausdruck durch y zu ersetzen. Die Lösung einer Gleichung wie etwa $x^2 + 3 * x - 7$ lässt sich auf der numerischen Ebene lediglich durch ein iteratives Verfahren bewerkstelligen, während die Wurzeln dieser Gleichung in einer symbolischen Programmiersprache direkt durch eine Anweisung, die zur Bestimmung der Unbekannten auffordert, berechnet werden können. Der Aufruf

```
solve(x**2 + 3*x - 7, x)
```

produziert dann die Liste der Lösungen

$$\left[-\frac{3}{2} + \frac{\sqrt{37}}{2}, \quad -\frac{\sqrt{37}}{2} - \frac{3}{2} \right] .$$

https://doi.org/10.1515/9783110544138-011

Sie sehen, dass wir die Lösungen auch in sozusagen symbolischer, nicht vollständig ausgewerteter Form bekommen. Definieren wir diese Liste als Li zur numerischen Auswertung, so ergibt sich für die Liste [k.evalf() for k in Li] dieses Liste

```
[1.54138126514911, -4.54138126514911],
```

das können wir auch in höherer Genauigkeit haben: [k.evalf(30) for k in Li] ist

```
[1.54138126514910984449984 21226, -4.54138126514910984449984 21226]
```

(ich habe hier willkürlich dreißig Stellen hinter dem Dezimalpunkt gewählt). Um zu sehen, wie man zu diesen Resultaten kommt, sollte man erfahren, welche Operationen auf beliebigen Elementen von Li verfügbar sind. Ich setze j = Li[0] und erfahre, nachdem ich j.<Tab> gedrückt habe, dass eine Funktion eval() für j verfügbar ist. Mit j.eval?? erfahre ich

```
Evaluate the given formula to an accuracy of n digits.
        Optional keyword arguments:
...
```

Eine andere Methode, die von Nutzen sein könnte – so erscheint es in der Auflistung – ist die Methode doit; die Anfrage j.doit?? ergibt:

```
Evaluate objects that are not evaluated by default like limits,
integrals, sums and products. All objects of this kind will be
evaluated recursively, unless some species were excluded via 'hints'
or unless the 'deep' hint was set to 'False'.
...
```

Schau'mer mal: [k.doit() for k in Li] ist jedoch hier nicht ergiebig, wir erhalten

$$\left[-\frac{\sqrt{37}}{2} - \frac{3}{2}, \quad -\frac{3}{2} + \frac{\sqrt{37}}{2} \right]$$

Wir werden die Methode doit jedoch später noch benutzen. Spielen wir ein wenig herum und lösen die Gleichung x**2 + 3*x + y nach x und nach y.

```
solve(x**2 + 3*x + y, x)
```

ergibt die Liste

$$\left[-\frac{1}{2}\sqrt{-4y+9} - \frac{3}{2}, \quad \frac{1}{2}\sqrt{-4y+9} - \frac{3}{2} \right]$$

und

```
solve(x**2 + 3*x + y, y)
```

ergibt die einzige Lösung

$$-x(x+3)\,.$$

Der Aufruf `integrate(x**2 + 3*x + y, x)`, also die Berechnung der Stammfunktion

$$\int x^2 + 3x + y\,dx\,,$$

findet

$$x \mapsto \frac{x^3}{3} + \frac{3x^2}{2} + xy\,,$$

und wir erhalten als Ergebnis für die Stammfunktion bezüglich y, nämlich

```
integrate(x**2 + 3*x + y, y)
```

die Funktion

$$y \mapsto \frac{y^2}{2} + y\left(x^2 + 3x\right)\,.$$

Hierzu haben wir den Python-Interpreter nicht verlassen.

10.1 Vorbereitungen

Diese Operationen sind in dem Paket `sympy` implementiert, das importiert werden muss. Es ist möglich, dass dieses Paket nicht in Ihrer Installation enthalten ist, sodass sie es separat installieren müssen. Das geschieht über den üblichen Mechanismus, der Ihnen ja auch bei anderen Paketen schon begegnet ist. Wir importieren also das Paket, und um die Diskussion übersichtlicher zu halten, tun wir etwas, was man in der Regel nicht tun sollte, wir importieren nämlich *alles* aus diesem Paket:

```
from sympy import *
```

Oben war angemerkt worden, dass die symbolische Berechnung in die Programmiersprache integriert wurde. Das hat unter anderem die Konsequenz, dass wir symbolische Variablen von den in der Programmiersprache üblichen Variablen unterscheiden müssen. Hierzu dient die Deklaration als Symbol, die für die Variable x wie folgt aussieht:

```
x = symbols('x')
```

Auf diese Weise wird x als symbolische Variable gekennzeichnet, deren Druckbild durch die Zeichenkette 'x' gegeben ist. Wir können auf diese Weise mehr als eine Variable als symbolisch charakterisieren, zum Beispiel durch die Vereinbarungen

```
x, y, z = symbols('x y z')
a, b, c = symbols('a, b, c')
```

Die symbolische Variable wird auf diese Weise mit einer Zeichenkette als Namen verbunden. Das wiederum geschieht durch eine Zeichenkette, in der die Namen entweder durch Leerzeichen oder durch Kommata getrennt aufgeführt werden. Wenn Sie
wollen, so können Sie auch Variablen der symbolischen Art beliebig benennen; Sie
könnten also etwas schreiben r = symbols('hugo'), wenn Sie jetzt r eingeben, bekommen Sie hugo zurück. Das trägt jedoch nicht gerade zur Lesbarkeit und Klarheit
des Code bei, deshalb wollen wir die Übereinstimmung von Namen der Variable mit
ihrem Druckbild beibehalten.

Die Funktion symbols kann auch dazu verwendet werden, indizierte Symbole wie
a0, a1, ..., a5 zu vereinbaren; das geschieht analog zu oben durch
a0, a1, a2, a3, a4 = symbols('a0:5').

Es erweist sich als hilfreich, gewisse Initialisierungen vorzunehmen, und hierbei hilft das Paket durch Bereitstellung der parameterlosen Funktion init_session.
Wenn sie aufgerufen wird, reagiert der Interpreter mit dieser Nachricht:

```
IPython console for SymPy 1.0 (Python 3.5.2-64-bit)
                          (ground types: python)


These commands were executed:
>>> from __future__ import division
>>> from sympy import *
>>> x, y, z, t = symbols('x y z t')
>>> k, m, n = symbols('k m n', integer=True)
>>> f, g, h = symbols('f g h', cls=Function)
>>> init_printing()


Documentation can be found at http://docs.sympy.org/1.0/
```

Die Zeile from __future__ import division ist eine Tür in die Weiterentwicklung von
Python und hier nicht relevant; die import-Anweisung kennen wird schon. Weiterhin
werden die vier Variablen x, y, z, t unter diesen Namen verfügbar gemacht, und es
werden ganzzahlige Variablen k, m und n bereitgestellt; dass es sich hier um ganzzahlige Variablen handelt, ist am zweiten Parameter sichtbar und wird später diskutiert.
Zudem bekommen wir die drei Funktionen f, g und h zur Verfügung gestellt, auch hier
wird über eine separate Option sichergestellt, dass es sich um Funktionen handelt.
Das wird bei der Lösung von Differentialgleichungen hilfreich sein, siehe Seite 206.
Der Aufruf init_printing() initialisiert die Ausgabe; verschiedene Darstellungsfor-
men sind möglich, das wird uns später kurz beschäftigen.

10.2 Einfache Operationen

Schreiben wir ausdr = (x+y)**2, so reagiert der Interpreter auf die Eingabe von ausdr
mit der Ausgabe $(x + y)^2$. Hier ist zunächst bemerkenswert, dass wir ** zur Exponen-

tiation benutzen. Da die Symbolmanipulation in **Python** eingebettet ist, erscheint es nicht als ungebührlich, wenn auch hier dieselben Operationssymbole verwendet werden. Analog muss man eben dann schreiben 3*y, wenn man y mit 3 multiplizieren will, 3y würde als fehlerhaft zurückgewiesen werden (und y3 könnte der Name einer Variable sein).

Wir leben quasi in zwei Welten, der ‚symbolischen‘ von sympy und der ‚konkreten‘ von **Python**. Beide Welten haben ihre eigene Darstellung von Zahlen, dabei ist die Welt von sympy sozusagen ansteckend: Wird bei einer Operation für eine Komponente eine symbolische Darstellung verwendet, so werden die konkreten Darstellungen in symbolische verwandelt. Setzen wir ausd = x + 3 mit der als Symbol vereinbarten Variablen x, und substituieren 7 für y, berechnen also ausd.subs(x, 7), so erhalten wir 9, durch type(ausd.subs(x, 7)) können wir uns über den Typ informieren und erhalten sympy.core.numbers.Integer, der Ausdruck, insbesondere die Zahl 3 wurde also in der symbolischen Darstellung verwendet (im Gegensatz dazu erhalten wir für type(7+3) das Resultat int). Wollen wir sicherstellen, dass wir in der symbolischen Welt bleiben, verwenden wir die Funktion Integer: type(Integer(7) + Integer(3)) zeigt uns dann den Typ sympy.core.numbers.Integer. Analog ist Rational die Funktion für die symbolische Darstellung rationaler Zahlen. Rational(2, 3) gibt uns den Wert 3/2 (und nicht 1.5) mit sympy.core.numbers.Rational als Ergebnis der Typnachfrage type(Rational(2, 3)).

Das sollte man wissen

ALLE AUSDRÜCKE SIND UNVERÄNDERBAR. Wir können also Ausdrücke nicht durch Methoden o. dgl. verändern; erscheinen Ausdrücke auf der rechten und der linken Seite einer Zuweisung, so wird der zugewiesene Ausdruck neu erzeugt, der ‚alte‘ Speicherplatz wird also nicht modifiziert. Das bedeutet insbesondere, dass es keine indirekten Bindungen gibt. Die Anweisungsfolge

```
b = a+1; a = 4
print('a ist {}, und b ist {}'.format(a, b))
```

hat als Ergebnis a ist 4, und b ist a + 1.

Die Zuweisung erfolgt wie, wie in **Python** üblich, durch das Gleichheitszeichen, sodass ein TEST AUF GLEICHHEIT wie im Rest von **Python** mit dem Gleichheitszeichen nicht durchgeführt werden kann. Wir können in der Regel auch den Vergleichsoperator == nicht benutzen; er überprüft strukturelle Gleichheit, so dass (x+y)**2 == x**2 + 2*x*y + y**2 die Antwort False provoziert (syntaktisch sind die beiden Ausdrücke halt verschieden). In der Regel ist es angemessen, das Prädikat Eq zu benutzen, also etwa zu schreiben Eq((x+y)**2 -(x**2 + 2*x*y + y**2)) und hier die Antwort -x**2 - 2*x*y - y**2 +(x+y)**2 = 0 zu erhalten.

Das ist ein Spezialfall; im Allgemeinen ist Eq(x, y) die Repräsentation der Gleichung x = y. Hierbei ist Eq(x) gleichwertig ist mit Eq(x, 0), was wir gerade ausgenutzt haben.

Einschränkungen

Bei der Exponentiation sollte man umsichtig vorgehen: sympy manipuliert seine Objekte über den komplexen Zahlen, wenn nichts Anderes gesagt wird. Das hat Konsequenzen zum Beispiel für die Gültigkeit einiger Identitäten.

1. $x^a x^b = x^{a+b}$ gilt stets, für alle x, a, b.
2. $x^a y^a = (xy)^a$ gilt zumindest dann, wenn x und y nicht-negativ sind und $a \in \mathbb{R}$ ist. *Gegenbeispiel*: $(-1)^{1/2}(-1)^{1/2} = i^2 = -1$, aber $((-1)(-1))^{1/2} = 1^{1/2} = 1$.
3. $(x^a)^b = x^{ab}$ gilt, wenn $b \in \mathbb{Z}$ eine ganze Zahl ist. *Gegenbeispiel*: $((-1)^2)^{1/2} = \sqrt{1} = 1$, aber $(-1)^{2 \cdot (1/2)} = (-1)^1 = -1$, insbesondere gilt nicht stets $\sqrt{x^2} = x$, oder $\sqrt{1/x} = 1/\sqrt{x}$.

Die Vereinfachungen von sympy werden nur durchgeführt, wenn sie allgemeingültig sind. So wird `log(exp(x))` nicht zu x vereinfacht, weil diese Identität im Komplexen nicht überall gilt.

Andererseits kann man Einschränkungen an den Wertebereich von Symbolen bei ihrer Vereinbarung spezifizieren:

```
r, s = symbols('r, s', positive = True)
v, w = symbols('v, w', real = True)
```

Dann gilt etwa `r.is_positive == True` oder `v.is_real == True`. Die Lösung von Gleichungen nach den so vereinbarten Variablen erfüllen dann diese Restriktionen. Mit der obigen Vereinbarung erhalten wir nun r als Resultat für `log(exp(r))`.

10.3 Substitutionen und Expansionen

Ersetzungen und Expansionen sind ein zentraler Bestandteil von Manipulationssystemen. Ist der Ausdruck ausdr gegeben, so ersetzt der Aufruf

```
ausdr.subs(expr_1,expr_2)
```

jedes Vorkommen von expr_1 in ausdr durch expr_2. Also ergibt mit

```
ausdr = (x + y)**2
```

die Substitution

```
ausdr.subs(y, t+1)
```

von y durch t+1 der neuen Ausdruck

```
(t + x + 1)**2,
```

als LaTeX-Ausdruck

$$(t + x + 1)^2 \ .$$

Ich gebe im Folgenden meist die – besser lesbare – Ausgabe in LaTeX an (`latex(ausdr)` tut das für uns, aber Achtung bei `\\`). Die Substitution kann auch durch eine Liste von Paaren parametrisiert werden. Setzen wir `ausdr` als

$$x^5 + 5x^4y + 10x^3y^2 + 10x^2y^3 + 5xy^4 + y^5 \ ,$$

so ersetzt

```
neu = ausdr.subs([(y**i, (t+1)**i) for i in range(6)])
```

jedes Vorkommen von y^i durch $(t + 1)^i$, wir erhalten für `neu`:

$$x^5 + 5x^4\,(t + 1) + 10x^3\,(t + 1)^2 + 10x^2\,(t + 1)^3 + 5x\,(t + 1)^4 + (t + 1)^5$$

Wir expandieren `neu` mit `wild = expand(neu)` und erhalten

$$t^5 + 5t^4x + 5t^4 + 10t^3x^2 + 20t^3x + 10t^3$$
$$+ 10t^2x^3 + 30t^2x^2 + 30t^2x + 10t^2 + 5tx^4 + 20tx^3 + 30tx^2 + 20tx + 5t + x^5$$
$$+ 5x^4 + 10x^3 + 10x^2 + 5x + 1 \ ,$$

das Resultat `wild` wird schließlich faktorisiert, der Aufruf `factor(wild)` liefert dann

$$(t + x + 1)^5 \ ,$$

was eigentlich nicht besonders überrascht. Die Funktion `factor` zerlegt ein Polynom in irreduzible Faktoren[1] über den rationalen Zahlen $\mathbb{Q}$.

Die für Polynome inverse Funktion ist `expand`, die ein Polynom als kanonische Summe von Monomen[2] darstellt. Mit `ww = (x+y)**4 - 3*(x+1)**2` liefert `wwq = expand(ww)` den Ausdruck

$$x^4 + 4x^3y + 6x^2y^2 - 3x^2 + 4xy^3 - 6x + y^4 - 3 \ .$$

Mit `collect(wwq, x)` können wir Faktoren der Potenzen von x zusammenfassen:

$$x^4 + 4x^3y + x^2\left(6y^2 - 3\right) + x\left(4y^3 - 6\right) + y^4 - 3 \ .$$

Die Funktion `cancel` berechnet aus dem Quotienten zweier Polynome eine Darstellung der Form A/B, wobei A und B wieder Polynome sind, die keinen gemeinsamen Faktor haben und die führenden Koeffizienten teilerfremde ganze Zahlen sind.

---

1 Ein Polynom $f \neq 0$ mit Koeffizienten in $\mathbb{Q}$ heisst *irreduzibel*, falls es nur trivial als Produkt dargestellt werden kann, falls also aus $f = g \cdot h$ folgt, dass entweder g oder h konstant sind.

2 $a \cdot x_1^{k_1} \ldots x_n^{k_n}$ heisst *Monom* in den Variablen $x_1, \ldots, x_k$; die Summe ist kanonisch, falls jedes Monom höchstens einmal auftritt.

Wir erhalten für

```
cancel((x**2 + 2*x + 1)/(x**2 + x))
```

das Resultat $(x + 1)/x$, für den Aufruf

```
cancel(1/x**2 + (x**2 + 2*x + 1)/(x**2 + x))
```

ergibt sich $(x^2 + x + 1)/x^2$. Setzen wir

```
ausdr = (x*y**2 - 2*x*x*y*z + x*z**2 +
                y**2 - 2*y*z + z**2)/(x**2 - 1),
```

so liefert `cancel(ausdr)` das Ergebnis

$$\frac{1}{x-1}\left(y^2 - 2yz + z^2\right),$$

während wir durch `factor(ausdr)` den einfacheren faktorisierten Ausdruck

$$\frac{(y-z)^2}{x-1}$$

erhalten. Man kann also abwägen.

Die Funktion `simplify` ist eine recht allgemeine Funktion zur Vereinfachung. Sie versucht unter vielen möglichen Vereinfachungen die beste zu finden, wenn auch nicht immer klar ist, was das genau bedeutet. So liefert

```
simplify(sin(x)**2 + cos(x)**2)
```

den Wert 1, aber

```
simplify(x**2 + 2*x +1)
```

liefert $x^2 + 2x + 1$ (während `factor(x**2 + 2*x +1)` zurückgibt $(x + 1)^2$). Insgesamt ist `simplify` eine Funktion, die man anwenden sollte, wenn man keine spezielle Vereinfachung im Sinne hat oder wenig über die Struktur des Ausdrucks weiß.

10.4 Gleichungen

Die Funktion `solveset` löst Gleichungen der Form a = 0 über den komplexen Zahlen. Diese Zahlen werden durch S.Complexes modelliert. Also z. B. gibt

```
solveset(x**2 +1, x)
```

als Lösung die Menge $\{-i, i\}$ zurück, und

```
solveset(x**3-I, x)
```

die drei Kubikwurzeln

$$\left\{-i, -\frac{\sqrt{3}}{2} + \frac{i}{2}, \frac{\sqrt{3}}{2} + \frac{i}{2}\right\}$$

der imaginären Einheit i; beachten Sie, dass diese Einheit hier I heißt, und nicht i, was wohl leicht zu Verwechselungen mit Laufindizes etc. führen könnte. Möchte man eine Lösung über den reellen Zahlen, so schränkt man mit domain = S.Reals ein, also etwa solveset(x-x, domain = S.Reals), hier bekommt man $\mathbb{R}$ als Lösung zurück, während solveset(x-x, x) als Resultat $\mathbb{C}$ zurückgibt. Der Aufruf solveset(Eq(exp(x), 1), x, domain=S.Reals) löst die Gleichung $e^x = 1$ über den rellen Zahlen (das Ergebnis ist $\{0\}$), während die Anweisung solveset(Eq(exp(x), 1), x) diese Gleichung über $\mathbb{C}$ löst, also $\{2ni\pi \mid n \in \mathbb{Z}\}$ als Resultat hat.

Damit kann man den Lösungsraum geeignet einschränken. Vereinbart man, wie oben angedeutet, r = symbols('r', real = True) und s = symbols('s'), so erhalten wir für solve(Eq(r**2, 1), r) die Lösung [1] und für solve(Eq(s**2, 1), s) die Lösung [-1, 1].

Wir betrachten als nächstes Beispiel die Reihe

$$s = \sum_{i=0}^{\infty} x^i .$$

Es gilt offensichtlich

$$s = 1 + x \cdot \left(\sum_{i=0}^{\infty} x^i\right) = 1 + x \cdot s ,$$

sodass s die Funktionalgleichung

$$s = 1 + x \cdot s$$

erfüllt. solveset(1 + x*s - s, s) ergibt $\{-1/(x-1)\}$, sodass wir schließen können[3].

$$\sum_{i=0}^{\infty} x^i = \frac{1}{1-x} .$$

Das ist die Darstellung der geometrischen Reihe als formale Potenzreihe.

---

3 Wenn Sie hier Bedenken haben, weil hier keine Betrachtung des Konvergenzradius gemacht wurde, so haben Sie recht. Der Beweis ist im Wesentlichen der, den der Gigant Leonhard Euler gefunden hat. Er gilt jedoch ohne Einschränkungen nur im Bereich die formalen Potenzreihen, siehe etwa [4, 14]

Wir versuchen unser Glück bei den Fibonacci-Zahlen F_n. Hier setzt man

$$s = \sum_{i=0}^{\infty} F_n \cdot x^i$$

$$= 1 + F_1 \cdot x + x^2 \cdot \sum_{i=0}^{\infty} F_{i+2} x^i ,$$

woraus sich mit ein bisschen Rechnung unter Ausnutzung von $F_{n+2} = F_{n+1} + F_n$ die Funktionalgleichung

$$(1 - x - x^2) \cdot s = x$$

ergibt. Wenn wir also berechnen

```
solveset(x - (1 - x - x**2)*s, s),
```

so erhalten wir $\{-x/(x^2 + x - 1)\}$, was man vermutlich auch bei reduzierte Mathematik-Ausbildung mit der Hand ausrechnen könnte. Wir haben also die formale Potenzreihe

$$\sum_{i=0}^{\infty} F_i \cdot x^i = \frac{x}{1 - x - x^2}$$

für die Fibonacci-Folge gefunden. Was kann man weiter herausbringen? Versuchen wir, diesen Bruch auf der rechten Seite zu vereinfachen, indem wir eine Partialbruchzerlegung mit Hilfe der Funktion `apart` berechnen. Eine solche Zerlegung ist manchmal einfacher zu handhaben, weil sie ganz-rationale Funktionen in einfachere zerlegt.

Zur Berechnung der Partialbruchzerlegung zunächst ein einfacheres Beispiel. Nehmen wir das Polynom $x^2 + x - 6$ mit den beiden Nullstellen 2 und −3. Es gilt

$$\frac{1}{x^2 + x - 6} = \frac{1}{(x - 2)(x + 3)} \overset{(*)}{=} -\frac{1}{5(x + 3)} + \frac{1}{5(x - 2)} = \frac{1}{5}\left(\frac{1}{x - 2} - \frac{1}{x + 3}\right),$$

wobei die Gleichung $(*)$ durch den Aufruf `apart(x**2 + x - 6)` berechnet wurde.

Führen wir diesen Ansatz bei dem Fibonacci-Polynom $x/(1 - x - x^2)$ durch, so bekommen wir merkwürdigerweise das Polynom unverändert zurück. Unerfreulich. Sehen wir uns die Nullstellen des Nenners an: `solve(1-x-x**2, x)` ergibt $[-1/2 + \sqrt{5}/2, \ -\sqrt{5}/2 - 1/2]$, die Nullstellen sind irrational, sie liegen im Erweiterungskörper

$$\mathbb{Q}[\sqrt{5}] = \{a + b\sqrt{5} \mid a, b \in \mathbb{Q}\} .$$

Das wird berücksichtigt durch den modifizierten Aufruf

```
apart(x/(1-x-x**2), extension=sqrt(5)),
```

der als Ergebnis liefert

$$\frac{x}{1 - x - x^2} = \frac{-5 + \sqrt{5}}{10x - 5\sqrt{5} + 5} - \frac{\sqrt{5} + 5}{10x + 5 + 5\sqrt{5}} .$$

Das ist noch nicht so richtig handlich. Setzen wir, der Tradition folgend,

$$\phi = \frac{1}{2}(1 + \sqrt{5})$$

$$\widehat{\phi} = \frac{1}{2}(1 - \sqrt{5}) = 1 - \phi,$$

so können wir schreiben

$$\frac{x}{1 - x - x^2} = \frac{1}{\sqrt{5}}\left(\frac{1}{1 - \phi x} - \frac{1}{1 - \widehat{\phi}x}\right)$$

Aus der Darstellung der geometrischen Reihe sehen wir dann, dass

$$F_n = \frac{1}{\sqrt{5}}(\phi^n - \widehat{\phi}^n)$$

gilt. Das ist die klassische Darstellung der Fibonacci-Zahlen nach de Moivre, 1730 [16, p. 82].

Der letzte Teil dieser zielgerichteten Ableitung wurde „per Hand" durchgeführt, um eine lesbare Darstellung zu erhalten. Der erste Teil hingegen, der die Partialbruchzerlegung zeigte, wurde durch die Funktion apart berechnet. Dies geschah in zwei Schritten.

- Der erste, erfolglose Versuch war der Aufruf der Funktion lediglich für den zu bearbeitenden Bruch.
- Der zweite Versuch beruhte darauf, dass wir nach dem Studium der Dokumentation für die Funktion einen geeigneten zusätzlichen Parameter eingeführt haben.

Das ist für die Arbeit mit solchen symbolischen Systemen nicht ungewöhnlich, vor allem bei gelegentlicher Nutzung (wie der Verfasser aus eigener Erfahrung zu berichten weiß).

Mit solve können wir Gleichungen mit mehreren Unbekannten lösen:

```
solve([x**2 + 5*x - 7, 3*x*y + 9*y -14], y)
```

löst nach y und gibt als Ergebnis $\{y : 14/(3x+9)\}$, für die Lösung derselben Gleichung nach x und y,

```
solve([x**2 + 5*x - 7, 3*x*y + 9*y -14], x, y)
```

ergibt sich

$$\left[\left(-\frac{5}{2} + \frac{\sqrt{53}}{2}, \quad -\frac{7}{39} + \frac{7\sqrt{53}}{39}\right), \quad \left(-\frac{\sqrt{53}}{2} - \frac{5}{2}, \quad -\frac{7\sqrt{53}}{39} - \frac{7}{39}\right)\right].$$

Das sind zwei Paare von Lösungen (x, y); die Reihenfolge ist durch die Reihenfolge im Aufruf von solve gegeben.

10.5 Trigonometrische Vereinfachungen

Im Wunderland der trigonometrischen Funktionen gibt es eine unübersehbare Vielfalt von Identitäten. Die Funktion `trigsimp` hilft hier:

```
trigsimp(sin(x)**4 - 2*cos(x)**2*sin(x)**2 + cos(x)**4)
```

wird vereinfacht zu

$$\frac{\cos(4x) + 1}{2},$$

und der hoffnungslos erscheinende Ausdruck

```
8*cos(x)**3*sin(x) - 4*cos(x)*sin(x)
```

wird durch `trigsimp` vereinfacht zu $\sin(4x)$. Die Expansion trigonometrischer Identitäten kann durch die Funktion `expand_trig` geschehen:

```
expand_trig(sin(x+y))
```

ergibt wie zu erwarten $\sin(x)\cos(y) + \sin(y)\cos(x)$, und

```
expand_trig(cos(x-y)-cos(x+y))
```

liefert das Produkt $2\sin(x)\sin(y)$. Der Ausdruck

```
cos(x+y-z)+cos(y+z-x)+cos(z+x-y)+cos(x+y+z)
```

schließlich wird durch `trigsimp` vereinfacht zu $4\cos(x)\cos(y)\cos(z)$.

10.6 Infinitesimalrechnung

Grenzwerte können in `sympy` mit der `limit`-Funktion berechnet werden, wie im folgenden Beispiel: `limit((exp(x)-1)/x, x, 0)` gibt 1 zurück. Die Syntax ist, wie nicht anders zu erwarten, `limit(f(x), x, x0)`, das Ergebnis ist, falls es existiert, $\lim_{x \to x_0} f(x)$. Einseitige Limiten sind möglich, wie etwa `limit(1/x, x, 0, '+')`, also der Grenzwert, wenn man in der positiven Halbachse gegen Null geht (Ergebnis: $+\infty$) und `limit(1/x, x, 0, '-')`, wenn man dies auf der negativen tut (Ergebnis: $-\infty$). Die Voreinstellung ist die Berechnung des Grenzwerts von rechts, also `limit(f(x), x, x0, '+')`. Die Funktion `Limit` ist die nicht-evaluierende Variante, also etwa

```
Limit((cos(x)-1)/x, x, 0)
```

mit Ausgabe

$$\lim_{x \to 0^+} \left(\frac{1}{x} \left(\cos(x) - 1 \right) \right).$$

Die Methode `doit`, der wir oben schon kurz begegnet sind, evaluiert den Ausdruck:

```
expr = Limit(exp(-x**2)/x, x, -oo)
expr.doit()
```

berechnet $\lim_{x \to -\infty} e^{-x^2}/x$ und gibt den Wert 0 aus. Das Symbol oo steht für ∞, analog -oo für $-\infty$.

Differenziert wird mit der Funktion `diff` unter Angabe der Differentiationsvariablen und der Vielfachheit der Ableitung, also berechnet etwa für

```
ausdr = sin(x)*exp(-x**2*y)
diff(ausdr, x, x)
```

die erste partielle Ableitung $\partial/\partial x$ nach x mit dem Ergebnis

$$\left(4x^2 y^2 \sin(x) - 4xy \cos(x) - 2y \sin(x) - \sin(x) \right) e^{-x^2 y},$$

der Aufruf `diff(ausdr, y, 2)` die zweite partielle Ableitung $\partial^2/\partial y^2$ nach y mit dem Ergebnis

$$x^4 e^{-x^2 y} \sin(x)$$

und `diff(ausdr, x, y, 3)` die gemischte Ableitung $\partial^4/(\partial x \, \partial y^3)$ mit dem Ergebnis

$$x^5 \left(2x^2 y \sin(x) - x \cos(x) - 6 \sin(x) \right) e^{-x^2 y}.$$

(die Variante

```
diff(ausdr, x, x, y, y, y)
```

für

```
diff(ausdr, x, 2, y, 3)
```

ist auch möglich). Analog zu `Limit` gibt es hier eine nicht-evaluierende Variante `Derivative`. Im letzten Beispiel erhalten wir für

```
Derivative(ausdr, x, y, 3)
```

das Ergebnis

$$\frac{\partial^4}{\partial x \partial y^3} \left(e^{-x^2 y} \sin(x) \right),$$

mit

```
Derivative(ausdr, x, y, 3).doit()
```

erhalten wir die Ableitung von oben.

Die symbolischen Manipulationen können – wie üblich bei Modulen – in Python-Programme integriert werden. Als Beispiel berechnen wir

$$\frac{d^2}{dx^2} \prod_{i=0}^{n-1} (e^x - a_j)$$

für eine gegebene Liste $a_0, \ldots, a_{n-1}$ reeller Zahlen und dann den minimalen Wert dieser zweiten Ableitung an diesen Stellen, aber diesmal als Python-Wert:

```
def exAbl(li):
    if len(li) == 0: return Integer(1)
    else:
        expr = Integer(1)
        for j in li: expr = expr*(exp(x)-j)
        abl = diff(expr, x, 2)
        return simplify(abl)
```

und erhalten etwa für die Liste $(a_0, a_1, a_2) = (1, 2, 3)$ als Ergebnis

$$\frac{d^2}{dx^2} \prod_{i=0}^{2} (e^x - a_j) = \left(9e^{2x} - 24e^x + 11\right) e^x$$

Jetzt berechne ich den minimalen Wert dieser Funktion an den angegebenen Werten $a_0, \ldots, a_{n-1}$ als Python-Wert:

```
def einMin(li):
    meinDiff = exAbl(li)
    return float(min([meinDiff.subs(x, j).evalf() for j in li]))
```

Wir substituieren also jede der Stützstellen für x und evaluieren den entsprechenden Wert numerisch. Das ermittelte Minimum wird durch den Aufruf von float in einen Python-Wert konvertiert. Hätten wir das nicht getan, so hätten wir den entsprechenden sympy-Wert als Resultat erhalten.

Die Lösung einer ähnlichen Aufgabenstellung wäre in Java, C++ oder auch Haskell ungleich umständlicher auszuführen.

Differentialgleichungen

Die Funktion dsolve löst Differentialgleichungen; hierzu erweitern wir unseren Symbolvorrat um undefinierte Funktionen:

```
f, g = symbols('f, g', cls = Function)
```

Damit können wir mit f(x) operieren, die Ableitung f(x).diff(x) bleibt unausgewertet.

Mit `diffgl = Eq(f(x).diff(x), f(x))` wird die Differentialgleichung $f'(x) = f(x)$ beschrieben. Mal sehen: `dsolve(diffgl, f(x))` ergibt, wie nicht anders zu erwarten, $f(x) = C_1 e^x$ als Resultat. Für die Gleichung $f'(x) = f(x)^4$ gibt uns `dsolve(diffgl, f(x))` diese Lösungen:

$$f(x) = \sqrt[3]{-\frac{1}{C_1 + 3x}} \,,$$

$$f(x) = \frac{1}{6} \sqrt[3]{-\frac{1}{C_1 + x}} \left(-3^{\frac{2}{3}} - 3\sqrt[6]{3}i\right) \,,$$

$$f(x) = \frac{1}{6} \sqrt[3]{-\frac{1}{C_1 + x}} \left(-3^{\frac{2}{3}} + 3\sqrt[6]{3}i\right) \,.$$

Noch'n Beispiel: Die Differentialgleichung

$$\frac{d^2}{dx^2}f(x) - 2\frac{d}{dx}f(x) + f(x) = \sin(x) + 3\cos(x)$$

wird so gelöst:

```
dgl = Eq(f(x).diff(x, 2) - 2*f(x).diff(x) + f(x), sin(x)+3*cos(x))
dsolve(dgl, f(x))
```

zeigt als Ergebnis

$$f(x) = (C_1 + C_2 x)\, e^x - \frac{3}{2}\sin(x) + \frac{1}{2}\cos(x) \,.$$

Das Ergebnis von `dsolve` ist stets eine Gleichung, die, falls möglich, explizit gelöst wird. Erweist sich das als unmöglich, wie in

```
dgl = Eq(f(x).diff(x)*(1-sin(f(x))), f(x))},
```

so wird eine implizite Lösung angegeben, in unserem Falle $-x + \log(f(x)) - \mathrm{Si}(f(x)) = C_1$, wobei

$$\mathrm{Si}(x) := \int_0^x \frac{\sin(t)}{t}\, dt$$

das Sinus-Integral ist.

Integration

Die Integration wird durch die Funktion `integrate` bewerkstelligt,

```
integrate(exp(x), x)
```

liefert e^x; die obligatorische Konstante wird unterdrückt. Über die Berechnung der Stammfunktion hinaus kann `integrate` auch bestimmte Integral berechnen:

```
integrate(exp(x+y), (x, -3, 4))
```

liefert

$$-e^{y-3} + e^{y+4} \, ,$$

und für

```
integrate(exp(x+y), (x, -3, 4), (y, -oo, 8))
```

erhalten wir

$$-e^5 + e^{12} \, ,$$

numerisch evaluiert zu 162606.378259901.

Mal sehen: Die Ableitung von

```
ausdr = log(exp(x)+1)+exp(x)/(x**2-1)
```

ist

$$-\frac{2xe^x}{(x^2 - 1)^2} + \frac{e^x}{e^x + 1} + \frac{e^x}{x^2 - 1} \, ,$$

und die Integration dieses Ausdrucks ergibt ausdr als Resultat, wie es sich gehört. Es ist ebenfalls eine nicht-evaluierende Version Integral verfügbar:

```
Integral(sin(x)*cos(x), x)
```

resultiert in

$$\int \sin(x) \cos(x) \, dx \, ,$$

und erst die Anwendung der Methode doit, nämlich Integral(sin(x)*cos(x), x).doit(), gibt die explizite Darstellung der Stammfunktion $1/2 \sin^2(x)$.

Der Grund für diese Aufspaltung (integrate vs. Integral, diff vs. Derivative) liegt darin, dass es sich bei Integral und Derivative um Klassen handelt, die auch eine andere als die kanonische Berechnung der Integrale bzw. Ableitungen erlauben. So kann ein bestimmtes Integral durch Ober- und Untersummen approximiert werden, oder eine Ableitung durch Differenzenquotienten angenähert werden. Das lässt sich durch geeignete Parametrisierungen erreichen, die in der Dokumentation ausführlich diskutiert werden.

10.7 Matrizen

Eine lineare Gleichung der Form

$$\begin{array}{ccccccc}
x & + & y & + & z & = 1 \\
x & + & y & + & 2z & = 3 \\
x & + & 3y & + & 5z & = 4
\end{array}$$

kann durch `linsolve` gelöst werden:

```
linsolve([x+y+z-1, x+y+2*z-3, x+3*y+5*z-4], x, y, z)
```

gibt als Ergebnis

$$\left\{\left(\frac{3}{2},\ -\frac{5}{2},\ 2\right)\right\},$$

wobei wieder die Reihenfolge der Variablen in der Lösung durch die Reihenfolge im Aufruf bestimmt wird.

10.7.1 Elementare Operationen

Wir können diese Gleichung auch in Matrix-Vektor-Form schreiben. Eine Matrix wird durch eine Liste oder ein Tupel von Zeilenvektoren definiert:

```
M = Matrix(((1, 1, 1), (1, 1, 2), (1, 3, 5)))
```

ergibt

$$M = \begin{bmatrix} 1 & 1 & 1 \\ 1 & 1 & 2 \\ 1 & 3 & 5 \end{bmatrix},$$

eine Matrix mit einer Zeile durch `c = Matrix([[1, 2, 3]])`, eine Matrix mit einer Spalte durch `b = Matrix([1, 3, 4])` (das ist angenehmer zu schreiben als `Matrix([[1], [3], [4]])`). Setzen wir `vars = Matrix((x, y, z))`, so müssen wir die Gleichung

```
Eq(M*vars, b)
```

lösen:

```
solve(Eq(M*vars, b), vars)
```

ergibt

$$\left\{x : \frac{3}{2},\ y : -\frac{5}{2},\ z : 2\right\}.$$

Der Aufruf von `linsolve` erlässt uns die Definition einer Gleichung:

```
linsolve((M, b), x, y, z)
```

zeigt als Ergebnis

$$\left\{\left(\frac{3}{2},\ -\frac{5}{2},\ 2\right)\right\},$$

und

```
linsolve((M, vars), (x, y, z)),
```

also die Lösung der Gleichung

$$\begin{bmatrix} x+y+z \\ x+y+2z \\ x+3y+5z \end{bmatrix} = \begin{bmatrix} x \\ y \\ z \end{bmatrix}$$

ergibt das merkwürdige Resultat

$$\left\{ \left(\frac{x}{2} + y - \frac{z}{2}, \quad \frac{3x}{2} - 2y + \frac{z}{2}, \quad -x + y \right) \right\},$$

das, als Gleichungssystem mit den drei Unbekannten x, y und z nur die Lösung $x = 0$, $y = 0$ und $z = 0$ hat.

Die Matrix M hätte auch definiert werden können als

```
Matrix(3, 3, [1, 1, 1, 1, 1, 2, 1, 3, 5]),
```

also als 3×3-Matrix. Die erste 3 gibt die Anzahl der Zeilen an („**Zeilen zuerst**" sagt eine alte Volksweisheit), die zweite 3 die Anzahl der Spalten; die Einträge werden dann zeilenweise angegeben. Also hat die Matrix

```
k = Matrix(3, 4, [1, 1, 8, 1, 1, 2, 1, 3, 5, 6, 7, 8])
```

diese Gestalt:

$$k = \begin{bmatrix} 1 & 1 & 8 & 1 \\ 1 & 2 & 1 & 3 \\ 5 & 6 & 7 & 8 \end{bmatrix}$$

Wir haben `k.shape == (3, 4)`, `k.row(0)` gibt die erste Zeile, `k.col(-1)` oder `k.col(3)`, ist die letzte Spalte. Die Matrix k wird durch `k.col_del(-1)` verändert, indem die letzte Spalte entfernt wird. Im Gegensatz zu den unveränderlichen Ausdrücken sind Matrizen veränderlich; hier gelten die üblichen Regeln für die Änderung komplexer Strukturen von **Python**.

Sehen wir uns noch einmal die Matrix

```
m = Matrix(3, 4, [1, 1, 8, 1, 1, 2, 1, 3, 5, 6, 7, 8])
```

an. Ihr Rang, die maximale Anzahl linear unabhängiger Spalten oder Zeile, kann durch die Anzahl der Vektoren in `m.columnspace()` berechnet werden. Wir erhalten

$$\left[\begin{bmatrix} 1 \\ 1 \\ 5 \end{bmatrix}, \begin{bmatrix} 1 \\ 2 \\ 6 \end{bmatrix}, \begin{bmatrix} 8 \\ 1 \\ 7 \end{bmatrix} \right]$$

Der Kern von m wird durch `m.nullspace()` beschrieben, der gegeben ist durch

$$\left[\begin{bmatrix} \frac{11}{26} \\ -\frac{45}{26} \\ \frac{1}{26} \\ 1 \end{bmatrix} \right]$$

Die Matrix m wird transponiert als m.T. Ich füge als letzte Zeile hinzu

```
z = Matrix((0, 3, 0, 4)).T.
```

Das geschieht durch m.row_insert(3, z), das Ergebnis sei P. Die Determinante P.det() ist 31, die Matrix ist also invertierbar; für die inverse Matrix erhalten wir

$$P^{-1} = \frac{1}{31}\begin{bmatrix} -7 & -7 & 9 & -11 \\ -8 & -132 & 28 & 45 \\ 5 & 5 & -2 & -1 \\ 6 & 99 & -21 & -26 \end{bmatrix}$$

Das charakteristische Polynom von P erhält man durch factor(P.charpoly(x)), es ist das Polynom $x^4 - 14x^3 + 7x^2 + 167x + 31$ (dieser Aufruf sieht ein wenig umständlich aus, das liegt an der internen Darstellung des charakteristischen Polynoms).

10.7.2 Eigenwerte

Die Wurzeln dieses Polynoms lassen sich mit sympy berechnen, ihre Darstellung füllt jedoch mehrere Seiten (von nicht besonders hohem Nährwert, aber hübsch anzuschauen). Wir betrachten eine einfacher zu handhabende Matrix aus der Dokumentation zu sympy. Sei

```
N = Matrix(4, 4, [3, -2, 4, -2, 5, 3, -3, -2,\
                  5, -2, 2, -2, 5, -2, -3, 3]
```

also

$$\begin{bmatrix} 3 & -2 & 4 & -2 \\ 5 & 3 & -3 & -2 \\ 5 & -2 & 2 & -2 \\ 5 & -2 & -3 & 3 \end{bmatrix}$$

N ist regulär mit Determinante −150, hat also linear unabhängige Spalten. Für die Eigenwerte N.eigenvals() erhalten wir das Lexikon {−2: 1, 3: 1, 5: 2}, wir haben also die Eigenwerte −2 und 3 (jeweils mit algebraischer Vielfachheit[4] 1) und den Eigenwert 5 mit algebraischer Vielfachheit 2. Für die Berechnung der Eigenvektoren durch N.eigenvects() erhalten wir dieses Ergebnis:

$$\left[\left(-2, 1, \left[\begin{bmatrix}0\\1\\1\\1\end{bmatrix}\right]\right), \left(3, 1, \left[\begin{bmatrix}1\\1\\1\\1\end{bmatrix}\right]\right), \left(5, 2, \left[\begin{bmatrix}1\\1\\1\\0\end{bmatrix}, \begin{bmatrix}0\\-1\\0\\1\end{bmatrix}\right]\right)\right]$$

---

4 Die *algebraische Vielfachheit* eines Eigenwerts ist die Vielfachheit der entsprechenden Nullstelle des charakteristischen Polynoms; seine *geometrische Vielfachheit* ist die Dimension des von seinen Eigenvektoren aufgespannten Unterraums.

Der Eigenwert -2 hat die algebraische Vielfachheit 1 (das wissen wir schon) und hat als (transponierten) Eigenvektor $[0, 1, 1, 1]$, analog $[1, 1, 1, 1]$ für den Eigenwert 3; der Eigenwert 5 hat die algebraische Vielfachheit 2 und die linear unabhängigen Eigenvektoren $[1, 1, 1, 0]$ und $[0, -1, 0, 1]$. Da algebraische und geometrische Vielfachheit für jeden Eigenwert übereinstimmen, ist die Matrix diagonalisierbar, wir können also Matrizen P und D finden, sodass D eine Diagonalmatrix ist mit $N = PDP^{-1}$: `P, D = M.diagonalize()` mit

$$P = \begin{bmatrix} 0 & 1 & 1 & 0 \\ 1 & 1 & 1 & -1 \\ 1 & 1 & 1 & 0 \\ 1 & 1 & 0 & 1 \end{bmatrix}, \quad D = \begin{bmatrix} -2 & 0 & 0 & 0 \\ 0 & 3 & 0 & 0 \\ 0 & 0 & 5 & 0 \\ 0 & 0 & 0 & 5 \end{bmatrix}.$$

Abschließende Bemerkung

Hier kann nur ein kleiner Ausschnitt aus den Möglichkeiten zur Formelmanipulation mit Hilfe von `sympy` dargestellt werden. Einen vollen Überblick enthält die Dokumentation[5]. Es sollte jedoch angemerkt werden, dass `sympy` nicht die volle Funktionalität eines Computer-Algebra Systems wie etwa **Macsyma** oder B. Fuchssteiners μPad hat. So fehlt, um nur ein Beispiel zu nennen, die Möglichkeit zur Berechnung der (vollen) Taylor-Reihe für analytische Funktionen. Auf der anderen Seite ist `sympy` in ein sehr mächtiges und vielfältiges Programmiersystem eingebettet.

---

5 github.com/sympy/sympy/releases, Juni 2017

11 Einfache Video-Manipulation

Eine der Attraktionen der Sprache Python besteht darin, dass sie in einer Vielzahl sehr unterschiedlicher Anwendungen eine gute Figur macht. Wir haben das oben an der einigermaßen überraschenden, weil untypischen Anwendung in der Formelmanipulation gesehen. Eine weitere Facette offenbart sich, wenn man die Bearbeitung von Videos im Sinne hat. Hier bietet Python einige Bibliotheken an, mit denen Videos manipuliert, also geschnitten, kombiniert, mit neuer Tonspur versehen werden können.

Diese Aufgabe ist nicht ganz einfach, weil hier Dienste des darunter liegenden Betriebssystems in Anspruch genommen werden müssen; es ist offensichtlich, dass diese Dienste unter WINDOWS anders implementiert werden müssen als unter OS X. Wir werden sehen, wie Python vorgeht: Entsprechende Programme müssen unter den einzelnen Systemen vorhanden sein, und auf diese Basis setzt Python seine Verarbeitungsschicht. Nun kapseln Programme wie ffmpeg das jeweilige Betriebssystem hinreichend ab, sodass die Abhängigkeiten für einen Klienten wie Python minimal sind; gleichwohl gibt es subtile Abhängigkeiten, wie wir sehen werden.

Wichtig für uns ist aber eine gleichförmige und portable Schnittstelle, mit der wir Videos bearbeiten können. Wir sehen uns zunächst den grundsätzlichen Aufbau einer Video-Datei an, jedenfalls soweit, wie wir ihn benötigen, und kämpfen uns durch die Installation der Werkzeuge. Dann schauen wir uns aus der Sicht der Werkzeuge zwei Videos an und arbeiten damit. Es ist erstaunlich, was man mit zwei Videos so alles anstellen kann, wenn man die richtigen Werkzeuge hat. Schließlich zeigen wir, wie man aus einer Sequenz von Photos erst einen Film, dann eine gif-Datei erzeugen kann.

11.1 Aufbau einer Videodatei

Ein *Videoclip* besteht aus Video- und Audio-Spuren, die in einem *Container* zusammengefasst sind. Diese Container können in unterschiedlichen Formaten vorliegen, populär sind unter anderem
- *AVI* (Datei-Endung avi), das Audio Video Interleave-Format, das Audio- und Video-Daten miteinander verzahnt abspeichert,
- *Flashvideo* (Datei-Endung flv), mit dem hauptsächlich Video-Inhalte im Internet übertragen werden,
- *MP4* (Datei-Endung mp4), mit dem neben Video- und Audio-Dateien auch Bilder und Graphiken sowie Texte abgespeichert werden können.

Bleiben wir bei Audio- und Video-Formaten. In der Regel werden Audio- und Video-Komponenten getrennt aufgenommen und codiert in einem Videoclip abgespeichert; diese Aufgabe übernimmt ein *Multiplexer*. Beim Abspielen müssen diese Daten wieder getrennt werden, das geschieht durch einen *Demultiplexer*. Dieses Paar wird in der

https://doi.org/10.1515/9783110544138-012

Regel ein *Codec* genannt. Wir wollen auf die technischen Eigenschaften nicht weiter eingehen, Überblicksartikel etwa in der WIKIPEDIA geben weitere Auskunft.

Wichtig für unsere Zwecke ist, dass Video- wie Audiodateien in Frames (Rahmen) aufgeteilt sind. In den Anfangszeiten des Kinos, als Filme noch Filme waren, bestand ein Film aus einer Sequenz von Einzelbildern, die einzeln in hoher Geschwindigkeit gezeigt wurden, wodurch der Eindruck des bewegten Bilds entstand. Eine Folge von Einzelbildern ist auf dem folgenden Bild[1]. zu sehen. Jedes Einzelbild wird bei digitaler Bearbeitung als *Frame* dargestellt, der als Matrix von Punkten gedacht werden kann. Diese Idee wurde dann beim Übergang von analoger zu digitaler Musikabspeicherung auch für Audio-Daten übernommen; hier wird ein kontinuierlicher Strom analoger Audio-Daten durch eine Folge digitaler Abtastblöcke ersetzt, die ebenfalls Frames genannt werden.

Diese digitalen Frames werden interpretiert, wenn ein Videoclip abgespielt wird; die Abspielgeschwindigkeit wird durch *frames per second* (abgekürzt als *fps*) angegeben. Uns interessieren die Einzelheiten hier nicht besonders. Es sei angedeutet, dass Python für die Manipulation von Videoframes eine eigene Datenstruktur, das ndarray, benutzt. Diese ndarrays spielen mit der effizienzorientierten Bibliothek numpy eine tragende Rolle bei der Datenanalyse und beim Maschinellen Lernen mit Python. Sie brauchen hier jedoch nicht weiter diskutiert zu werden.

Wir werden uns mit der Bibliothek moviepy befassen, die sich auf das Framework ffmpeg abstützt. Während moviepy eine Bibliothek von und für Python ist, ist ffmpeg sprachunabhängig auf einer Vielzahl von Plattformen und Betriebssystemen (MAC OS, WINDOWS, LINUX-Varianten) verfügbar. Das folgende Bild[2], das einem Tutorium für moviepy entnommen ist, zeigt die wesentliche Vorgehensweise:

---

1 Quelle: https://de.wikipedia.org/wiki/Einzelbild_(Film) (Oktober 2017)
2 Quelle: http://zulko.github.io/moviepy/getting_started/quick_presentation.html (Oktober 2017)

Es wird deutlich, dass `ffmpeg` zum Lesen und zum Schreiben der multimedialen Daten verwendet wird, sodass schon hier klar wird, dass dieses Framework eine wichtige Rolle spielen wird (wenn auch für unsere Zwecke indirekt, also durch Aufrufe, die durch `moviepy` vermittelt werden). Es werden für die Graphik einige Python-Bibliotheken genannt (`numpy`, `scipy`, `openCV`, `PIL`), die beteiligt werden können, je nach Aufgabe; `PIL` ist uns etwa im Abschnitt 5.4 begegnet.

11.2 Installation der Pakete

Zunächst sollte das Framework `ffmpeg` installiert werden. Ich bin bei der Installation diesen Hinweise gefolgt:
- `how-to-install-ffmpeg-on-mac-os-x.html` im Verzeichnis `http://www.renevolution.com/ffmpeg/2013/03/16/` (der Vorschlag erfordert die Installation von Hilfsprogrammen, die man auch an anderer Stelle gut gebrauchen kann)
- `http://www.wikihow.com/Install-FFmpeg-on-Windows`. Man sollte unter WINDOWS nicht vergessen, den Pfad zu `ffmpeg` wie in der Anleitung empfohlen einzutragen.

Das Paket `moviepy` kann dann durch `pip install moviepy` entweder in einem Terminal-Fenster von MAC OS oder in der Eingabeaufforderung von WINDOWS installiert werden. Wenn sich nach der Installation von `moviepy` beim ersten Aufruf Schwierigkeiten ergeben sollten, weil vielleicht der Pfad nicht korrekt angegeben ist, so kann man wie folgt vorgehen[3]:
- `pip install imageio` installiert das Paket `imageio`,
- `import imageio; imageio.plugins.ffmpeg.download()` im **Python**-Interpreter.

---

3 Quelle: Datei `41434293#41434293` im Verzeichnis `raise-needdownloaderrorneed-ffmpeg-exe-needdownloaderror-need-ffmpeg-exe/` unter `https://stackoverflow.com/questions/41402550/` (Juni 2017)

Es erweist sich gelegentlich als hilfreich, auch das Paket pygames zu installieren. Hier habe ich diese Hinweise gefunden:

- die Datei installing-pygame-for-python-3-on-os-x im Verzeichnis http://florian-berger.de/en/articles für OS X,
- die Datei installing-the-windows-64-bit-version-of-pygame im Verzeichnis https://www.webucator.com/blog/2015/03 für WINDOWS.

Es mag hilfreich sein, das Programm youtube-dl von youtube-dl.org zu installieren, das von der Kommandoschnittstelle aus bedient wird. Es hilft dabei, Video-Dateien (nicht nur von YOUTUBE) herunterzuladen. So habe ich mit

```
youtube-dl https://www.youtube.com/watch?v=mJq6st-mNnM
           -o M_12.11.2016.mp4
```

die *Erklärung der Bundeskanzlerin vom 12.11.2016 zur Bildung* von der offiziellen Web-Seite www.youtube.com/user/bundesregierung der Bundesregierung heruntergeladen und unter M_12.11.2016.mp4 gespeichert. Die Dokumentation, die von youtube-dl.org aus zugänglich ist, gibt Auskunft über die Möglichkeiten des Programms und – sehr knapp – über mögliche rechtliche Probleme.

Der Benutzer ist für die Einhaltung rechtlicher Vorschriften verantwortlich.

Hinweis
Ich habe keine separate LINUX-Installation zur Verfügung, sodass ich mich bei den obigen Paketen und Modulen auf Hinweise für MAC OS und für WINDOWS beschränken muss.

11.3 Wir sehen uns ein Video an

Wir sehen uns einen Videoclip jetzt genauer an. Zunächst wird moviepy.editor importiert, das Paket enthält viele von uns benötigte Komponenten und stellt die Klassen bereit, mit denen wir arbeiten. Dazu gehören

- die Klasse VideoClip als Basisklasse für weitere, stärker spezialisierte Klassen, als da sind
  - VideoFileClip: Diese Klasse konvertiert eine Videodatei in eine Instanz der Klasse VideoClip,
  - CompositeVideoClip: Erlaubt die Komposition mehrerer Videoclips zu einem einzigen,
  - TextClip: Erzeugt aus einer Zeichenkette oder einer Datei, die eine Zeichenkette enthält, einen Videoclip,

- `ImageClip`: Erzeugt aus einem Bild einen Videoclip,
- `ColorClip`: Erzeugt einen monochromen Videoclip.
- die Klasse `AudioClip` als Basisklasse für Audiodateien, die selbst wieder die spezialisierten Klassen `AudioFileClip` und `CompositeAudioClip` unterstützt. Die Aufgabenverteilung ist analog zu der bei Videodateien.

Die Attribute resp. die Methoden der einzelnen Klassen werden für die Basisklasse und die erbenden Klassen in der Dokumentation[4] (nicht ganz redundanzfrei) beschrieben. Die Beispiele bedienen sich der Dokumentation. Die Klassen bieten aber weit mehr an Funktionalität, als hier vermittelt werden kann.

Die Klasse `VideoFileClip` erzeugt einen Videoclip. Wir instanziieren die Klasse mit dem Namen der Datei unseres Videoclips:

```
import moviepy.editor as mpy
clip = mpy.VideoFileClip("Bochum-1.mp4")
```

Dieser Clip enthält die Verkehrsszene an einer Kreuzung in Bochum und ist wohl nur für Demonstrationszwecke interessant. Die Attribute `clip.duration` (22.1 sec), `clip.filename` ('Bochum-1.mp4') und `clip.end` (22.1 sec) geben die unmittelbar interessanten Attribute an, `clip.fps` gibt die Anzahl der Frames pro Sekunde an (30 fps), und `clip.size` die Höhe und die Breite jedes einzelnen Frame in Pixeln ([1920, 1080], also 1920 Pixel auf der x-Achse und 1080 Pixel auf der y-Achse); der Ursprung des Koordinatensystems ist wie bei Graphiken oben links, vgl. Seite 152. Die Größe des Clip lässt sich durch `clip.resize(newsize=None, height=None, width=None)` ändern. Es wird ein neuer Videoclip erzeugt, die Methode nimmt als Schlüsselwort-Parameter `newsize` als die Größe des neuen Clip in Pixeln. Wenn nur `height` oder `width` angegeben wird, so wird der jeweils andere Parameter aus dem Verhältnis zwischen Höhe und Breite des ursprünglichen Clips berechnet, es kann aber auch ein Paar (`height`, `width`) angegeben werden (das verzerrt den Clip möglicherweise).

Mit `clip.save_frame("Bochum-1.jpg", t=17.3)` wird der Frame mit dem angegebenen Zeitpunkt in eine Bilddatei konvertiert und abgespeichert; die ist in der Abbildung 11.1 zu sehen.

`clip.resize((1000, 200)).save_frame("Bo-1.jpg", t=17.3)` demonstriert die Verzerrung, die sich dann durch den gesamten Clip zieht (Abbildung 11.2).

Mit `clip.subclip` wird ein Subclip extrahiert, das Ergebnis ist wieder ein Videoclip. Als Parameter können Anfang und Ende (relativ zum `clip`) angegeben werden, ist kein Ende angegeben, so wird `clip.duration` angenommen, ein negativer Wert t für das Ende wird als `clip.duration` + t interpretiert (`clip.subclip(0, -4)` schneidet die letzten vier Sekunden weg).

---

4 `zulko.github.io/moviepy/ref/VideoClip` (August 2017)

Abb. 11.1: Frame aus dem Videoclip Bochum-1

Abb. 11.2: Frame aus dem verzerrten Videoclip Bochum-1

Mit clip.write_videofile wird der Clip in eine Datei geschrieben, die als erster Parameter angegeben werden sollte. Die Methode hat eine Fülle von Parametern, von denen codec erwähnt werden sollte: codec = 'libx264' ist die Voreinstellung und erfordert mp4 als Suffix für die Ziel-Datei, ebenso codec = 'mpeg4'; codec = 'rawvideo' (Vorsicht: riesige Datei!) sowie codec = 'png' erfordern avi als Suffix, und schließlich codec = 'libvpx' das Suffix webm.

Der Audioclip lässt sich mit af = clip.audio extrahieren, wir schreiben mit

```
af.write_audiofile('Bochum-1.mp3')
```

diesen Clip in eine mp3-Datei (Alternativen zum Format mp3 sind möglich, s. u.).

Die Dauer des Audioclip af.duration stimmt nicht nur zufällig mit der Dauer clip.duration des Videoclip überein. Ist auClip ein Audioclip und auClip.duration == clip.duration, so erzeugt clip.set_audio(auClip) einen neuen Videoclip, der auClip als Audioclip hat. Stimmen die Längen der Clips nicht überein, so wird der kürzere dem längeren Clip angepasst, was zu Verzögerungen oder zeitlichen Streckungen führt und hässlich aussieht.

Audioclips

Mit auf = mpy.AudioFileClip('Dat.mp3') wird ein Audioclip aus der Datei Dat.mp3 erzeugt, die Attribute duration, filename, und fps sind wie bei Videoclips erklärt;

analog steht die Methode `subclip` zur Verfügung. Ist `AuLi` eine Liste von Audioclips, so erzeugt `compo = mpy.CompositeAudioClip(AuLi)` ebenfalls einen Audioclip `compo`, der die Clips in der Liste überlagert darstellt: Sie beginnen gemeinsam, die Clips werden ihrer Länge gemäß parallel abgespielt[5]. Im Gegensatz dazu entsteht durch

```
concat = mpy.concatenate_audioclips(AuLi)
```

ein Clip `concat`, der die einzelnen Clips in der Liste hintereinander abzuspielen gestattet. Ein Audioclip `auf` wird mit `auf.write_audiofile(datei)` in eine Datei geschrieben; neben dem Dateinamen `datei` können weitere Parameter angegeben werden. Wird kein `codec` angegeben, so bestimmt das Suffix des Dateinamens den Codec zum Abspielen des Programms, `codec=pcm_s16le` gibt 16-Bit `wav` an, `codec=pcm_s32le` die 32-Bit Variante von `wav`.

Der Audiclip `auf` kann mit `auf.preview()` abgespielt werden. Für Videoclips ist diese Methode auch definiert, sie kann jedoch abhängig von der Einstellung im Browser oder des Kommandoprozessors zu Problemen führen. Deshalb erscheint es sinnvoll, Videoclips unter der Kontrolle des Betriebssystems mit den dazu vorgesehenen Programmen anzusehen.

11.4 Manipulation von Videos

Die Aufgabenstellung besteht zunächst darin, zwei Videoclips zu laden[6]. Der erste soll dupliziert werden, wobei rechts und links vertauscht werden sollen; daraus soll ein kombinierter Clip entstehen, in dem beide Clips parallel abgespielt werden. Der Audioclip des kombinierten Clip soll gelöscht werden.

```
from moviepy.editor import *
clip1 = VideoFileClip("Bochum-1.mp4")
```

Die Klasse `VideoClip` stellt eine Methode `fx` zur Verfügung, die zur Bequemlichkeit der Benutzer eine Abkürzung darstellt, die eine Vielfalt anderer Methode verbirgt. Sehen wir uns die Methode zur Spiegelung an der x-Achse an:

```
clip2 = clip1.fx(vfx.mirror_x)
```

Das ist eine Abkürzung von `vfx.mirror_x(clip1)`, wobei `vfx` der Name ist, unter dem der Modul `video.fx` nach `from moviepy.editor import *` geladen wird. Analog werden wir gleich die Methode `vfx.fadein(clip, duration=2)` benutzen, die dazu

---

5 Man sollte hier vorsichtig sein und das auf Arnold Hau zurückgehende Gebot *Redet nicht alle durcheinander!* beachten, vgl. F. W. Bernstein, R. Gernhardt, F. K. Waechter: Die Wahrheit über Arnold Hau. Zweitausendeins, Frankfurt am Main, 1966, Seite 179.
6 Die beiden verwendeten Videoclips `Bochum-1.mp4` und `Bochum-2.mp4` sind unter `http://hdl.handle.net/2003/36234` verfügbar, ebenso die Ergebnisse.

dient, ein Video nach einer zwei Sekunden dauernden Anfangsphase einzublenden, wobei duration ein optionaler Parameter ist. Das geschieht mit clip.fx(vfx.fadein, duration=2). Diese syntaktische Transformation hilft dabei, den Code übersichtlicher zu gestalten, vor allem, wenn Aufrufe aus diesem Modul verkettet werden.

Wir konstruieren einen neuen Videoclip, in dem clip1 und clip2 nebeneinander abgespielt werden, und löschen die Tonspur. Dazu konstruieren wir eine 2 × 1-Matrix von Clips, also eine Matrix mit einer Zeile, die die Clip clip1 und clip2 enthält; der Aufruf von clips_array([[clip1, clip2]]) gibt dann den so kombinierten Clip zurück; ein Aufruf der parameterlosen Methode without_audio() löscht die Tonspur.

```
clip_komb = clips_array([[clip1, clip2]]).without_audio()
```

Wir laden nun einen weiteren Clip, den wir auf 40 % verkleinern und dann kürzen, indem wir die letzten clip1.duration-5 Sekunden herausschneiden. Die Modifikation der Größe geschieht durch den Aufruf der Methode resize, das Herausschneiden durch die Methode subclip.

```
clip3 = VideoFileClip("Bochum-2.mp4")
clip3 = clip3.resize(0.4).subclip(0, clip1.duration-5)
```

Wir konvertieren den Clip nach Schwarz/Weiß (das tut fx(vfx.blackwhite)), wollen ihn zu Beginn zwei Sekunden lang einblenden und am Ende zwei Sekunden lang ausblenden lassen. Das ist eine Kaskade von Aufrufen, die mit .fx beginnen. Beachten Sie die Klammern um den Ausdruck auf der rechten Seite und die Handhabung der Parameter für fadein und fadeout.

```
clip3 = (clip3.fx(vfx.blackwhite)
              .fx(vfx.fadein, duration=2)
              .fx(vfx.fadeout, duration=2))
```

Der neue Clip clip3 wird zentriert in den kombinierten Clip clip_komb eingesetzt (das macht die Methode set_pos mit dem Parameter 'center'), er soll nach fünf Sekunden anfangen zu spielen (das macht set_start(5)). Diese Methoden erzeugen jeweils einen neuen Clip clip3.set_start(5).set_pos("center"), der anonym bleibt und gemeinsam mit clip_komb als Parameter zur Instanziierung der Klasse CompositeVideoClip dient. Dieser Videoclip wird mit der Methode write_videofile in die Datei Bo-c.mp4 geschrieben, nachdem wir die Tonspur gesetzt haben. Hierzu benutzen wir den aus einem Video[7] extrahierten Audioclip Tarantella.mp3, aus dem wir einen geeignet langen Ausschnitt nehmen und damit einen Audioclip erzeugen, und die Methode set_audio, die einen Audioclip als Tonspur für einen Videoclip zu setzen gestattet.

---

[7] Auf dem Video spielt Willi Köhne (Bochum) Akkordeon. Er hat mir freundlicherweise gestattet, die unter http://hdl.handle.net/2003/36234 verfügbare Tonspur aus dem Video zu benutzen.

Abb. 11.3: Schnappschuss

```
clipListe = [clip_komb, clip3.set_start(5).set_pos("center")]
video = CompositeVideoClip(clipListe)
einTanz = AudioFileClip('Tarantella.mp3').\
                        subclip(4, 4+video.duration)
video.set_audio(einTanz).write_videofile("Bo-c.mp4")
```

Der Schnappschuss in Abbildung 11.3 gibt den gegenwärtigen Stand der Dinge wieder.

Wir lassen den Clip rückwärts laufen. Dazu benutzen wir die Methode fl_time, die als Parameter eine Funktion $t \to t$ hat. Beim Aufruf c.fl_time(f) wird ein Clip erzeugt, der zum Zeitpunkt t den Rahmen f(t) des Clips c abspielt. Die Zuweisung

```
vid = video.fl_time(lambda t:video.duration - t)
```

hat also den Effekt, dass vid den Clip video rückwärts abspielt (das gilt auch für die Tonspur). Aber Vorsicht: Die Methode lässt die Dauer des Clips undefiniert, man sollte sie mit der Methode set_duration explizit setzen. Das geschieht hier.

```
vid = video.fl_time(lambda t:video.duration - t)
vid.set_duration(video.duration).write_videofile("Bo-r.mp4")
```

Titel

Der Titel „Bochum-Linden" soll zentriert oben im Bild stehen, unten rechts soll „Ecke Hattinger-/Lewackerstraße" als Untertitel zu finden sein. Titel und Untertitel sollen jeweils nach fünf Sekunden erscheinen und nach weiteren fünf Sekunden wieder verschwinden. Der Titel soll nach fünf Sekunden eingeblendet werden, nach seinem Verschwinden soll der Untertitel erscheinen. Als Farbe ist jeweils schwarz vorgesehen.

```
titelClip = TextClip('Bochum-Linden',color='black',\
                     font='Verdana',\
                     bg_color='transparent',\
                     kerning = 5, fontsize=60)
untertitelClip = TextClip('Ecke Hattinger-/Lewackerstraße',\
                          font='Verdana', color = 'black', \
                          bg_color = 'transparent', \
                          kerning = -1, fontsize = 40)
```

Die Klasse `TextClip` wurde oben (Seite 216) als Unterklasse der Basisklasse `VideoClip` erwähnt; sie erfordert das Vorhandensein des Programm-Pakets `ImageMagick`[8]. Die Parameter sind ziemlich selbsterklärend; der Parameter `kerning` gibt den Abstand der einzelnen Buchstaben zueinander an. Die möglichen Farben bzw. Fonts sind in den Listen der statische Attribute `TextClip.list('color')` und `TextClip.list('font')` zu finden.

Damit haben wir zwei `TextClips`, die zur Benutzung nach der obigen Spezifikation eingerichtet werden sollten. Wir zentrieren sie in ihrem eigenen Bildraum und richten ihre Dauer auf jeweils fünf Sekunden ein:

```
ctitel = CompositeVideoClip([titelClip.set_pos('center')])\
        .set_duration(5)
utitel = CompositeVideoClip([untertitelClip.set_pos('center')])\
        .set_duration(5)
```

Schließlich konstruieren wir ein Tupel aus Videos, aus denen wir dann unser endgültigen Video konstruieren und mit `write_videofile` ausschreiben:

```
clipListe = [video, ctitel.set_start(5)\
                        .set_pos(('center', 'top')),\
                utitel.set_start(9).set_pos(('left', 'bottom'))]
video = CompositeVideoClip(clipListe).\
                        write_videofile("Bo-titel.mp4")
```

Der Clip `video` wurde oben schon diskutiert, der Clip `ctitel` soll nach fünf Sekunden beginnen und oben in die linke Ecke geschrieben werden, der Clip `utitel` soll nach neun Sekunden beginnen und in der unteren linken Ecke platziert werden. Das Standbild in Abbildung 11.4 zeigt das Video nach 9,5 Sekunden.

Die Clips können von der *web site* `http://hdl.handle.net/2003/36234` heruntergeladen werden.

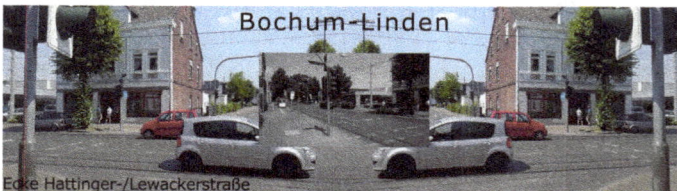

Abb. 11.4: Frame aus dem Videoclip Bochum-1 mit Ober- und Untertitel

---

8 Das ist unter MAC OS ziemlich unproblematisch, unter WINDOWS sollte der Zugriffspfad explizit gesetzt werden, damit Python das Paket findet.

11.5 Erzeugung einer gif-Datei

Im Verzeichnis Serie-3 in http://hdl.handle.net/2003/36234 finden sich die neun
Photos aus Abbildung 11.5, die als jpg-Dateien abgelegt sind.

Sie sollen zunächst zu einem Videoclip zusammengestellt werden, aus dem dann
eine gif-Datei erzeugt werden soll (gif-Dateien können in beschränktem Umfang Ani-
mationen darstellen). Der Videoclip soll die aufeinanderfolgenden Aktionen der Bilder wiedergeben. Zunächst muss aus einer jpg-Datei ein Video erzeugt werden. Hierzu wird die Klasse ImageClip instanziiert. Dieser Videoclip wird dann in seiner Größe
modifiziert und mit einer Dauer versehen; die Methode resize dient zur Modifikation
der Größe – hier wählen wir den Faktor 0.3 – und die Methode set_duration setzt die
Dauer – hier wählen wir eine Sekunde. Wir wollen die Entwicklung auch rückwärts
laufen lassen, so dass wir die Reihe der Photos in umgekehrter Reihenfolge durchlaufen, allerdings etwas schneller als in der ursprünglichen Reihenfolge. Als Dauer geben
wir 0.2 Sekunden an. Die so entstandenen Clips werden nacheinander abgespielt. Es
ergibt sich:

```
import os
ser3 = "Serie-3"
photos = [ser3 + '/' + t for t in os.listdir(ser3)]

from moviepy.editor import *
im2List = [ImageClip(j).resize(0.3)\
                        .set_duration(1) for j in photos]+\
[ImageClip(j).resize(0.3).set_duration(0.2) for j in photos[::-1]]
Leute = concatenate_videoclips(im2List)
Leute.write_videofile('Leute.mp4', fps=25)
```

Abb. 11.5: Neun Photos

Dieser Videoclip mit Namen Leute wird ausgeschrieben, dabei muss allerdings der Parameter fps gesetzt werden, der die Videoframes pro Sekunde angibt (die Photos sind ja ziemlich statisch und tragen keine Angabe über die Darstellung pro Sekunde).

Aus dem Videoclip wollen wir auch eine gif-Datei erzeugen, die sich beim Abspielen fast so wie die Video-Datei verhält, was die Dynamik betrifft. Das geschieht mit der Methode write_gif, die allerdings neben der zu schreibenden Datei weitere Angaben benötigt. Da ist zum einen das Programm, mit dem aus dem Videoclip die gif-Datei erzeugt werden soll; hier habe ich ffmpeg gewählt, weil es ohnehin für unsere Zwecke installiert wurde (ImageMagick oder das oben kurz erwähnte imageio wären auch möglich gewesen); weiterhin müssen wir zur Unterstützung der Animation den Parameter fps auch hier setzen. Die Abspielgeschwindigkeit wird verdoppelt, dafür sorgt der Aufruf der Methode speedx. Insgesamt speichern wir also mit

```
Leute.speedx(2).write_gif('Leute.gif', program='ffmpeg', fps=25)
```

den Videoclip als gif-Datei, die unter http://hdl.handle.net/2003/36234 besichtigt werden kann.

Die 3 × 3-Matrix mit den Bildern von oben wurde übrigens mit

```
clips_array([a, b, c]).save_frame('DieBilder.png')
```

erzeugt, wobei a, b, c jeweils ein Tripel mit den Imageclips von jeweils drei Bildern ist.

Abschließende Bemerkungen
Wir haben die ersten Schritte für die Video-Bearbeitung mit Python gemacht, weitere Schritte könnten ohne großen Aufwand folgen. So kann man zum Beispiel die vorgestellte Vorgehensweise dazu nutzen, aus wissenschaftlichen Datenreihen zuerst einen Film, dann eine gif-Datei konstruieren, um etwa einen zeitlichen Ablauf sichtbar zu machen. Ein erster Schritt hierzu ist in Aufgabe 85 zu finden. Man könnte auch eine graphische Benutzungsoberfläche bauen, um die hier vorgestellten Werkzeuge einfacher nutzbar zu machen, aber das sprengt den Rahmen dieser Präsentation.

Der kreativen Phantasie sind hier wenig Grenzen gesetzt.

12 Der Besuch von Web-Seiten

In diesem Abschnitt werden uns zunächst HTML-Seite genauer ansehen und analysieren. Wir wissen ja bereits aus unseren Überlegungen zu XML im Abschnitt 5.6.3, dass diese Seiten im Wesentlichen Bäume sind, sodass wir also Möglichkeiten finden müssen, in diesen Bäumen zu navigieren und die gewünschten Informationen zu extrahieren. Dazu wird in Abschnitt 12.2.2 ein geeigneter Formalismus benutzt, nämlich CSS, eine Auszeichnungssprache, die in erster Linie dazu dient, die Darstellung von HTML-Seiten zu spezifizieren. Bei der Dekoration dieser Seiten ergibt sich offensichtlich die Notwendigkeit, in solchen Seiten auch zu navigieren, um die darzustellenden Elemente zielsicher zu finden. Es geht uns jedoch hier weniger darum, die Darstellung solcher Seiten in einem Browser zu besprechen, es ist eher die Navigation in den zugehörigen Bäumen, die uns an dieser Stelle interessiert. Wenn man dann einen Baukasten zur Formatierung solcher Seiten zur Verfügung hat, ist es nach all diesen Vorbereitungen zur Navigation dann auch nur ein kleiner Schritt, auch die Darstellung von HTML-Seiten in einem Browser zu beschreiben; aber diesen Schritt werden wir hier nicht tun.

Wir werden also zunächst einen kurzen Ausflug in HTML machen, uns eine Musterseite genauer ansehen und überlegen, wie wir in dieser Musterseite navigieren und hierzu die entsprechenden Komponenten der Seite (also des Baums) spezifizieren. Dabei werden wir auch überlegen, wie wir die in solchen Seiten eingebetteten Links identifizieren, und wir werden an einigen Beispielen nachvollziehen, wie wir die Inhalte, die mit solchen Links verbunden sind, ansprechen und für unsere Zwecke nutzbar machen (also zu laden). Dazu gehört auch eine kurze Diskussion über den Zugriff auf Seiten im Netz.

12.1 Die Baumstruktur

Das HTML-Dokument aus Abbildung 12.1 wird mit einer Erklärung über seinen Typ eingeleitet (`<!doctype html>`), die Deklaration auf der obersten Ebene schließt das gesamte Dokument in `<html>` ... `<\html>` ein. Dieser Wurzelknoten hat zwei Abkömmlinge, `<head>` ... `</head>` und `<body>` ... `<body>`, von denen uns lediglich der zweite interessiert (ich habe den ersten Sohn weitgehend ausgeblendet: Es enthält Informationen über die Darstellung der Seite, also z. B. über den zu verwendenden Font, die Schriftgröße etc.). Der eigentliche Text des Dokuments ist im Unterbaum zu `<body>` zu finden, er hat eine eigene Wurzel `<div>`, die drei Abkömmlinge hat, von links nach rechts `<h1>`, `<p>` und noch einmal `<p>`. Dieser letzte Knoten hat einen Abkömmling `<a>`, in dem das Attribute-Werte Paar `href="http://www.iana.org/domains/example"` und die Zeichenkette More

https://doi.org/10.1515/9783110544138-013

```
<!doctype html>
<html>
<head>
...
</head>

<body>
<div>
    <h1>Example Domain</h1>
    <p>This domain is established to be used for illustrative
    examples in documents. You may use this
    domain in examples without prior coordination
    or asking for permission.</p>
    <p><a href="http://www.iana.org/domains/example">
        More information...</a></p>
</div>
</body>
</html>
```

Abb. 12.1: Beispiel-Dokument (HTML-Version)

information... zu finden ist. Der erste `<p>`-Knoten enthält lediglich Text, This domain ... permission. Das ist die Struktur des Unterbaums mit Wurzel body:

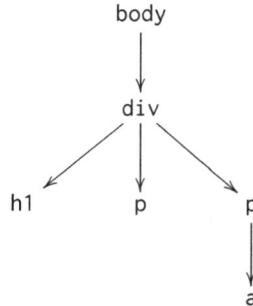

In Abbildung 12.2 ist dann ein Bild der Web-Seite zu finden, das der Nutzer sieht, wenn `http://example.com` geöffnet wird.

Für die Zwecke der folgenden Diskussion blenden wir die Bedeutung der einzelnen Elemente weitgehend aus. Es ist für die Beschreibung der Navigation zunächst irrelevant, ob auf eine Marke eine Überschrift oder ein Paragraph folgt, solange wir auf die Inhalte der entsprechenden Knoten zugreifen können. Die folgenden Anmerkungen erläutern die Syntax:

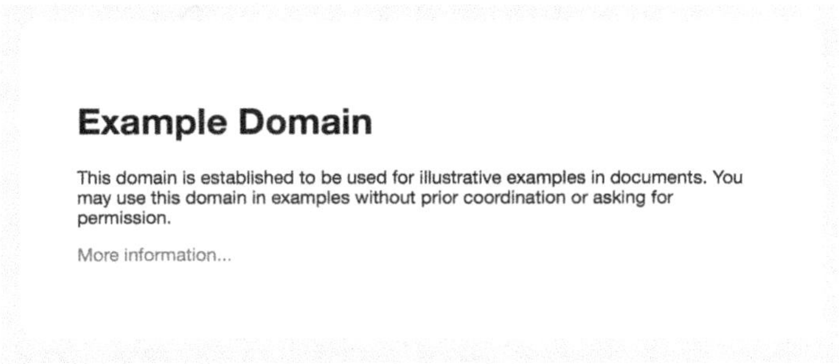

Example Domain

This domain is established to be used for illustrative examples in documents. You may use this domain in examples without prior coordination or asking for permission.

More information...

Abb. 12.2: Beispiel-Dokument (Browser-Darstellung)

- Ein HTML-Element besteht gewöhnlich aus
  - der öffnenden Klammer < gefolgt von einer Marke (tag),
  - dem Attribut-Teil, der entweder aus einer Folge von Attribut-Wert Paaren attribut = 'wert' besteht, die durch Leerzeichen voneinander getrennt sind und durch eine schließende Klammer > beendet wird oder leer ist,
  - einer Zeichenkette,
  - der Marke, eingebettet in </...>.
- Werden keine Attribute aufgeführt, so kann das Element auch in der Form <Marke Text> geschrieben werden.

Nützliche Marken sind:

Text <p></p> für Paragraphen, <h1></h1>, ..., <h6></h6> für eine Hierarchie von Überschriften, <pre></pre> für vorformatierten Text, z.B. Programmtext, <b></b> für fetten Text, ähnlich für andere Auszeichnungen von Text. Mit <title></title> wird der Titel eines Dokuments ausgezeichnet.

Listen Listenelemente werden mit <li></li> ausgezeichnet, es sind Kinder entweder von <ol></ol> für nummerierte oder von <ul></ul> für ungeordnete Listen. Bei geordneten Listen kann die Art der Nummerierung als type-Attribut mitgegeben werden, also spezifiziert z. B. <ol type='a'> eine geordnete Liste, deren Elemente mit kleinen Buchstaben markiert sind. Listen können verschachtelt werden (Abbildung 12.3).
Gelegentlich sind auch Definitionslisten <dl></dl> hilfreich, die im Beispiel in Abbildung 12.4 dargestellt sind.

Verweise Die Marke <a> dient dazu, Elemente mit Verweisen zu enthalten. Hierzu ist das Attribut href gedacht. <a href = Adresse>Wikipedia</a> spezifiziert einen Verweis auf eine Adresse, deren Inhalt geladen werden kann. Die Adresse wird als Zeichenkette angegeben und nach den üblichen Konventionen notiert. Es kann sich um eine Adresse aus dem Internet oder um eine lokale Adresse handeln.

Bilder Bilder werden die durch die Marke img ausgezeichnet. Syntax: <img src=Adresse alt=Alternative>, wobei wie oben die Adresse angibt, wo das

```
<ol type="1">
  <li>Liste 1 Teil 1
    <ol type="i">
      <li>Liste 2 Teil 1
        <ul>
          <li>Liste 3 Teil 1</li>
          <li>Liste 3 Teil 2</li>
        </ul>
      </li>
      <li>Liste 2 Teil 2</li>
    </ol>
  </li>
  <li>Liste 1 Teil 2</li>
</ol>
```

```
1. Liste 1 Teil 1
    i. Liste 2 Teil 1
        • Liste 3 Teil 1
        • Liste 3 Teil 2
   ii. Liste 2 Teil 2
2. Liste 1 Teil 2
```

Abb. 12.3: Verschachtelte Listen

```
<dl>
  <dt>HTML</dt>
    <dd>Hyper-text Markup Language</dd>
  <dt>WWW</dt>
    <dd>World Wide Web</dd>
  <dt>W3C</dt>
    <dd>World Wide Web Consortium</dd>
  <dt>dl</dt>
    <dd>definition list</dd>
  <dt>dt</dt>
    <dd>definition term</dd>
  <dt>dd</dt>
    <dd>definition description</dd>
</dl>
```

```
HTML
        Hyper-text Markup Language
WWW
        World Wide Web
W3C
        World Wide Web Consortium
dl
        Liste
dt
        Definierter Begriff
dd
        Beschreibung
```

Abb. 12.4: Definitionsliste

Bild zu finden ist und die Zeichenkette Alternative sagt, was angezeigt werden soll, wenn der Browser das Bild nicht anzeigen kann.

Tabellen Tabellen `<table></table>` mit eingebetteten Angaben über die Zeilen `<tr></tr>`, Spaltenüberschriften `<th></th>` und den Inhalten `<td></td>`. Das Beispiel in Abbildung 12.5 sagt alles.

Formulare Die Marke `<form></form>` dient zur Spezifikation von Formularen. Die Spezifikation ist voller Details, die unsere Diskussion jedoch nicht weiterbringen, deshalb sei auf

`http://www.openbookproject.net/tutorials/getdown/html/lesson8.html`

verwiesen, wo das Thema gut und ausführlich dargestellt ist.

```
<table>
  <tr><th colspan="3">
      Vampire in Westfalen</th></tr>
  <tr><th>Monat</th><th>Jahr</th><th>
      Anzahl</th></tr>
  <tr><td>6</td><td>93</td><td>130</td></tr>
  <tr><td>12</td><td>93</td><td>623</td></tr>
  <tr><td>6</td><td>94</td><td>38</td></tr>
  <tr><td>12</td><td>94</td><td>10</td></tr>
  <tr><td>6</td><td>95</td><td>23</td></tr>
  <tr><td>1</td><td>96</td><td>113</td></tr>
  <tr><td>6</td><td>96</td><td>230</td></tr>
  <tr><td>1</td><td>97</td><td>650</td></tr>
</table>
```

Vampire in Wesfalen		
Monat	**Jahr**	**Anzahl**
6	93	130
12	93	623
6	94	18
12	94	10
6	95	23
1	96	113
6	96	230
1	97	250

Abb. 12.5: Tabelle in HMTL

Die wichtigsten Attribute sind hier noch einmal zusammengefasst:
- class, das Klassen-Attribut,
- scr, gibt die Quelle eines Bildes an, mit Alternative alt,
- href, gibt die Quelle eines Verweises an,
- colspan, type und andere für spezielle Zwecke innerhalb eines Knotens,
- id, um einen eindeutig bestimmten Namen in einem Dokument anzugeben.

Einige dieser Attribute (und einige mehr) haben für die Navigation in CSS eine spezielle Syntax.

Die Aufgabe besteht jetzt darin, den Baum einer HTML-Datei zu untersuchen und darin zu navigieren. Die Untersuchung erstreckt sich zunächst auf die einzelnen Knoten und dann auf den Baum selbst. Als nächstes ist es wünschenswert, HTML-Dateien aus dem Netz zu laden und damit zu arbeiten. Damit befassen wir uns an- und abschließend.

12.2 Eine wunderschöne Suppe?

Für die oben skizzierten Aufgaben stehen unter dem Stichwort *web crawling* einige Werkzeuge im Umkreis von Python zur Verfügung. Wir sehen uns hier das Werkzeug BeautifulSoup[1] näher an. Die Auswahl ist nicht nur subjektiv bestimmt: Bei der Durchsicht der verfügbaren Pakete habe ich darauf geachtet, welches Paket die Trennung der einzelnen Teilaufgaben (Untersuchung der Knoten eines Baums, Navigation im Baum, Laden und Verarbeiten von Dateien aus dem Web) am deutlichsten

---

[1] Dokumentation: www.crummy.com/software/BeautifulSoup/bs4/doc/ (August 2017)

vornimmt. Hier erschien BeautifulSoup² am besten geeignet, das – in meinem persönlichen Wettbewerb – zweitplatzierte Werkzeug scrapy ist sicher nicht minder mächtig, verwischt aber diese Grenzen wahrnehmbar. Andererseits kann die Diskussion von BeautifulSoup sicher auch als Vorbereitung für die Nutzung anderer Werkzeuge dienen.

Installation

Die Installation ist weitgehend kanonisch. Das Paket heisst bs4 (es handelt sich also offenbar um Version 4) und ist mit pip install bs4 schnell installiert. Danach stehen die Module BeautifulSoup und BeautifulStoneSoup zur Verfügung; wir konzentrieren uns auf BeautifulSoup zur Analyse von HTML-Dateien, BeautifulStoneSoup legt den Schwerpunkt auf XML.

Arbeit mit BeautifulSoup

Für die folgende Diskussion nehmen wir stets an, dass wir

```
from bs4 import BeautifulSoup as BS
```

ausgeführt haben. Zur Verarbeitung von HTML-Strukturen ist eine syntaktische Analyse notwendig; hierzu stehen mehrere Parser zur Verfügung, der Parser lxml für XML wird hierzu in der Dokumentation empfohlen.

Mit BeautifulSoup können wir (geöffnete) Dateien analysieren, aber auch einzelne HTML-Knoten, die als Zeichenkette übergeben werden. Es sollte stets ein Parser angegeben werden:

```
In [11]: suppe = BS('<title wert = "abra cadabra"> \
    ...: Ein Titel </title>', 'lxml')
In [12]: type(suppe)
Out[12]: bs4.BeautifulSoup
In [13]: marke = suppe.title; marke
Out[13]: <title wert="abra cadabra"> Ein Titel </title>
In [14]: marke['wert']
Out[14]: 'abra cadabra'
In [15]: marke.attrs
Out[15]: {'wert': 'abra cadabra'}
In [16]: marke.name
```

---

2 Warum heisst das Werkzeug wohl so? Die Dokumentation enthält einen Holzschnitt, der auf L. Carrolls *Alice im Wunderland* verweist; die Schildkröte singt in der Tat im zehnten Kapitel ein Lied, das im englischen Original mit *The Beautiful Soup* beginnt: "Beautiful Soup, so rich and green,// Waiting in a hot tureen! ..." Das scheint aber die falsche Fährte zu sein. Möglicherweise hatten die Autoren des Pakets die Suppe undurchdringlicher Web-Links im Sinne, die in wildgewachsenen HTML-Dateien köchelt (man spricht ja auch von *Spaghetti-Code*).

```
Out[16]: 'title'
In [17]: marke.string
Out[17]: ' Ein Titel '
In [18]: print(suppe.prettify())
<html>
 <head>
  <title wert="abra cadabra">
   Ein Titel
  </title>
 </head>
</html>
```

In Zeile In [11] wird die Klasse BS (also BeautifulSoup) mit der angegebenen Zeichenkette und dem lxml-Parser, der die Zeichenkette analysiert, instanziiert und dem Objekt suppe zugewiesen. Wir fragen einige Attribute dieses Objekts ab. Das title-Attribut kann wie ein Lexikon abgefragt werden (Zeilen In [14] und In [15]); der Name und die Zeichenkette sind ebenfalls verfügbar (Zeilen In [16] und In [17]). Mit prettify lässt sich das Objekt strukturiert ausdrucken. Es wird sichtbar, dass es in <head></head> eingebettet wird, falls dieses Paar fehlt.

Wir können die Attribute des Objekts ändern. Wir setzen

```
marke.attrs = {X='Y' a='b'}
marke.string += ' -> W <- '
```

und erhalten (mit suppe.prettify()):

```
<html>
 <head>
  <title X="Y" a="b">
   Ein Titel  -&gt; W &lt;-
  </title>
 </head>
</html>
```

Bemerkenswert sind hier nicht nur die Änderungen, sondern auch die HTML-Darstellung der Sonderzeichen < und >.

12.2.1 Navigation in einem HTML-Dokument

Die HTML-Datei aus Abbildung 12.5 auf Seite 229 ist in der Datei Vampire.html abgespeichert und unter http://hdl.handle.net/2003/36234 verfügbar. Wir erzeugen daraus das BS-Objekt vampire, das wir weiter untersuchen:

```
with open('Vampire.html', 'r') as f:
    vampir = BS(f, 'lxml')
```

Der Wurzelknoten `wurzel = vampir.table` erzeugt mit `wurzel.children` einen Iterator und mit `wurzel.contents` eine Liste, die die unmittelbaren Abkömmlinge der Wurzel enthält:

```
In [174]: wurzel.contents
Out[174]:
['\n',
 <tr><th colspan="3"> Vampire in Westfalen</th></tr>,
 '\n',
 <tr><th>Monat</th><th>Jahr</th><th>Anzahl</th></tr>,
 ...
 <tr><td>1</td><td>97</td><td>650</td></tr>,
 '\n']
```

Es fällt auf, dass die einzelnen Einträge durch '\n' voneinander getrennt sind, die offenbar zu den Abkömmlingen von `wurzel` zählen. Es gilt übrigens `list(wurzel.children) == wurzel.contents`. Das Attribut `wurzel.descendants` enthält alle Abkömmlinge des Knotens (auch hier muss man wieder auf die '\n'-Abkömmlinge achtgeben).

```
In [175]: [j for j in wurzel.descendants]
Out[175]:
['\n',
 <tr><th colspan="3"> Vampire in Westfalen</th></tr>,
 <th colspan="3"> Vampire in Westfalen</th>,
 ' Vampire in Westfalen',
 '\n',
 <tr><th>Monat</th><th>Jahr</th><th>Anzahl</th></tr>,
 <th>Monat</th>,
 'Monat',
 <th>Jahr</th>,
 'Jahr',
 ...
 <td>650</td>,
 '650',
 '\n']
```

Wir möchten gern wissen, wie viele Vampire in Westfalen in der Tabelle verzeichnet sind. Dazu berechnen wir `wurzel.contents` und filtern zunächst alle Einträge '\n' heraus. Wir können nur solche Zeilen in der Tabelle gebrauchen, die genau drei Einträge haben, deren letzter die Marke `<td>` trägt (beachten Sie, dass die Einträge selbst wieder Listen sind). Das wird durch die Funktion

```
nimmNur = lambda zeile: len(zeile.contents) == 3\
                and zeile.contents[-1].name == 'td'
```

gefiltert. Hat eine Zeile z diese Prüfung bestanden, nehmen wir das Attribut
z[-1].string des letzten Eintrags und verwandeln diese Zeichenkette in eine ganze
Zahl. Die so gewonnenen Zahlen müssen jetzt nur noch aufsummiert werden, um
herauszufinden, dass 1817 (!) Vampire in Westfalen aufgeführt sind:

```
sum([int(j.contents[-1].string) for j in wurzel.contents\
                    if j != '\n' and nimmNur(j)])
```

Wir haben hier implizit benutzt, dass die Auswertung der Booleschen Operatoren nur
soweit erfolgt, bis das Ergebnis feststeht, denn sonst würde der Aufruf nimmNur('\n')
eine Ausnahme auslösen.

Die Suche in einem HTML-Dokument geschieht mit den Methoden find und
find_all. Während find ein Ergebnis zurückgibt (das erste gefundene), gibt find_all
eine Liste mit den Ergebnissen zurück; hat der Aufruf nichts gefunden, so ist None das
Resultat von find, die leere Liste [] hingegen des Resultat von find_all. Mit diesen
Unterschieden im Auge behandeln wir lediglich die Methode find_all.

Der Aufruf sieht so aus:

```
find_all(name, attrs, recursive, string, limit, **kwargs),
```

die Argumente sollen jetzt besprochen werden. Hierbei wird festgehalten, dass nach
Knoten in dem Unterbaum gesucht wird, von dem aus die Methode aufgerufen wird.
Also wird nach den Trägern von Marken (Unterschiede werden gleich notiert) gesucht.

- name sucht nach dem Namen einer Marke, identifiziert also nur Knoten, deren Namen mit diesem Argument zusammenpassen. Eine Suche nur mit diesem Parameter kann abgekürzt werden: suppe.find_all('a') als suppe('a').
- attrs gibt ein Lexikon an, es werden alle Knoten zurückgegeben, deren Attribut-
  Werte mit denen im Lexikon zusammenpassen. Wird ein Argument nicht als namentlich übergebener Parameter erkannt (vgl. Abschnitt 4.4), so wird es in einen
  Lexikon-Eintrag konvertiert. Ein Aufruf wie suppe.find_all(id='hugo') wird daher behandelt wie suppe.find_all({id: 'hugo'}).
- recursive sagt, ob der gesamte Unterbaum des Knotens durchsucht werden soll
  (voreingestellter Wert recursive = True), oder ob lediglich die Kinder des Knotens durchsucht werden sollen (recursive = False).
- Der Parameter string gibt mit seinem Wert an, dass nach einer Zeichenkette gesucht werden soll, nicht nach einer Marke.
- limit gibt eine obere Grenze die Anzahl der erwünschten Ergebnisse an, es ist
  kein Wert voreingestellt.

Hier sind einige Feinheiten zu beachten, die kurz aufgeführt werden sollen:

Feinheit 1 Bei den Argumenten name, string, und attrs können die Argumente Zeichenketten sein, aber auch

- reguläre Ausdrücke, die mit compile compiliert sein können (vgl. Seite 108),

- Listen, dann wird jedes Element der Liste zur Suche herangezogen,
- Boolesche Funktionen, analog zur Funktion `nimmNur` von oben.

Feinheit 2 Die Verwendung des Attribute `class` ist ziemlich weit verbreitet, andererseits ist `class` ein Schlüsselwort in **Python**. Man hilft sich, indem man nach `class_` sucht.

Feinheit 3 In ähnlicher Weise ist es schwierig, nach dem Attribut `name` zu suchen, denn `marke.name` ist die Zeichenkette mit dem Namen der Marke. Man kann statt `suppe.find_all(name = 'hase')` dann `suppe.find_all({name: 'hase'})` aufrufen.

Sehen wir uns `vampir` noch einmal an. Wir erhalten

```
In [17]: [j for j in vampir.table.children if j!= '\n'\
    ...: and j.find(string=re.compile(r"Westfalen")) != None]
Out[17]: [<tr><th colspan="3"> Vampire in Westfalen</th></tr>]
```

Hierbei untersuchen wir alle Abkömmlinge von `vampir.table`, also dem Knoten, der unter dem Wurzelknoten liegt. Wenn wir den Wurzelknoten selbst zur Untersuchung heranziehen, so bekommen wir dieses Ergebnis:

```
In [18]: [j for j in vampir.children if j!= '\n'\
    ...: and j.find(string=re.compile(r"Westfalen")) != None]
Out[18]:
[<html><body><table>
 <tr><th colspan="3"> Vampire in Westfalen</th></tr>
 <tr><th>Monat</th><th>Jahr</th><th>Anzahl</th></tr>
 ...
 </table></body></html>]
```

Wir verschaffen uns alle (echten) Knoten und suchen dort alle Knoten, deren Marke den Namen `td` haben:

```
In [42]: alleKnoten = [j for j in marke.contents if j != '\n']
In [43]: alleKnoten
Out[43]:
[<tr><th colspan="3"> Vampire in Westfalen</th></tr>,
 <tr><th>Monat</th><th>Jahr</th><th>Anzahl</th></tr>,
 <tr><td>6</td><td>93</td><td>130</td></tr>,
 ...
 <tr><td>1</td><td>97</td><td>650</td></tr>]
```

... und jetzt weiter (zur Erinnerung: der reguläre Ausdruck `d$` bezeichnet alle Zeichenketten, die mit `d` enden):

```
In [44]: alle_td = [j.find_all(re.compile("d$"))\
    ...: for j in alleKnoten]
In [45]: alle_td
Out[45]:
[[],
 [],
 [<td>6</td>, <td>93</td>, <td>130</td>],
 ...
 [<td>1</td>, <td>97</td>, <td>650</td>]]
```

Im Ergebnis ist es klar, dass wir in den ersten beiden Knoten nichts finden können, sodass find_all die leere Liste zurückgibt. Wir suchen in vampir den Namen des Knoten, der die Informationen über die Anzahl der Zeilen angibt, und die Anzahl der Zeilen, also den Wert des Attributs colspan. Dazu compilieren wir den regulären Ausdruck '\d*', der allen Folgen von Ziffern entspricht (vgl. Seite 105), und suchen:

```
In [105]: m = re.compile('\d*')
In [106]: vampir.find(colspan=m)
Out[106]: <th colspan="3"> Vampire in Westfalen</th>
In [107]: nm, val = vampir.find(colspan=m).name,\
                vampir.find(colspan=m)['colspan']
In [108]: (nm, val)
Out[108]: ('th', '3')
```

Eine Alternative zur Formulierung der Suche in Zeile In [106] wäre der Aufruf vampir.find_all(attrs={'colspan':m}) (es ist ein wenig irritierend, dass man in Zeile In [106] den Namen des Attributs nicht als Zeichenkette angeben muss).

Ist k ein Knoten im Baum, so finden wir mit k.parent den übergeordneten Knoten, also seinen Vater, falls vorhanden (für den Wurzelknoten bekommen wir natürlich den Wert None). Mit find_next_sibling finden wir den rechts, mit find_previous_sibling den links benachbarten Knoten (falls jeweils vorhanden); schreiben wir siblings statt sibling, so bekommen wir eine Liste mit den entsprechenden Knoten. Die Suche nach diesen Knoten kann durch eine Liste von Parametern (name, attrs, string, limit, **kwargs) wie oben eingeschränkt oder präzisiert werden.

Das folgende Beispiel erläutert die Konstruktion. Wir suchen den Knoten in vampir mit dem Text '97', berechnen seinen Vater und sehen uns die Knoten in der unmittelbaren Umgebung an.

```
In [222]: knoten = vampir.find(text='97').parent
In [223]: knoten
Out[223]: <td>97</td>
In [224]: knoten.parent
Out[224]: <tr><td>1</td><td>97</td><td>650</td></tr>
In [225]: knoten.find_previous_sibling()
Out[225]: <td>1</td>
```

```
In [226]: knoten.find_next_sibling()
Out[226]: <td>650</td>
In [227]: knoten.find_previous_sibling().find_next_siblings()
Out[227]: [<td>97</td>, <td>650</td>]
In [228]: knoten.find_next_sibling().find_previous_siblings()
Out[228]: [<td>97</td>, <td>1</td>]
```

Weitere Navigationsmöglichkeiten sind durch die Methoden `find_parent` und `find_parents` gegeben, die jeweils ein Element bzw. eine Liste zurückgeben; die Liste die möglichen Parameter ist wie bei der Suche nach den Nachbarn.

12.2.2 CSS-basierte Navigation

Die Auszeichnungssprache CSS bietet, wie in der Einleitung kurz angesprochen, Möglichkeiten zur Navigation in einem HTML-Dokument. Die Navigation ist eigentlich dazu gedacht, die Auszeichung der einzelnen Elemente zu beschreiben, sie kann jedoch auch für unsere Zwecke verwendet werden. Das geschieht durch die `select`-Methode in `BeautifulSoup` und soll jetzt erläutert werden.

Ist `marke` eine Marke in einem HTML-Dokument `dok`, so können wir mit `select` danach suchen:
- `dok.select(marke)` gibt die Liste aller Knoten mit dieser Marke zurück:
  ```
  vampir.select('body')
  Out[13]:
  [<body><table>
   <tr><th colspan="3"> Vampire in Westfalen</th></tr>
   ...
   </table></body>]
  ```
- `dok.select(marke    andereMarke)` gibt die Liste aller Knoten zurück, die `andereMarke` als Marke haben und die einen Vorfahren mit der Marke `marke` haben.
  ```
  In [14]: vampir.select('body td')
  Out[14]:
  [<td>6</td>,
   ...
   <td>650</td>]
  ```
- `dok.select(marke > andereMarke)` hier wird nach dem unmittelbaren Vorfahren (d. h. dem Vater) geschaut.
  ```
  In [15]: vampir.select('body > td')
  Out[15]: []
  ```
- `dok.select(marke + andereMarke)` selektiert den rechten `andereMarke`-markierten Bruder des Knotens mit Marke `marke`.
- `dok.select(marke ~ andereMarke)` selektiert einen der rechten `andereMarke`-markierten Brüder des `marke`-Knotens.

– dok.select(marke[attribut]) gibt die Liste aller marke-Knoten zurück, die attribut als Attribut haben.

```
In [29]: vampir.select('th[colspan]')
Out[29]: [<th colspan="3"> Vampire in Westfalen</th>]
```

Das kann mit Anweisungen zur Navigation kombiniert werden, zum Beispiel durch die Suche dok.select(marke > andereMarke[attribut])

In einem Knoten kn kann mit kn.select(marke:nth-of-type(j)) der an der Stelle j stehende Sohn von kn mit Marke marke gefunden werden, hierbei darf j nicht kleiner als 1 sein. Wir finden alle Knoten im Unterbaum eines tr-Knotens, die selbst die Marke th tragen.

```
In [66]: [vampir.select('tr th:nth-of-type('+str(j)+')')\
            for j in list(range(1, 4))]
Out[66]:
[[<th colspan="3"> Vampire in Westfalen</th>],
 [<th>Monat</th>],
 [<th>Jahr</th>]]
```

Da in CSS-Spezifikationen oft die Attribute class und id verwendet werden, ist hier eine spezielle Syntax zulässig. So sucht man mit select('.au') alle Knoten, in denen class = au als Attributierung auftaucht, analog wird mit select(#weia) nach Knoten gesucht, die die Attributierung id = weia tragen. Diese Spezifikationen können mit den anderen gerade diskutierten kombiniert werden.

Als abschließendes Beispiel suchen wir in den Knoten des Web-Portals der TU Dortmund die Adressen der Web-Seiten für die Fakultäten für Mathematik und für Informatik. Die Datei TU.html enthält den HTML-Code für das Web-Portal, den wir einlesen und syntaktisch analysieren:

```
with open('TU.html', 'r') as f:
    bvb = BS(f, 'lxml')
```

Dann suchen wir in bvb alle Knoten, deren Attribut href einen Wert hat, der mit http beginnt, und verschaffen uns die Liste dieser Attribut-Werte:

```
ww = bvb.find_all(href=re.compile('^http'))
er = [j['href'] for j in ww]
```

Aus der Liste er fischen wir alle Adressen heraus, die dem disjunktiven Muster 'cs.tu | mathematik' genügen (die Informatik-Fakultät hat, internationalen Gepflogenheiten folgend, cs als Adresse und nicht informatik):

```
[j for j in er if re.search(re.compile('cs.tu|mathematik'), j)]
```

Als Ergebnis erhalten wir

```
['http://www.mathematik.tu-dortmund.de/',
 'http://www.cs.tu-dortmund.de']
```

Als Knoten für diese Attribute finden wir

```
[j for j in ww\
      if re.search(re.compile('cs.tu|mathematik'), j['href'])]
```

Untersucht man diese Knoten näher, indem man sich für jeden Knoten seinen Vater ansieht, so findet man sie als Teil einer Liste. Sieht man sich j.parent.parent für jeden Knoten an, so findet man den Kopf einer ungeordneten Liste.

```
set([j.parent.parent for j in ww\
    if re.search(re.compile('cs.tu|mathematik'), j['href'])])
```

ergibt

```
{<ul class="linkliste">
 <li><a href="http://www.mathematik.tu-dortmund.de/">\
       Fakultät für Mathematik</a></li>
 ...
 <li><a href="http://www.cs.tu-dortmund.de" title="Informatik ">\
       Fakultät für Informatik</a></li>
 ...
 </ul>}
```

Weil beide Fakultäten in derselben Liste enthalten sind, habe ich hier eine Menge, die bekanntlich Doubletten herausfiltert, als Datenstruktur für die Ausgabe gewählt.

Die oben angegebene Lösung ist vielleicht ein wenig umständlich. Sie hat zudem den Nachteil, dass man wissen muss, welche Web-Adresse die Fakultät für Informatik für sich ausgewählt hat. Einfacher geht's so:

```
In [25]: Http=re.compile("^http")
In [26]: M = re.compile("Informatik|Mathematik")
In [27]: [j['href'] for j in bvb.find_all(href=Http)\
          if re.search(M, j.text)]
Out[27]: ['http://www.mathematik.tu-dortmund.de/',
          'http://www.cs.tu-dortmund.de']
```

Wir suchen also alle Knoten, deren href-Attribut vorhanden ist und mit http beginnt; aus diesen Knoten filtern wir diejenigen heraus, deren Text die Zeichenketten Informatik oder Mathematik enthält und extrahieren den Wert def 'href'-Attributs.

Preisfrage

Wie kommt man aber an die HTML-Datei für das Portal? Das sehen wir uns jetzt genauer an.

12.3 Die Web-Schnittstelle

Viele Wege führen nach Rom. Wir nehmen den, der über das urllib-Paket führt. Es ist gedacht als benutzernahe Schnittstelle zur Interaktion mit lokalen Dateien, HTTP-oder FTP-Servern und stellt eine Vielzahl von Diensten dafür der Verfügung. Wir behandeln hier lediglich die Interaktion mit HTTP-Servern und erwähnen FTP-Server und lokale Dateien nur am Rande.

Wir öffnen die Web-Seite der TU Dortmund und sehen uns an, welche Informationen wir bekommen:

```
In [1]: from urllib.request import urlopen
In [2]: bvb = urlopen("http://www.tu-dortmund.de")
In [3]: type(bvb)
Out[3]: http.client.HTTPResponse
```

Wir haben aus dem Paket urllib.request die Funktion urlopen importiert und aufgerufen. Das Objekt bvb, das wir zurückbekommen haben, hat den Typ HTTPResponse, eine Unterklasse der Klasse Response. Diese Klasse stellt einige wichtige Methoden zur Verfügung, die wir am Beispiel des Objekts bvb betrachten:

```
In [4]: bvb.read(100)
Out[4]: b'<!DOCTYPE html>\r\n\r\n\r\n\r ... \r\n\r\n\r\n\r'
```

Hier lesen wir 100 Bytes, um einen ersten Eindruck von dem konstruierten Objekt zu bekommen (die Punkte ... habe ich zur Abkürzung eingefügt). Offenbar handelt es sich um eine HTML-Datei. Wir lesen das gesamte Objekt und sehen uns den Typ des Resultats an:

```
In [5]: htm = bvb.read(); type(htm)
Out[5]: bytes
```

Diesen Byte-Strom werden wir uns gleich mit BeautifulSoup ansehen, vorher aber noch:

```
In [6]: bvb.getcode()
Out[6]: 200
In [7]: bvb.geturl()
Out[7]: 'http://www.tu-dortmund.de/uni/de/Uni/'
```

Der Aufruf der Methode `getcode` gibt eine Reaktion zurück: 200 besagt, dass der Aufruf von `urlopen` erfolgreich war, 404 würde besagen, dass die Datei nicht gefunden wurde. Die Methode `geturl` gibt die *wahre* URL der Seite an, wobei Umleitungen etc. berücksichtigt werden.

Das Objekt `bvb` ist Datei-ähnlich, es kann also gelesen werden (mit `read()` als Ganzem oder `read(n)`, wo n die Anzahl der zu lesenden Bytes ist). Handelt es sich um eine Text-Datei, so stehen die Methoden `readline` und `readlines` zur Verfügung; `readlines` gibt eine Liste der Zeilen zurück. Schließlich kann das Objekt mit dem Aufruf der Methode `close` geschlossen werden.

Wir importieren wie oben `BeautifulSoup` als `BS`, dann instanziieren wir `BS`:

```
In [12]: tu = BS(urlopen("http://www.tu-dortmund.de").read(),\
   ...: 'lxml')
In [13]: type(tu)
Out[12]: bs4.BeautifulSoup
```

Wenn wir jetzt nach dem Import des Moduls `re` den Code in den Zeilen `In [25]` und `In [26]` auf Seite 238 ausführen (mit `tu` statt `bvb`), so erhalten wir dasselbe Ergebnis wie in Zeile `Out [26]`. Wir haben also offenbar dieselbe HTML-Struktur bearbeitet[3].

Der oben eingeschlagene Weg mag ein wenig umständlich erscheinen, insbesondere, wenn man die Web-Adresse als Zeichenkette verwenden kann und das Response-Objekt nicht weiter untersuchen möchte. Als Alternative bietet sich hier die Methode `urlretrieve` an, die wir ebenfalls aus `urllib.request` importieren: Der Aufruf

```
In [48]: from urllib.request import urlretrieve
In [49]: TU_DO, msg = urlretrieve("http://www.tu-dortmund.de",\
   ...: filename='ff.q')
```

speichert den Inhalt der Web-Seite in der Datei `ff.q` im gegenwärtigen Arbeitsverzeichnis, deren Name als optionaler Parameter angegeben wird, und gibt diesen Dateinamen in der Zeichenkette `TU_DO` auch zurück. Die zweite Komponente `msg` des zurückgegebenen Tupels ist ein Lexikon, das Angaben über den HTTP-Aufruf enthält:

```
In [51]: print("TU_DO = {},\nmsg-->\n{}".format(TU_DO, msg))
TU_DO = ff.q,
msg-->
Date: Fri, 21 Jul 2017 14:44:15 GMT
Server: Apache
...
Content-Type: text/html; charset=UTF-8
```

---

3 Die Leserin argwöhnt vielleicht, dass ich die HMTL-Seite der TU Dortmund schon für das erste Beispiel auf diese Weise gelesen habe. Hab' ich aber nicht: Ich habe mir für das Beispiel im Abschnitt 12.2 den Quelltext der Seite im Browser anzeigen lassen und abgespeichert. Es waren also wirklich zwei unterschiedliche Wege.

```
In [52]: msg['Server']
Out[52]: 'Apache'
```

Die HTML-Struktur kann dann wie oben zum Beispiel durch tu = BS(open(TU_DO, 'r'), 'lxml')) von BeautifulSoup erzeugt werden. Wenn's ganz schnell gehen soll, so kann man auch den Dateinamen als Parameter und das Lexikon msg weglassen und die Klasse BeautifulSoup so instanziieren:

```
tu = BS(open(urlretrieve("http://www.tu-dortmund.de")[0],'rb'),\
        'lxml')
```

Dann wird der Inhalt zunächst in einer temporären Datei gespeichert.

12.3.1 Kekse und ihre Krümel

Der Zugriff auf Ressourcen im Web über einen Browser oder ein Programm zum Laden von Seiten ist zunächst zustandslos, hängt also nicht von früheren Transaktionen ab. Das ist gelegentlich misslich. Manchmal ist es für beide Seiten, Server wie Klienten, hilfreich, auf frühere Kontakte mit der Webseite verweisen und so einen Zusammenhang herstellen zu können. Hierzu dienen Cookies[4]. Wir wollen uns kurz mit Cookies, ihrer Funktion[5] und ihrer Verwendung in Python[6] befassen.

Das Grundmodell zur Verwendung von Cookies sieht so aus, dass ein Server gewisse Daten an einen Klienten schickt, nachdem der Klient eine Anfrage an den Server gestellt hat. Diese Daten dienen zur Identifizierung des Klienten, sie werden beim ersten Kontakt zwischen beiden erzeugt, falls sie noch nicht vorhanden waren. Werden nun weitere Anfragen vom Klienten an den Server geschickt, so wird das Cookie bei jeder Anfrage mitgeschickt, der Server beantwortet die Anfrage und speichert Angaben zur Anfrage, den Zeitpunkt der Anforderung und das Cookie in einer Protokoll-Datei. Das Cookie kann dabei ebenfalls modifiziert werden. Auf diese Weise wird ein Kanal zwischen einem Server und einem Klienten hergestellt, der zur Identifikation und möglicherweise zum Sammeln und Auswerten von Daten über das Nutzerverhalten dient. Der Klient ist in der Regel ein Web-Browser (oder ein Programm mit Zugriff auf das Web).

Bei einer Anfrage an YOUTUBE wurden die Cookies in Abbildung 12.6 erzeugt (editiert). Es sind hier drei Cookies vorhanden, die als Namen-Wert-Paare notiert sind; Cookie GPS hat also den Wert 1, etc. Das erste und das dritte Cookie haben ein Ver-

---

4 In manchen chinesischen Restaurants bekommt man Plätzchen, in denen ein Zettel mit einer Weissagung steckt. Diese Plätzchen heißen im US-Englischen *fortune cookies*. Unter UNIX wurde der Begriff *magic cookie* daraufhin verwendet, um Daten zu kennzeichnen, die von einem Server zum Klienten geschickt und unverändert zurückgesendet werden. So kam er ins Web.

5 Quelle: https://em.wikipedia.org/wiki/HTTP_cookie (Juli 2017)

6 Quelle: Michael Foord: *Voidspace, cookielib and ClientCookie*, Datei cookielib.shtml im Verzeichnis http://www.voidspace.org.uk/python/articles/ (Python 2, Juli 2017)

```
...
Content-Type: text/html; charset=utf-8
...
Set-Cookie: GPS=1; expires: Tue, 27 Apr 1971 19:44:06 EST
Set-Cookie: YSC=TMMRvKgytGA
Set-Cookie: VISITOR_INFO1_LIVE=ZdH-YGMVL54; expires=Sat, 24-Mar-2018
21:57:23 GMT
...
```

Abb. 12.6: Cookies

fallsdatum, durch `expires` angedeutet. Es dient dazu, das Cookie nach Ablauf dieser Frist ungültig zu machen. Der Browser wird dadurch angewiesen, das Cookie nach Ablauf dieser Frist zu löschen. Das Verfallsdatum des GPS-Cookies ist mit `Tue, 27 Apr 1971 19:44:06 EST` angegeben; diese Frist ist auf jeden Fall abgelaufen, sodass das Cookie unmittelbar gelöscht wird. Das Cookie `YSC` ist ein *Sitzungs-Cookie*, das nur für die Dauer der Sitzung gültig ist und nach ihrem Ablauf gelöscht wird. Das dritte Cookie schließlich ist ein *persistentes Cookie*, das die gegenwärtige Sitzung überlebt.

Beim Zugriff auf eine Web-Seite sollten wir also darauf vorbereitet sein, dass Cookies ausgetauscht werden. Wir haben gesehen, dass die Verwaltung der Cookies in der Regel zu den Aufgaben eines Browsers gehört. Da wir aber mit einem Programm (oder einem Skript) auf das Web zugreifen wollen, müssen wir die Vorgehensweise eines Browsers so gut es geht nachahmen. Browser verwalten Cookies in einer eigenen Struktur, meist einem Lexikon ähnlich, auf die ein Programm aber besser nicht zugreift. Also ist es nötig, das selbst in die Hand zu nehmen: Python stellt hierzu in dem Paket `http` die Module `http.cookies` und `http.cookiejar` zur Verfügung, mit dem Kekse und ihre Krümel (*cookies and their morsels*) verwaltet werden können. Cookies werden in einer Keksdose (*cookie jar*) aufbewahrt. Das geht so:

```
import http.cookiejar as cookielib
AlleKekse = cookielib.LWPCookieJar()
```

Der Modul stellt ein Objekt `CookieJar` zur Verfügung, mit dem Cookies verwaltet werden, also dafür gesorgt wird, dass sie als Ergebnis einer HTTP-Anfrage abgespeichert und bei Bedarf bei Anfragen wieder mitgeschickt werden. Wir verwenden eine Instanz der abgeleiteten Klasse `LWPCookieJar`; das Objekt `AlleKekse`, also die Keksdose, ist eine Instanz dieser Klasse. Es gibt weitere abgeleitete Klassen: `FileCookieJar` zur Aufbewahrung der Cookies in einer Datei, und `MozillaCookieJar` for Cookies, die mit Mozillas Format verträglich sind; alle abgeleiteten Klassen können mit Dateinamen parametrisiert werden.

Wir müssen jetzt sicherstellen, dass wir die Kekse auch in die richtige Dose legen, wenn sie denn ankommen. Dazu verwenden wir einen speziellen Öffner, den wir jetzt zusammen mit Anfragen beschreiben. Hierzu benötigen wir diesen Import:

```
import urllib.request as Anfrage
```

Zunächst also der Öffner. Wir sorgen bei einer Anfrage an eine Web-Seite mit

```
CookieVerwaltung = Anfrage.HTTPCookieProcessor(KeksDose)
```

dafür, dass die Cookies an die richtige Stelle kommen; hierfür wird ein speziel-
ler Prozessor, eben der `HTTPCookieProcessor` benötigt, der im Modul `Anfrage`, also in `urllib.request` zur Verfügung gestellt wird. Das Ergebnis wird dem Objekt
`CookieVerwaltung` zugewiesen. Damit parametrisieren wir die Methode `build_opener`
im Modul `Anfrage` zur Konstruktion eines Öffners, der die CookieVerwaltung berücksichtigt:

```
opener = Anfrage.build_opener(CookieVerwaltung)
```

Der Öffner wird an dieser Stelle für den Benutzer transparent, also unsichtbar aufgerufen, sodass keine Notwendigkeit besteht, ihn explizit zu verwenden; Frau Mustermann zeigt aber auf Seite 244, wie man ihn auch direkt verwenden kann. Wir installieren `opener`, um sicherzustellen, dass er auch verwendet wird:

```
Anfrage.install_opener(opener)
```

Jetzt wird bei jeder Anfrage an eine Web-Seite dieser Öffner `opener` verwendet, es wird
damit sichergestellt, dass die Verwaltung unserer Kekse mit den bereitgestellten Hilfsmitteln erfolgt. Wir müssen aber noch etwas mehr tun. Für eine URL konstruieren wir
eine Anforderung, also eine Instanz der Klasse `Request`, die im Modul `Anfrage` definiert ist und die durch eine URL parametrisiert wird. Mit dieser Instanz stellen wir nun
die Anfrage an den Server und erhalten das Objekt `Antwort` als Resultat.

```
dieUrl = 'https://www.youtube.com/watch?v=9F7mfu2wSEE'
Frage = Anfrage.Request(dieUrl)
Antwort = Request.urlopen(Frage)
```

Während `AlleKekse` vor der Anfrage leer war, enthält das Objekt nun fünf Kekse, die
im Wesentlichen den Cookies in Abbildung 12.6 entsprechen.

"That's not too bad", wie das Cookie Monster in der Sesame Street sagen würde, wir sind aber noch nicht ganz fertig, weil wir noch nicht über Anmeldungen
und Passwörter gesprochen haben. Dazu gehen wir noch einmal zum Öffner zurück,
für den wir die Verwaltung der Cookies charakterisiert haben. Hierzu wurde der
`HTTPCookieProcessor` verwendet. Im Modul `Anfrage`, also in `urllib.request` werden
weitere Prozessoren bereitgestellt. Diese Prozessoren können durch Vererbung verfeinert werden (hierzu sollte man wohl die Dokumentation konsultieren). Es folgt ein
Auszug aus einer Liste, in der die Protokolle `HTTP`, `HTTPs` und `FTP` und die Behandlung
lokaler Dateien berücksichtigt werden.

CacheFTPHandler	FTP-Anfragen mit persistenten FTP-Verbindungen
FileHandler	Zum Öffnen lokaler Dateien
FTPHandler	Zum Öffnen von FTP-Anfragen
HTTPBasicAuthHandler	HTTP-Anfragen mit Authentifizierung (*)
HTTPCookieProcessor	HTTP-Anfragen mit Behandlung von Cookies
HTTPDigestAuthHandler	HTTP-Anfragen mit Authentifizierung; Hashing (*)
HTTPHandler	Allgemeine HTTP-Anfragen
HTTPRedirectHandler	Allgemeine HTTP-Anfragen, Umleitungen werden berücksichtigt
HTTPsHandler	Allgemeine sichere HTTP-Anfragen
ProxyAuthHandler	Anfragen über einen Proxy-Server (*)
ProxyDigestAuthHandler	Anfragen über einen Proxy-Server; Hashing (*)
UnknownHandler	Behandlung unbekannter URLs

Der kryptisch erscheinende Zusatz *Hashing* bei den Prozessoren, deren Namen Digest enthalten, bezieht sich darauf, dass ein Passwort nicht durch die voreingestellte Behandlung (die wir gleich kurz erwähnen) dargestellt, sondern durch ein Hashing-Verfahren zusätzlich sicher gemacht wird. Die Verwendung von Proxy-Servern wird durch diese Anfragen ebenfalls unterstützt, wir gehen jedoch nicht darauf ein.

Es können mehrere dieser Prozessoren angegeben werden, wobei Prozessoren, die der Benutzer angibt (also z.B. oben HTTPCookieProcessor), vor den anderen behandelt werden. Die mit (*) versehenen Prozessoren verlangen die Eingabe eines Benutzernamens und eines Passworts; das geschieht durch den Aufruf der Methode add_password mit der Signatur

```
(realm, uri, user, passwd),
```

wobei die Parameter diese Bedeutung haben:
– realm: In der HTTP-Terminologie ist ein Bereich (realm) eine Kollektion von Seiten, die einem bestimmten, spezifizierten Zweck dienen (z.B. 'Administrator'). Man kann hier None angeben, muss aber möglicherweise die Anfrage aufgrund der Antwort des Servers korrigieren.
– uri: Dies kann eine URL oder eine Liste von URLs sein; im letzten Fall gelten die Angaben für jedes Element der Liste.
– user, passwd: Zeichenketten mit Nutzernamen und Passwort. Diese Daten werden im Normalfall als base64-Daten weitergegeben (was eine nicht besonders schwer zu durchschauende Verschlüsselung ist)

Hier meldet sich also Frau Mustermann mit ihrem Nutzernamen Beate.m und ihrem Password _123W@awqrt bei der Seite http://www.Seite.de unter Verwendung von Cookies an:

```
auth_1 = Anfrage.HTTPBasicAuthHandler()
auth_2 = Anfrage.HTTPCookieProcessor()
```

```
auth_1.add_password(None, "http://www.Seite.de", "Beate.m"\
                    , "_123W@awqrt")
opener = Anfrage.build_opener(auth_1, auth_2)
```

Frau Mustermann kann dann opener direkt zum Öffnen der Seite verwenden:

```
u = opener.open("http://www.meineSeite.de")
```

oder ihn mit

```
Anfrage.install_opener(opener)
```

installieren und dann auch für weitere Anfragen verwenden.

12.3.2 Nebenbei: HTTP-Anfragen

Wir haben bislang von Anfragen an spezifische Web-Seiten gesprochen und dabei implizit angenommen, dass wir Informationen herunterladen möchten. Diese Sicht soll verfeinert werden. Auch wenn wir diese Verfeinerungen hier nicht benutzen werden, so gehören sie doch in's Bild.

Nach der offiziellen Spezifikation des HTTP-Protokolls[7] werden die im folgenden aufgelisteten und kurz kommentierten Zugriffsmethoden von HTTP unterschieden:

GET Die GET-Methode soll den Wunsch nach einem Transfer einer Datei oder einer anderen Ressource von einer angegebenen Quelle (dem Server) zu einem Ziel (dem Klienten) spezifizieren. Implizit ist bei der Angabe eines Transfer-Wunschs meist ein GET-Transfer (so auch hier). Ein Klient kann den Transfer-Wunsch einschränken, indem zum Beispiel nur ein Teil der angegebenen Quelle transferiert wird.

HEAD Die HEAD-Methode ist identisch mit GET, mit der Ausnahme, dass der Server nicht die gesamte Nachricht senden *darf*, sondern lediglich den Abschnitt, der auch durch die info-Methode für eine Anforderung zurückgegeben wird. Für die Web-Seite der TU-Dortmund haben wir das auf Seite 240 gezeigt. Auf diese Weise können Meta-Daten über die Web-Seite übertragen werden, ohne das gesamte Dokument zu schicken und zu empfangen.

POST Diese Methode dient dazu, Daten an den Server zu übertragen und dort an einer vom Klienten spezifizierten Stelle abzuspeichern. Das kann zum Beispiel sein
- ein Block Daten, der in ein HTML-Formular eingetragen werden soll,
- eine Nachricht, die in einem Bulletin-Bord, einer Newsgroup oder einer Mailing-Liste eingetragen wird,
- Daten, die an vorhandene Datenbestände angehängt werden sollen.

---

7 https://tools.ietf.org/html/rfc7231, Stand Juni 2014

Der Server muss, so sagt die Spezifikation, mit einer geeigneten Nachricht reagieren, um den Klienten über Erfolg oder Misserfolg der Aktion zu unterrichten.

PUT Ähnlich zu POST, mit subtilen Unterschieden, was den Zustand der übertragenen Daten im Vergleich zu denen beim Klienten betrifft. Die Diskussion über die Unterschiede ist im Netz gelegentlich intensiv, für unsere Zwecke aber nicht lohnend nachzuvollziehen.

DELETE Hiermit lassen sich die spezifizierten Daten entfernen (genauer: Die Assoziation zwischen Quell- und Zieldaten wird gelöst); als Analogie bietet sich der rm-Befehl in UNIX an.

CONNECT Hiermit soll ein direkter Kanal zwischen dem Server und einem Proxy etabliert werden, sodass Daten ohne weitere Prüfung hin- und hergeschickt werden können, bis der Kanal geschlossen wird. Meist nicht explizit implementiert (ein Proxy ist in der Regel eine persistente Verbindung, die nicht nur auf Anforderung eingerichtet wird).

OPTIONS Hiermit lassen sich Informationen über die Kommunikations-Optionen zwischen dem Klienten und entweder dem Server oder einem Proxy abfragen (ohne die Verpflichtung, später auch wirklich eine Aktion durchführen zu müssen).

TRACE Verfeinertes Erfolgsprotokoll für die Transaktion.

Die GET- und die HEAD-Methode müssen implementiert sein, um Web-Informationen laden zu können. Das ist in urllib der Fall, wie wir gesehen haben. GET ist die Voreinstellung für Anfragen an das Web, HEAD wird zwar auch implementiert, aber als Seiteneffekt zu GET. Das Request-Paket[8], das gelegentlich als Alternative zu urllib verwendet wird, implementiert darüber hinaus PUT, DELETE und OPTIONS; eine Implementierung von POST auf der Basis der Standardbibliothek von Python findet sich in [13, Abschnitt 12.5.2].

12.3.3 Zur Analyse von URLs

Der syntaktische Aufbau einer URL sieht so aus (das Beispiel verdeutlicht das auch gleich):

```
Schema://OrtImNetz/Pfad;Parameter?Anfrage#Fragment
http://user:pwd@NetLoc:80/path;videoplayback?id=356a8&itag=137#frag
```

Es müssen, wie die behandelten Beispiele zeigen, nicht alle Komponenten vorhanden sein. Die einzelnen Komponenten geben an:
- Schema nennt das Protokoll der URL, also im Beispiel http.

---

8 Siehe http://docs.python-requests.org/ (August 2017)

- OrtImNetz gibt an, wo im Netz die URL gefunden werden kann; neben die Domain und möglicherweise eine Subdomain können zusätzliche Angaben treten, wie das Beispiel zeigt. Hier haben wir user:pwd@NetLoc:80, dadurch wird der Nutzer user mit seinem Password pwd angegeben, NetLoc gibt Domain und evtl. Subdomain an, und es wird zusätzlich die Nummer eines Ports spezifiziert.
- Pfad ist der Pfad zu einem Unterordner, im Beispiel einfach durch path angegeben.
- Parameter trägt Angaben für das letzte Element des Pfads, im Beispiel also video playback.
- Anfrage ist eine Liste von Namen-Wert-Paaren, durch & voneinander getrennt, also im Beispiel id=356a8&itag=137. Diese Komponente enthält nicht-hierarchisch organisierte Angaben zu den gespeicherten Daten, mit deren Hilfe die heruntergeladenen Daten interpretiert oder sonstwie nach den Vorstellungen des Servers verarbeitet werden können.
- Das Fragment gibt weitere Informationen, zum Beispiel eine Sprungmarke innerhalb einer HTML-Datei. Auch mit Hilfe dieser Angaben können die heruntergeladenen Daten weiter interpretiert werden, möglicherweise medienabhängig.

Zur Analyse der Teile stellt das Paket urllib den Modul urllib.parse zur Verfügung. Die Methode urlparse erzeugt aus einer URL ein benanntes Tupel (vgl. Seite 150 im Abschnitt 9.1), dessen Komponenten durch Namen angesprochen werden können.

```
import urllib.parse as parse
demo = parse.urlparse('http://user:pwd@NetLoc:80/path;\
                      videoplayback?id=356a8&itag=137#frag')
```

Wir erhalten dann

```
demo == ParseResult(scheme='http', netloc='user:pwd@NetLoc:80',
                    path='/path', params='videoplayback',
                    query='id=356a8&itag=137', fragment='frag')
```

(also z. B. demo.netloc=='user:pwd@NetLoc:80'). Zusätzlich zu den Angaben in dem benannten Tupel können wir diese Angaben extrahieren.

```
demo.username == user
demo.password == pwd
demo.hostname == NetLoc
demo.port == 80
```

Mit parse_qs zerlegen wir die query-Komponente in ein Lexikon, mit parse_qsl in ein Tupel von Paaren:

```
parse.parse_qs(demo.query) == {'id': ['356a8910265e9614'], \
                              'itag': ['137']}
```

```
parse.parse_qsl(demo.query) == [('id', '356a8910265e9614'), \
                                ('itag', '137')]
```

Das kann mit der Funktion `urlencode` invertiert werden. Diese Funktion nimmt ein entsprechend getyptes Lexikon und verwandelt es in das Format, das den `query`-Zeichenketten entspricht, die einzelnen Einträge des Lexikons werden durch & voneinander getrennt. Hierbei bleiben Buchstaben, Ziffern, Unterstrich (_), Komma (,), Punkt (.) und der Bindestrich (-) unverändert, alle anderen Zeichen werden in Folgen der Form %xx konvertiert. Mit `urljoin` kann man dann aus den einzelnen Angaben eine URL-Adresse konstruieren, mit der dann eine Anfrage oder eine andere Transaktion durchgeführt werden kann.

Abschließende Bemerkungen

Dieser Abschnitt gibt einen grundsätzlichen Einblick in die von Python gebotenenen Möglichkeiten, Web-Seiten herunterzuladen und zu analysieren. Es wurde deutlich, dass dies nicht die einzigen Module und Bibliotheken für diese Zwecke sind, die Suche im Netz zeigt andere Zugänge auf. Mir erscheint die gewählte Kombination als zweckmäßiger Einstieg: Für ambitionierte Unternehmungen wird man ohnehin weiter in die Tiefe gehen müssen. Es wurde auch hier darauf verzichtet, die Methoden in voller Schönheit darzustellen. Meist wurden auch hier nur die gängigen Parameter-Kombinationen und die wichtigsten Methoden erwähnt. Das trifft auch auf Ausnahmen zu, die in diesem Kontext definiert sind, aber die hier nicht thematisiert wurden: Trifft der Nutzer auf eine Ausnahme, so gibt es hinreichend viele Quellen, sich darüber zu informieren.

Ich habe der Versuchung widerstanden, auf das Laden multimedialer Dateien einzugehen. Bei der Analyse von Seiten stößt man unweigerlich auf Angaben zu Filmen, Bildern oder Tondateien. Diese Angaben sind jedoch nicht immer unmittelbar brauchbar. Man kann sicher, wenn man zum Beispiel einer mp4-Datei begegnet und ihren Namen umittelbar konstruieren kann, diese Datei mit der Methode `urlretrieve` (vgl. Seite 241) herunterladen, wenn man das darf. Blickt man jedoch ein wenig hinter die Kulissen, so wird der Aufwand deutlich, mit dem ein Werkzeug wie etwa `youtube-dl` die Angaben zu Web-Seiten analysiert, um eine ladefähige Adresse zu ermitteln. Wenn man dann noch berücksichtigt, dass manche Anbieter ihre Adress-Modi gern regelmäßig ändern, so neigt man als Nutzer (und Autor) dazu, entsprechende eigene Versuche als Zeitverschwendung abzutun. Man sollte doch besser mit der `exec`-Funktion (vgl. Seite 22) einen entsprechenden Dienstleister aufrufen.

13 Leichtgewichtige Prozesse

Python bietet die Möglichkeit zur parallelen Programmierung, insbesondere für leicht-gewichtige Prozesse. Das sind Prozesse, die aus einem laufenden Programm heraus gestartet werden und danach ein recht unabhängiges Eigenleben führen (im Gegensatz zu solchen Prozessen, die völlig unabhängig voneinander operieren, arbeiten leichtgewichtige Prozesse unter der Kontrolle eines übergeordneten Prozesses, den man als Hauptprogramm interpretieren kann). Solche Prozesse können auf einer Maschine mit nur einem einzigen Prozessor ablaufen, dann müssen sich die Prozesse darauf einigen, wer wann für wie lange den Prozessor zugeteilt bekommt. Sie können jedoch auch auf mehrere Prozessoren verteilt ausgeführt werden, wobei offensichtlich auch hier die Frage nach der Prozessorzuteilung zu beantworten ist.

Wir wollen in diesem Kapitel eine kurze Einführung in die sprachlichen Hilfsmittel geben, die von Python zur Verfügung gestellt werden, und wir werden zwei Beispiele behandeln. Beide sind klassisch: im ersten geht es um das *Produzenten-Konsumenten-Problem*, in dem zwei Prozesse versuchen, Produktion und Verbrauch eines anonymen Produkts zu koordinieren, im zweiten diskutieren wir die *dinierenden Philosophen* und erläutern den Wettbewerb um Ess-Stäbchen als gemeinsame knappe Ressourcen.

13.1 Einfache Prozesse

Mit threading stellt Python ein Modul zur Verfügung, mit dem parallel ausführbare Prozesse, also solche Objekte, die innerhalb eines umgebenden Prozesses (meist des Hauptprogramms) einen eigenen Kontrollfluss haben. Solche Prozesse können gestartet werden, ablaufen, warten, inaktiv sein und erneut aktiviert werden.

Zeit und Zufall
Bevor wir einige Beispiele diskutieren, eine kurze Bemerkung zum Modul time und zum Modul random. Wir importieren beide. Aus time benutzen wir die Funktion gmtime, die uns ein benanntes Tupel liefert:

```
import time
time.gmtime()
```

Wir bekommen als Ergebnis das Tupel

```
time.struct_time(tm_year=2017, tm_mon=8, tm_mday=6, tm_hour=12,\
                tm_min=23, tm_sec=36, tm_wday=6, tm_yday=218,\
                tm_isdst=0)
```

https://doi.org/10.1515/9783110544138-014

Heute ist Sonntag (`tm_wday=6`), der 6. August 2017, und es ist 12:23:36 Uhr, 218 Tage sind seit Neujahr vergangen, und das Datum ist nicht an die Sommerzeit angepasst (`tm_isdst=0`). Mit `time.ctime()` kann man Informationen zu Datum und Uhrzeit kompakter haben:

```
time.ctime()
```

gibt `'Sun Aug 6 12:24:55 2017'` zurück. Mich interessieren im Augenblick aber nur die Minuten und Sekunden, sodass ich eine Funktion `Zeit` definiere, die nur das Paar bestehend aus Minuten und Sekunden zurückgibt:

```
def Zeit():
    return time.gmtime()[4:6]
```

(also im obigen Beispiel `Zeit() == (23, 36)`). Die Funktion

```
def Schlaf(r):
    time.sleep(r)
```

unterbricht die Ausführung der Methode, in der sie aufgerufen wird, für den im Parameter angegebenen Zeitraum (hierbei muss r vom Typ `float` sein). Wir erhalten also nach

```
print(Zeit()); Schlaf(10); print(Zeit())
```

die beiden Paare `(46, 25)` und `(46, 35)`.

Aus dem Modul `random` benutzen wir die Funktion `random`, die eine gleichverteilte Zufallszahl im Einheitsintervall [0, 1] erzeugt. Auch hier definieren wir eine Funktion:

```
def Zufall():
    return random.random()
```

Dann liefert zur Illustration `[Zufall() for _ in range(5)]` die Liste

```
[0.5815389310104667, 0.30440884987519434, 0.5596318167739263,
 0.22942454535490509, 0.13468666291199693].
```

Der Modul threading
In diesem Abschnitt ist der Modul threading das Objekt unserer Begierde. Er stellt die Werkzeuge für die Behandlung leichtgewichtiger Prozesse zur Verfügung, denen wir uns jetzt zuwenden.

Wir nehmen an, dass wir die Module time, random und threading importiert haben, ohne das jeweils immer aufzuschreiben.

```
zeile = ''
def EinsZwei(kette, wieLange):
    global zeile
    for i in range(10):
        zeile += kette
        if len(zeile) > 40:
            print(zeile)
            zeile = ''
        Schlaf(wieLange)
    else:
        print('Schließlich: {}'.format(zeile))
```

Abb. 13.1: Erstes Beispiel

Für unser erstes Beispiel definieren wir die Funktion EinsZwei in Abbildung 13.1.
Wir haben eine globale Variable zeile, die auch im Text der Funktion EinsZwei als
global vereinbart wird (vgl. Seite 59). Die Funktion nimmt zwei Parameter, der erste ist
eine Zeichenkette, die an zeile angehängt wird, der zweite eine reelle Zahl, die angibt,
wie viele Sekunden die Ausführung dieser Funktion aussetzen soll. Hat die Zeile eine
gewisse Länge erreicht, so wird sie ausgedruckt. Nach Beendigung der Schleife wird
ausgedruckt, was noch übrig ist; dazu dient der else-Zweig der for-Schleife.

Wir übergeben diese Funktion nun einem Prozess zur Ausführung:

```
t = threading.Thread(target=EinsZwei, args=('Eins', 2.0),\
                     name='Eins')
```

Das sehen wir uns jetzt genauer an:
- Thread ist eine Klasse im Modul threading, die instanziiert wird. Das erzeugte
  Objekt wird der Variablen t zugewiesen.
- Die Instanziierung macht Angaben darüber, welche Funktion der Prozess ausfüh-
  ren soll und mit welchen Parametern. Der Parameter target gibt den Namen der
  Funktion an, der Parameter args stellt das Tupel mit den Argumenten zur Verfü-
  gung.
- Der Parameter name gibt dem Prozess einen Namen; dieser Name kann vom Pro-
  grammierer verwendet werden, um den Prozess zu identifizieren. Er muss aber
  nicht gesetzt sein, dann wird ein Name vom Interpreter vergeben.

Beachten Sie, dass der args-Parameter stets ein Tupel sein muss, es kann leer sein
(durch args=() angedeutet, der Parameter kann in diesem Fall auch fehlen), es kann
aber auch nur einen einzigen Parameter enthalten, zum Beispiel args=(17,).

Also:

```
zeile = ''
t = threading.Thread(name = 'Eins', target=EinsZwei, \
                    args=('Eins ', 1))
t.start()
```

Mit `t.start()` wird der Prozess aufgerufen, wodurch die Methode `t.run()` aufgerufen wird, die die Maschinerie in Gang setzt. Die Reihenfolge ist wichtig: Die Methode run kann redefiniert werden, wenn man eine Unterklasse von Thread definiert (vgl. Seite 254), die Methode start bleibt, wie sie ist.

Als Ausgabe erhalten wir

```
Eins Eins Eins Eins Eins
Eins Eins Eins Eins Eins
```

Wir nehmen jetzt einen zweiten Prozess hinzu. Der erste Prozess uno hat als Argumente EinsZwei und ('Eins ', 1), der zweite, due, hat als Argumente EinsZwei und (ZWEI ', 3). Damit sind die Zeichenketten und die Schlafenszeiten charakterisiert. Ich habe den Prozessen selbst keinen Namen gegeben, weil wir sie im Augenblick nicht benötigen.

```
zeile = ''
uno = threading.Thread(target=EinsZwei, args=('Eins ', 1))
due = threading.Thread(target=EinsZwei, args=('ZWEI ', 3))
uno.start(); due.start()
uno.join(); due.join()
print('fertig')
```

Die Variablen werden also zugewiesen, die Prozesse werden jeweils durch die start-Methode aufgerufen. Wenn der Kontrollfluss des ausführenden Programms den Punkt uno.join() erreicht hat, wartet er, bis der Prozess uno abgeschlossen ist, analog bei due.join(). Wenn wir die Druck-Anweisung print('fertig') erreichen, sind mithin beide Prozesse abgeschlossen. Die Methode join kann zur Kontrolle des Fortschritts benutzt werden, weil sie wartet, bis der entsprechende Prozess seine Arbeit getan hat. Der Aufruf join() blockiert unbegrenzt, die Methode kann aber auch mit einer Gleitpunktzahl als Parameter aufgerufen werden: join(r) wartet für r Sekunden darauf, dass der Prozess beendet wird. Ist er es nicht, so gibt join die Kontrolle an den aufrufenden Prozess zurück. Anzumerken ist, dass ein einmal abgeschlossener Prozess nicht noch einmal aufgerufen werden kann.

Zur Ausgabe der beiden Prozesse:

```
Eins ZWEI Eins Eins ZWEI Eins Eins Eins ZWEI
Eins Eins Eins ZWEI Eins ZWEI ZWEI ZWEI ZWEI
fertig
```

Beide Prozesse bearbeiten dieselbe Variable `zeile`; während der eine Prozess schläft, übernimmt der andere die Kontrolle (sofern er wach ist), fügt etwas an `zeile` an und schläft für die vorgeschriebene Anzahl von Sekunden. Beide Prozesse sagen ihren Text jeweils zehnmal auf.

Dämonen

Prozesse können als *Dämonen* ausgezeichnet werden; das sind solche Prozesse, deren Lebensdauer die ihrer Erzeuger übersteigt, und die dann im Hintergrund arbeiten. Der Haupt-Prozess terminiert also, wenn lediglich Dämonen aktiv sind. Ein Prozess ist bei seiner Erzeugung als nicht-dämonisch voreingestellt, man muss also diese Eigenschaft explizit ändern. Das kann bei der Erzeugung geschehen, aber auch, indem das daemon-Attribut explizit auf `True` gesetzt wird. In jedem Fall muss dieses Attribut gesetzt sein, bevor der Prozess seine Arbeit beginnt. Sehen wir uns ein Beispiel an:

```
def Dämon():
    print('Start Dämon'); Schlaf(10); print('Ende Dämon')

def Engel():
    print('Start Engel'); print('Ende Engel')

d = threading.Thread(target=Dämon, daemon=True)
e = threading.Thread(target=Engel)
```

Die Funktion `Dämon` druckt etwas, dann schläft sie zehn Sekunden lang, bevor sie ihre Arbeit wieder aufnimmt. Der Prozess d führt sie aus, er wird gleich bei der Erzeugung als daemon gekennzeichnet (gleichwertig gewesen wäre die Zuweisung d.daemon = True nach der Erzeugung). Die Funktion `Engel` verkündet[1] lediglich Beginn und Ende ihrer Arbeit, e ist der entsprechende Prozess, der den Wert von daemon bei seiner Voreinstellung `False` belässt. Das geschieht:

```
In [30]: d.start()
Start Dämon
In [31]: 3*7
Out[31]: 21
In [32]: e.start()
Start Engel
Ende Engel
In [33]: 4*7
Out[33]: 28
In [34]: Ende Dämon
```

---

[1] In der Spieltheorie werden bei Zwei-Personen-Spielen üblicherweise die Gegner als *Engel* bzw. als *Dämon* bezeichnet, vgl. [9, S. 587].

Der Prozess d startet, die Anfangsbotschaft wird ausgedruckt, dann wird 3∗7 zu 21 berechnet und der Prozess e gestartet, der auch gleich sein Beginn und sein Ende verkündet, 4∗7 wird zu 28 berechnet, und *jetzt erst* ist der Prozess d an seinem Ende angelangt. Während also d im Hintergrund aktiv ist (auch wenn er schläft, ist er doch noch nicht an seinem Ende angelangt: *Wer schläft, sündigt nicht*), kann im Vordergrund weitergearbeitet werden. Wenn ich beide Prozesse starte und erst dann weitermachen möchte, wenn beide beendet sind, so kann ich das durch die Aufrufe von join erreichen:

```
In [39]: d.start(); e.start(); d.join(); e.join()
Start Dämon
Start Engel
Ende Engel
Ende Dämon
In [40]:
```

Mit is_alive kann überprüft werden, ob ein Prozess aktiv ist:

```
In [65]: d.start()
Start Dämon
In [66]: print('LEBT' if d.is_alive() else 'ist tot')
LEBT
In [67]: Ende Dämon
In [67]: print('LEBT' if d.is_alive() else 'ist tot')
ist tot
```

Erben von Thread

Die Klasse threading.Thread kann also Basisklasse verwendet werden, wobei die Methode run überschrieben werden sollte. Das wird am Beispiel von EinsZwei in Abbildung 13.2 demonstriert. Wir übergeben also den Namen und die Eigenschaft, ein Dämon zu sein, an die Klasse threading.Thread, während das Argument args in der Klasse bleibt. Es wird von der Methode run verwendet, die hier überschrieben wird; wir haben zusätzlich eine statische Methode Schlaf definiert. Die Klasse wird so verwendet:

```
t = EinsZwei(name='Eins', args=('uno ', 1), daemon=True)
s = EinsZwei(name='Zwei', args=('due ', 2), daemon=True)
t.start(); s.start()
t.join();  s.join()
print('\nfertig')
```

Die Objekte s und t sind nun Instanzen der Klasse EinsZwei, die mit den entsprechenden Argumenten instanziiert wird. Da diese Klasse von threading.Thread erbt, sind die Methoden start und join verfügbar. Wir erhalten als Ausgabe, wie nicht anders zu erwarten:

```
class EinsZwei(threading.Thread):

    def __init__(self, name=None, args=(), *, daemon=None):
        super().__init__(name=name, daemon=daemon)
        self.args = args
        self.zeile = ''

    @staticmethod
    def Schlaf(r):
        time.sleep(r)

    def leerZeile(self):
        self.zeile = ''

    def run(self):
        kette = self.args[0]
        wieLange = self.args[1]
        for i in range(10):
            self.zeile += kette
            if len(self.zeile) > 20:
                print(self.zeile)
                self.leerZeile()
            self.Schlaf(wieLange)
        else:
            print('\tSchließlich: {}'.format(self.zeile))
```

Abb. 13.2: Klasse EinsZwei

```
uno uno uno uno uno uno
due due due due due due
        Schließlich: uno uno uno uno
        Schließlich: due due due due
fertig
```

Im Vergleich zur 'direkten' Instanziierung von threading.Thread wird die Funktion, die im target-Parameter angegeben wird, hier zum Überschreiben der Methode run verwendet. Offensichtlich hat man auf diese Weise alle Vorteile der Vererbung zur Verfügung, kann also auch lokale und statische Entitäten definieren und eine Vererbungshierarchie aufbauen.

Sperren

Wenn mehrere Prozesse auf dieselbe Variable zugreifen, so kann es zu Problemen kommen, wie das folgende Beispiel zeigt:

```
zahl = 0
def Lauf():
    global zahl
    for _ in range(1000000):
        zahl += 1
```

Wir definieren also eine Variable zahl, die zu 0 initialisiert wird; in der Funktion Lauf vereinbaren wir zahl als global und durchlaufen dann eine Schleife, in der zahl jeweils um 1 erhöht wird. Mal sehen:

```
zahl = 0; a = threading.Thread(target=Lauf); a.start()
print('>>', zahl)
>> 1000000
```

Na gut, das läuft wie erwartet. Versuchen wir's mit zwei Prozessen:

```
zahl = 0
a = threading.Thread(target=Lauf)
b = threading.Thread(target=Lauf)
a.start(); b.start(); a.join(); b.join()
print('>>', zahl)
>> 1126564
```

Hier hätte man ja eigentlich als Ausgabe den Wert 2000000 erwartet. Was ist geschehen? Die Prozesse a und b werden gestartet. Sie bekommen jeweils ein Zeitfenster für ihre Arbeit zugeteilt. Ist die Zeit für einen Prozess abgelaufen, so wird er verdrängt, der nächste Prozess arbeitet sein Fenster ab, um dann von einem anderen verdrängt zu werden, etc. Nun ist die Operation zahl += 1 nicht *atomar*, sondern verläuft intern in mehreren Schritten (mindestens: Ermitteln der Adresse, Holen des Werts, Erhöhen des Werts, Zurückschreiben des Werts), deren Abfolge jeweils unterbrochen werden kann.

Wir simulieren das Geschehen: a holt den Wert, sagen wir, w_a, a wird unterbrochen, dann holt b den Wert, sagen wir w_b, erhöht den Wert, wird unterbrochen, a erlangt die Kontrolle zurück, erhöht den aktuellen Wert (das ist jetzt $w_b + 1$) um 1 und schreibt ihn – glückliche Fügung: ohne unterbrochen zu werden – zurück (das ist jetzt $w_b + 2$ und nicht $w_a + 1$). Insgesamt haben weder a noch b Kontrolle über die von ihnen manipulierten Werte, weil, wie gesagt, die auszuführende Operation nicht atomar ist.

Um dieses Problem zu vermeiden, müssen wir sicherstellen, dass diese Operation atomar, also frei von Unterbrechungen verläuft. Hierzu werden *Sperren* verwendet: Wenn ein Prozess den Wert zahl ändern möchte, muss er diese Operation ausführen können, ohne dabei unterbrochen zu werden.

```
zahl = 0
sperre = threading.Lock()
```

```
def SLauf():
    global zahl
    for _ in range(1000000):
        sperre.acquire(); zahl += 1; sperre.release()
```

Hier ist `sperre` Instanz des Objekts `Lock` und dient als Sperre, also als ein Hilfsmittel zur Synchronisation. Sie ist entweder geöffnet oder geschlossen, einer zweifarbigen Ampel ähnlich, die entweder Rot oder Grün zeigt. Die Sperre `sperre` wird mit `sperre.acquire()` geschlossen (die Ampel ist Rot, jetzt kommt kein weiterer Prozess in den geschlossenen Bereich hinein) und mit `sperre.release()` wieder geöffnet (die Ampel schaltet auf Grün, der gesperrte Bereich ist wieder zugänglich). Das gilt für alle laufenden Prozesse, und nicht nur für das Nutzer-Programm, denn es ist weit und breit kein Prozess des Nutzers zu sehen, der diesen Bereichen betreten möchte. Der Bereich zwischen dem Erwerb und dem Freigeben einer Sperre wird auch als ihr *kritischer Abschnitt* bezeichnet. Die Methode `acquire` gibt einen Booleschen Wert zurück, und sie kann mit einem reellen Parameter r aufgerufen werden. In diesem Fall wird der Aufruf für r Sekunden blockiert.

Der langen Rede kurzer Sinn:

```
In [69]: zahl = 0
    ...: a = threading.Thread(target=SLauf)
    ...: b = threading.Thread(target=SLauf)
In [70]:  a.start(); b.start(); a.join(); b.join()
    ...: print('>> ', zahl)
>> 2000000
```

Jubel!

Zwei Anmerkungen:

– *Atomar* bedeutet hier, dass die Abfolge in dem Bereich zwischen `acquire` und `release`, also dem kritischen Bereich, unteilbar ist. Es wird also verhindert, dass ein weiterer Zugriff in diesem Bereich stattfindet. In diesem Sinne sind die Operationen auf den zusammengesetzten Datenstrukturen von `Python` wie Listen, Tupel, Lexika etc. auf der Systemebene atomar. Der Benutzer ist also davor geschützt, dass, sagen wir, die Modifikation eines Lexikons durch einen Prozesswechsel unterbrochen und damit ungültig gemacht wird. Die primitiven Datentypen geniessen diesen Schutz nicht.

Allerdings sollte man auch hier Vorsicht walten lassen. Die FAQs zur offiziellen Dokumentation von **Python**[2] merken an, dass Operationen, die eine Entfernungsoperation enthalten, möglicherweise unsicher sind; als Beispiele werden angegeben (`L` ist eine Liste, `D` ein Lexikon): `L.append(L[-1])`,`L[i] = L[j]`, `D[x] = D[x] + 1`. Im Zweifelsfall sollte man also auch hier lieber eine Sperre verwenden.

---

2 `https://docs.python.org/2/faq/library.html#id17` (August 2017)

– Auf `acquire` sollte `release` folgen. Diese Operationen können als Kontext behandelt werden: Der Ausschnitt

```
sperre.acquire()
kritischer Abschnitt
sperre.release()
```

kann mit der `with`-Anweisung auch geschrieben werden als

```
with sperre:
      kritischer Abschnitt
```

Ein Prozess kann eine Sperre nur einmal nutzen, es ist also nicht möglich, eine einmal freigegebene Sperre noch einmal zu verwenden. Das ist gelegentlich misslich, etwa wenn man in einer tief verschachtelten Kontrollstruktur arbeitet. In dieser Situation kann man eine *wiederverwendbare Sperre* verwenden, ein Objekt vom Typ RLock, in der der Besitzer einer Sperre die Sperre freigeben und dann wiederaufnehmen kann, also zum Beispiel für verschachtelte `acquire`- und `release`-Operationen verwenden kann (der Buchstabe R deutet auf *reentrant* hin). Die `release`-Operation im am weitesten außen gelegenen Block gibt dann die Sperre insgesamt frei. Eine solche Sperre wvSperre wird erzeugt durch `wvSperre = threading.RLock()`. Die Methoden `wvSperre.acquire` und `wvSperre.release` werden genau wie im oben betrachteten allgemeinen Fall verwendet.

Sperren sind die einfachsten Möglichkeiten, die Arbeit von Prozessen miteinander zu synchronisieren. Wir wollen uns dem Problem der Konsumenten und Produzenten zuwenden, das eine genauere Koordination von Prozessen erfordert.

13.2 Konsumenten und Produzenten

Für den Informatiker ist eine Reise nach Italien oder Portugal ganz lustig, weil dort überall Semaphore zu sehen sind. In Italien wird auf ein *semaforo*, also eine Ampel, im Straßenverkehr hingewiesen, auch bei der Eisenbahn kennt man *semafori*. *Grüne Welle* heißt auf Italienisch *semafori sincronizzati*, und mit der Synchronisation durch Semaphore wollen wir uns jetzt befassen.

Das Problem

Ein Produzent produziert eine Ware, ein Konsument verbraucht sie. Offensichtlich kann die Ware erst dann verbraucht werden, wenn sie auch produziert worden ist; sie soll erst dann produziert werden, wenn Bedarf danach herrscht, sodass also Produktion und Verbrauch in dieser Reihenfolge voneinander abhängen. Produktion und Verbrauch müssen synchronisiert werden: ist noch kein Produkt da, so wartet der Verbraucher, bis es verfügbar ist; ist das Produkt vorhanden, so wartet der Produzent darauf, dass es verbraucht wird; beide verhalten sich also vollkommen symmetrisch.

Unter dem Blickwinkel der Sperren gesehen lässt sich das Verhalten so darstellen: hat der Verbraucher die Sperre für das Produkt, ist das Produkt aber noch nicht produziert, so sollte der Verbraucher warten, die Sperre abgeben und erst dann wieder erwerben, wenn das Produkt tatsächlich produziert ist. Gibt der Verbraucher nämlich die Sperre nicht frei, so hat der Produzent keine Gelegenheit zur Produktion, damit muss er unendlich lange warten, sodass das Programm nicht in endlicher Zeit mit seiner Arbeit fertig wird. Symmetrisch gilt: hat der Produzent die Sperre für das Produkt, ist das Produkt aber noch nicht verbraucht, so sollte er die Sperre abgeben und darauf warten, dass konsumiert wird, erst dann sollte er die Sperre wieder aufnehmen, um erneut produzieren zu können. Die Sperre liegt also beim Produkt, sie sollte beim Produzieren und beim Konsumieren auf die beschriebene Art behandelt werden. Beim Produkt sollte weiterhin die Nachricht liegen, ob es verfügbar ist.

13.2.1 Semaphore

Ein Semaphor ist eine primitive Operation zur Synchronisierung von Prozessen, die jedoch, anders als bei Sperren, über einen eigenen Zähler verfügt. Wie bei Sperren kann ein Semaphor durch `acquire` erworben und durch `release` freigegeben werden, mit jedem `acquire` wird der Zähler um eine Einheit vermindert, mit jedem `release` wird der Zähler erhöht. Hat der Zähler den Wert 0, so blockiert die `acquire`-Methode solange, bis ein anderer Prozess die `release`-Methode aufruft. Der Zähler ist nicht explizit zugänglich. Der Trick an der Geschichte ist, dass ein Semaphor zur Kommunikation zwischen Prozessen verwendet werden kann, die durch die Verwendung eines Zählers feiner ist als die durch Sperren.

Ein Semaphor wird mit `threading.Semaphore()` oder `threading.Semaphore(k)` erzeugt, wobei k der Anfangswert des Zählers für das Semaphor ist (der voreingestellte Wert ist 1), `acquire` und `release` werden wie bei Sperren verwendet. Eine Variante sind beschränkte Semaphore (`BoundedSemaphore`), bei denen die Anzahl der `release`-Operationen die der `acquire`-Operationen nicht übersteigen darf; in diesem Fall wird die Ausnahme `ErrorValue` aktiviert.

Lösung mit Semaphoren

Produzent und Konsument sind Prozesse, die über Semaphore miteinander kommunizieren sollen, wie gerade beschrieben. Dazu definieren wir zwei Semaphore `produziert` und `konsumiert`:

```
produziert = threading.Semaphore(0)
konsumiert = threading.Semaphore(1)
```

Da etwas zum Konsumieren vorhanden sein muss, wird die Variable für `konsumiert` auf 1 gesetzt. Am Anfang wurde noch nichts produziert. Die Funktionen für den Produzenten und den Konsumenten sind so definiert:

```
def Herstellung():
    global Artikel
    Artikel += 1; Schlaf(3*Zufall())
    print('\tArtikel produziert: {} um {}'.format(Artikel, Zeit()))

def Verbrauch():
    global Artikel
    Artikel -= 1; Schlaf(2*Zufall())
    print('\t\tArtikel verbraucht: {} um {}'.format(Artikel, Zeit()))
```

Abb. 13.3: Herstellung und Verbrauch

```
def Produzent(p):
    for _ in range(p):
        konsumiert.acquire(); Herstellung(); produziert.release()

def Konsument(k):
    for _ in range(k):
        produziert.acquire(); Verbrauch(); konsumiert.release()
```

Sehen wir uns die Schleife in der Funktion Produzent an: das Semaphor konsumiert wird erworben. Am Anfang ist der Wert des zugehörigen Zählers 1, er wird jetzt auf 0 gesetzt. Der Artikel wird hergestellt, und da am Anfang der Zähler für das Semaphor produziert auf 0 gesetzt wurde, wird der kritische Bereich blockiert. Beim Aufruf von Konsument wird für das Semaphor produziert die acquire-Methode aufgerufen, der zugehörige Zähler wird um 1 erhöht, jetzt kann verbraucht werden, konsumiert wird freigegeben, hat also jetzt den Wert 0, damit kann Produzent jetzt arbeiten, etc.

Die Funktionen Herstellung und Verbrauch sind in Abbildung 13.3 definiert (wir simulieren die Produktions- und Verbrauchszeiten):

Die Variable Artikel wird zu 0 initialisiert. Mit

```
prod = threading.Thread(target=Produzent, args=(4,))
kons = threading.Thread(target=Konsument, args=(4,))
kons.start(); prod.start()
kons.join(); prod.join(); print('fertig')
```

lassen wir jeweils vier Produktions- und Verbrauchszyklen zu und erhalten

```
        Artikel produziert: 1 um (15, 0)
                Artikel verbraucht: 0 um (15, 0)
        Artikel produziert: 1 um (15, 2)
                Artikel verbraucht: 0 um (15, 4)
        Artikel produziert: 1 um (15, 5)
                Artikel verbraucht: 0 um (15, 7)
        Artikel produziert: 1 um (15, 8)
                Artikel verbraucht: 0 um (15, 10)
fertig
```

Wird mehr produziert als verbraucht, oder soll mehr verbraucht werden, als produziert wird, so blockieren die entsprechenden Prozesse, die entsprechende `join`-Methode gibt also dann die Kontrolle nicht ab.

13.2.2 Bedingte Sperren

Bedingte Sperren lassen sich als Alternative zu Semaphoren verwenden. Sie kombinieren wiederverwendbare Sperren (`RLocks`) mit Bedingungen. In unserem Beispiel könnte man ja so vorgehen, dass der Konsument dem Produzenten signalisiert "Kein Kaugummi mehr da", wenn kein Produkt mehr konsumiert werden kann, und umgekehrt der Produzent dem Konsumenten nach erfolgter Produktion eine Nachricht schickt "Kauen wieder möglich", dass jetzt also Kaugummi wieder zur Verfügung steht[3]. Statt, wie bei Semaphoren, den Wert eines internen Zählers abzufragen, sollte hier also die Möglichkeit zum Senden eines Signals vorgesehen sein.

Mit `BW = threading.Condition()` wird eine solche bedingte Sperre erzeugt, als optionaler Parameter kann auch eine Sperre oder eine wiederverwendbare Sperre gesetzt werden. Wird keine Sperre angegeben, so wird eine für den Benutzer anonyme wiederverwendbare Sperre erzeugt. Wir beobachten ein Wechselspiel zwischen Bedingungen und Sperren. Die Sperre wird mit `BW.acquire()` erworben, also geschlossen und mit `BW.release()` wieder freigelassen, also geöffnet. Das ist völlig analog zum Vorgehen bei nicht mit Bedingungen bewehrten Sperren.

Über diese Möglichkeiten hinaus können wir aber auch mit `BW.wait()` warten, bis eine Benachrichtigung für `BW` eintrifft. Diese Methode kann aufgerufen werden, nachdem der aufrufende Prozess die Sperre erworben hat. Wenn sie aufgerufen wird, versinkt der Prozess in einen Schlaf, aus dem er nach dem Erhalt einer Nachricht für `BW`, also einem Aufruf von `BW.notify()` oder `BW.notify_all`, aufgeweckt wird. Hierbei weckt `BW.notify()` einen Prozess auf, der mit `BW.wait()` in den Schlaf versetzt wurde, `BW.notify(n)` tut das für n Prozesse, und `BW.notify_all` für alle diese Prozesse (es können ja mehrere Prozesse warten). Muss eine Auswahl unter den wartenden Prozessen getroffen werden, so erfolgt ihre Auswahl durch das Laufzeitsystem.

Zusätzlich und optional kann man übrigens der Methode `BW.wait` einen Zeitparameter r mitgeben. Wenn `BW.wait(r)` aufgerufen wird, dann geht der Prozess in den Schlafzustand. Sind danach r Sekunden vergangen, so wacht der Prozess auf und erwirbt die Sperre wieder.

---

[3] Wir ignorieren die Frage nach einer Kaugummi-Quote und nach ökologischen Effekten ebenso wie das Problem, ob Salzstangen vielleicht gesünder sind.

Lösung mit bedingten Sperren

Sehen wir uns das Produzenten-Konsumenten-Problem aus der Sicht bedingter Sperren an. Wir haben BW mit

```
BW = threading.Condition()
```

als bedingte Sperre vereinbart, die Funktionen Herstellung und Verbrauch sind wie in Abbildung 13.3 definiert.

```
def Producer():
    for _ in range(4):
        BW.acquire(); Herstellung()
        BW.notify();  BW.release()
```

Hier werden vier Zyklen durchlaufen. In jedem Zyklus wird die Sperre erworben, dann wird der Artikel hergestellt und eine Nachricht mit notify an die anderen auf diese bedingte Sperre wartenden Prozesse geschickt, und die Sperre wieder freigegeben. In unserem Fall wartet nur der Konsumenten-Prozess auf die Freigabe der bedingten Sperre. Er ist so formuliert:

```
def Consumer():
    for _ in range(4):
        BW.acquire(); while Artikel == 0: BW.wait()
        BW.release(); Verbrauch()
```

Auch hier werden vier Zyklen durchlaufen. In jedem Durchlauf wird zunächst die Sperre erworben, und der Prozess wartet, solange kein Artikel verfügbar ist. Nach dem Verlassen der while-Schleife (wenn also ein Artikel verfügbar ist, was nachgeprüft wurde, nachdem eine entsprechende Nachricht eingetroffen ist) wird die Sperre freigegeben und Verbrauch aufgerufen.

Mit

```
prod = threading.Thread(target=Producer)
kons = threading.Thread(target=Consumer)
```

definieren wir die Prozesse, mit

```
Artikel = 0
kons.start(); prod.start()
kons.join();  prod.join()
print('\n\tfertig')
```

lassen wir sie laufen, und erhalten

```
Artikel produziert: 1 um (10, 33)
Artikel produziert: 2 um (10, 33)
Artikel produziert: 3 um (10, 36)
Artikel produziert: 4 um (10, 36)
          Artikel verbraucht: 3 um (10, 38)
          Artikel verbraucht: 2 um (10, 38)
          Artikel verbraucht: 1 um (10, 39)
          Artikel verbraucht: 0 um (10, 41)
fertig
```

Während sich bei einem Semaphor Herstellung und Verbrauch im Großen und Ganzen abzuwechseln scheinen, wird hier offenbar zunächst alles produziert und dann alles konsumiert. Im Vergleich zu Semaphoren erscheinen die bedingten Sperren intuitiv einsichtiger, weil mit – im Text des Programms sichtbaren – Benachrichtigungen, Warte- und Aufweckaktionen gearbeitet wird.

13.2.3 Außer Konkurrenz: Koroutinen

Wir haben in Abschnitt 4.6 die yield-Anweisung kennen gelernt. Sie wirkt ähnlich wie die return-Anweisung und gibt einen Wert an den Aufrufer zurück, sie ist jedoch zusätzlich dadurch charakterisiert, dass der Zustand über Aufrufe hinweg erhalten bleibt. Neben der yield-*Anweisung* findet sich in Python auch ein yield-*Ausdruck*, der auf der rechten Weise einer Anweisung stehen kann und dem Werte geschickt werden können; er wird als (yield) notiert.

Ein Konstrukt dieser Art, das syntaktisch einer Methode oder einer Funktion sehr ähnlich ist, heißt *Koroutine*. Insbesondere kann eine Koroutine Parameter haben. Der Kontrollfluss sieht bei einer Koroutine so aus, dass die Koroutine den Wert, dem yield zugewiesen wird, empfängt und Anweisungen in ihrem Rumpf solange weiterverarbeitet, bis das nächste yield auftaucht. Ist Kor eine Koroutine, so wird mit Kor.send(k) der Wert k an die nächste yield-Anweisung geschickt. Zu Beginn der Arbeit wird Kor.__next__() aufgerufen; das hat den Effekt, dass die Anweisungen vor dem ersten Vorkommen von yield ausgeführt werden und Kor nun auf das erste Auftreten von Kor.send wartet. Koroutinen werden wie im Abschnitt 4.6 beschrieben erzeugt und terminiert. Sehen wir uns ein einfaches Beispiel in Abbildung 13.4 an.

Die Koroutine empf wird in Zeile In [42] als Instanz von Empfänger erzeugt, dort wird auch die notwendige Initialisierung durch empf.__next__() durchgeführt. Wir schicken zwei Werte an empf, die dann auch verarbeitet werden. Dann terminieren wir die Koroutine mit empf.close(), ein weiterer Versuch, einen Wert an empf zu schicken, wird mit der Aktivierung der Ausnahme StopIteration beantwortet.

```
In [41]: def Empfänger():
    ...:     print('********** Bereit')
    ...:     while True:
    ...:         n = (yield)
    ...:         print('------ erhalten: {}'.format(n))
In [42]: empf = Empfänger(); empf.__next__()
********** Bereit
In [43]: empf.send(77)
------ erhalten: 77
In [44]: empf.send(0)
------ erhalten: 0
In [45]: empf.close()
In [46]: empf.send(8)
Traceback (most recent call last):
  File "<ipython-input-46-d441c3d4e30f>", line 1, in <module>
    empf.send(8)
StopIteration
```

Abb. 13.4: Eine einfache Koroutine

Wir können den `yield`-Ausdruck mit der `yield`-Anweisung verbinden, wie dieses Beispiel zeigt. Die Zuweisung `k = (yield)` empfängt den gesendeten Wert, `yield k+1` gibt dann einen Wert zurück, der in der Ausgabe erscheint und der außerhalb der Koroutine weiterverwendet werden kann.

```
In [73]: def prod():
    ...:     print('----------- Bereit')
    ...:     while True:
    ...:         print('\tVor dem yield-Ausdruck')
    ...:         k = (yield)
    ...:         yield k+1
    ...:         print('\t\t...und jetzt weiter')
In [74]: cw = prod()
In [75]: cw.__next__()
----------- Bereit
        Vor dem yield-Ausdruck
In [76]: cw.send(15)
Out[76]: 16
In [77]: cw.__next__()
                ...und jetzt weiter
        Vor dem yield-Ausdruck
In [78]: cw.send(0)
Out[78]: 1
In [79]: cw.close()
```

Auch hier ist der Aufruf der Methode __next__ notwendig, um den Kontrollfluss innerhalb der Koroutine vor das nächste yield zu bewegen. Das ist ein wenig umständlich. Benötigt man __next__ nur einmal zu Beginn der Arbeit, so kann man einen Dekorator dafür schreiben, vgl. Seite 69. Bei mehrfacher Verwendung ist das jedoch nicht auf so durchsichtige Weise möglich.

Mit diesen Überlegungen lässt sich eine Lösung unseres Problems angeben. Der Konsument fordert ein Produkt an, indem er eine Nachricht an den Produzenten schickt. Der Produzent reagiert, indem er eine Instanz des Produkts für den Konsumenten verfügbar macht; das ist der Rückgabewert der send-Methode, der durch yield übergeben wird. So läuft das Spiel ab:

```
def derProduzent():
    while True:
        print('Produzieren?')          Produzieren?
        n = (yield); print(n)          Ja, bitte
        Schlaf(Zufall())               #
        yield '*'                      *
                                       Produzieren?
def derKonsument(p):                   Ja, bitte
    for _ in range(2):                 #
        Schlaf(Zufall())               *
        print('Ja, bitte')            Produzieren?
        m = p.send('#')                Fertig
        print(m); p.__next__()
    print('Fertig')
```

Der Produzent arbeitet mit einer unendlichen Schleife, weil er immer wieder darauf gefasst sein muss, dass ihm eine Anforderung präsentiert wird. Produktion und Konsum verbrauchen Zeit, die wie oben durch Schlaf(Zufall()) simuliert wird. Wir durchlaufen hier nach Instanziierung und Initialisierung des Produzenten mit prod = derProduzent(); prod.__next__() zwei Zyklen.

Die Lösung kommt eher schlicht daher, weil auf die Produktion gleich der Konsum folgt. Damit auch Volkswirte zufriedengestellt werden, brezeln wir die Lösung ein wenig auf. Wir produzieren nicht einen einzigen Artikel, sondern eine ganze Reihe, die wir in einer Liste speichern. Die Anzahl gibt uns die Marktforschung bekannt, die wir durch Daten des Verbrauchers ermitteln. Konkret übermittelt der Verbraucher eine Zahl n, die Anzahl der produzierten Artikel wird durch random.randint(n) gegeben, das ist eine gleichverteilte Zufallszahl zwischen 0 und n (Grenzen inklusive). Es ist aber auch möglich, dass durch intensiven Verbrauch keine Produkte mehr verfügbar sind, dann wird eine Ausnahme aktiviert und die Notversorgung aktiviert. Die Kommunikation zwischen dem Produzenten und dem Verbraucher geschieht über die Liste produkte, die bei den Teilnehmern als global vereinbart wird und vom Produzenten zu Beginn der Arbeit als leer initialisiert wird. Das Paar (send, yield) von oben wird also durch das Paar (send, globale Variable) ersetzt, eine nicht-triviale Änderung der Konzeption.

```
def AufgebrezelterProduzent():
    global produkte; print("Produktion bereit")
    produkte = []
    while True:
        n = (yield)
        print("Produzent, angefragt: {}".format(n)); Schlaf()
        if type(n) == int:
            for j in range(random.randint(0, n)):
                produkte.append(j)
        else: produkte.append(n)
```

Der Konsument hat einen Produzenten r als Parameter und ist so formuliert:

```
def Konsument(r):
    global produkte; print("Konsumption bereit")
    for i in range(random.randint(0, 10)):
        try:
            if produkte == []:
                raise IndexError('kein Produkt da')
            h = random.randint(0, 100)
            print('konsumiert: {}'.format(produkte[0:h]))
            produkte = produkte[h:]; Schlaf()
            r.send(random.randint(0, 30))
        except IndexError as e: r.send(e)
    print('fertig')
```

Wir durchlaufen eine Schleife mit einer zufälligen Häufigkeit. Im Schleifenkörper sehen wir uns zunächst an, ob Produkte vorhanden sind. Ist das nicht der Fall, so wird eine Ausnahme aktiviert, die Ausnahmebehandlung schickt eine entsprechende Nachricht an den Produzenten. Falls Produkte vorhanden sind, wird eine zufällige Anzahl konsumiert, der Rest bleibt verfügbar, und eine Zufallszahl als Resultat der Marktforschung an den Produzenten geschickt.

Nach prod = AufgebrezelterProduzent(); prod.__next__() erhalten wir die Nachricht Produktion bereit, der Aufruf Konsument(prod) gibt

```
Konsumption bereit
Produzent, angefragt: kein Produkt da
konsumiert: [IndexError('kein Produkt da',)]
Produzent, angefragt: 8
...
Produzent, angefragt: 17
konsumiert: [0, 1, 2, 3, 4, 5]
Produzent, angefragt: 20
...
Produzent, angefragt: 20
konsumiert: [0, 1, 2, 3, 4, 5]
```

```
Produzent, angefragt: 27
fertig
```

Insgesamt erweist sich die Lösung durch Koroutinen als ausbaufähig, flexibel und damit als interessant. Man sieht, dass die Kopplung zwischen den Parteien ziemlich eng ist. Unklar ist die Skalierbarkeit auf mehrere Konsumenten oder gar auf mehrere Produzenten.

13.3 Die dinierenden Philosophen

Die Geschichte geht so: Um einen runden Tisch sitzen m Philosophen, reden, essen und denken. In der Mitte des Tischs steht eine Reisschüssel, jedes Philosoph[4] hat einen Teller vor sich und am Anfang des Symposiums auf der linken Seite des Tellers ein Ess-Stäbchen, vgl. Abbildung 13.5. Wenn es essen möchte, muss es sich also das andere Ess-Stäbchen von seinem rechten Nachbarn besorgen, das dann freilich nicht essen kann. Also: die Philosophen denken, wenn sie Hunger haben, müssen sie dafür sorgen, dass sie beide Stäbchen, links und rechts, zur Verfügung haben, dann essen sie, legen beide Stäbchen beiseite, denken wieder, etc.

Vorüberlegungen
Wir stellen einige Überlegungen zur Vorgehensweise an, um das Problem zu verdeutlichen. Die Philosophen werden durch ihre Platznummern $0, \ldots, m-1$ identifiziert, das Stäbchen zur linken des Philosophen i ist σ_i; das Philosoph zur Rechten von i ist

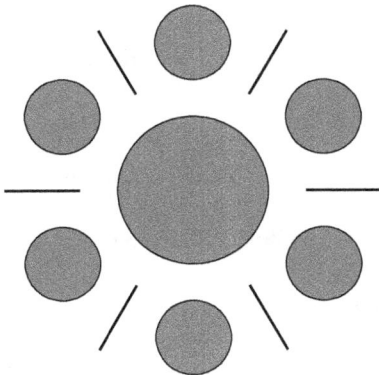

Abb. 13.5: Dinierende Philosophen

---

[4] Philosophen werden hier als Neutra aufgefasst, um Spitzenpositionen geschlechtsneutral besetzt zu sehen.

$\rho(i)$, wobei

$$\rho(i) := (i + 1) \mod m$$

gesetzt wird (die Philosophen sitzen an einem runden Tisch). Philosoph i benötigt also zum Essen die Stäbchen σ_i und $\sigma_{\rho(i)}$.

Nehmen wir an, wir haben wie in Abbildung 13.5 sechs Philosophen, und am Anfang können die Philosophen 0 und 2 essen; dann sind also die Stäbchen $\langle \sigma_0, \sigma_1 \rangle$ für das Philosoph 0 und $\langle \sigma_2, \sigma_3 \rangle$ für das Philosoph 2 belegt. Essen könnte auch das Philosophen 4, nicht dagegen 5 ($\sigma_{\rho(5)} = \sigma_0$ wird gerade von 0 benutzt), 3 (σ_3 ist mit 2 unterwegs) oder 1 (σ_1 und σ_2 sind beide nicht verfügbar). Nehmen wir jetzt an, 2 isst nicht mehr, es gibt seine beiden Stäbchen σ_2 und σ_3 frei. Jetzt könnten 2, 3, 4 essen, nicht hingegen 5, denn das rechte Stäbchen wird immer noch von 0 benutzt. Wenn 2 schnell genug ist, schnappt es sich die gerade niedergelegten Stäbchen und isst weiter: von Fairness war nicht die Rede.

Wir setzen

$$\mathcal{P} := \{0, \ldots, m - 1\}$$
$$G := \{\langle i, \rho(i) \rangle \mid i \in \mathcal{P}\}$$

als die Menge aller Philosophen und die Menge aller zulässigen Paare von Stäbchen. Wenn M die Menge der gerade essenden Philosophen ist, so ist $A := \{\langle \sigma_i, \sigma_{\rho(i)} \rangle \mid i \in M\} \subseteq G$ die Gesamtheit der Paare von Stäbchen, die benutzt werden. Ist das Philosoph $j \in M$ mit dem Essen fertig, so beschreibt

$$A' := A \setminus \{\langle \sigma_j, \sigma_{\rho(j)} \rangle\}$$

die gerade aktiven Stäbchenkombinationen,

$$P_{A'} := \{a_1 \mid a \in G \setminus A'\} \cap \{a_2 \mid a \in G \setminus A'\}$$

ist die Menge der jetzt unbeteiligten Philosophen (mit $a = \langle a_1, a_2 \rangle$). Aus der Menge

$$M' := \{k \in P_{A'} \mid \rho(k) \in P_{A'}\}$$

kann ein Philosoph eingeladen werden, sich des Reistopfes zu bedienen. In der Tat, laden wir $m \in M'$ ein, so müssen wir zeigen, dass weder σ_m noch $\sigma_{\rho(m)}$ gerade benutzt werden. Es ist klar, dass m nicht als linkes oder als rechtes Stäbchen von einem anderen Philosophen benutzt wird: Denn würde es benutzt, so gäbe es ein $a \in A'$ mit $\sigma_m = a_1$ oder $\sigma_m = a_2$; das aber geht nach Konstruktion nicht. Analog argumentiert man für $\rho(m)$, also $\langle \sigma_m, \sigma_{\rho(m)} \rangle \notin A'$.

In unserem Beispiel (mit $\mathcal{P} = \{0, \ldots, 5\}$) haben wir $A = \{\langle \sigma_0, \sigma_1 \rangle, \langle \sigma_2, \sigma_3 \rangle\}$, also $M = \{0, 2\}$, Philosoph 2 ist nach Annahme fertig, gibt also das Stäbchen-Paar $\langle \sigma_2, \sigma_3 \rangle$ zurück. Also $A' = \{\langle \sigma_0, \sigma_1 \rangle\}$, und damit $P_{A'} = \{2, 3, 4, 5\}$, also $M' = \{2, 3, 4\}$ ($5 \notin M'$ wegen $0 = \rho(5) \notin P_{A'}$). Das stimmt mit den informellen Überlegungen von oben überein.

```
while True:
    denken
    links.acquire()
    rechts.acquire()
    essen
    links.release()
    rechts.release()
```

Abb. 13.6: Muster für einen Philosophen

Zur Implementierung

Stäbchen werden als Semaphore realisiert: Das Philosoph muss beide Stäbchen in die Hand nehmen, also beide Semaphore erwerben, dann kann es essen und gibt anschließend die beiden Stäbchen, also die entsprechenden Semaphore, frei. Das Gerüst für die Speisung eines Philosophen mit den beiden Semaphoren links und rechts folgt dann dem Muster in Abbildung 13.6.

Wir arbeiten also in einer nicht-terminierenden Schleife[5]: Ein Philosoph denkt, bekommt dabei Hunger, nimmt sich zuerst das linke, dann das rechte Stäbchen, isst, gibt das linke und dann das rechts Stäbchen frei. Das ist die Definition für die Funktion einPhilosoph:

```
def einPhilosoph(links, rechts, name):
    while True:
        denke()
        links.acquire()
        rechts.acquire()
        esse()
        links.release()
        rechts.release()
```

Die Semaphore werden als Parameter übergeben, ebenfalls ein Name zur späteren Identifikation; die Funktionen denke und esse werden als Wartefunktionen, z. B. time.sleep(1), realisiert.

Wir benötigen einige weitere Vorbereitungen. Zunächst erzeugen wir mit

```
AnzPhil = range(wie viele)
AlleSem = [threading.Semaphore(1) for t in AnzPhil]
```

eine Liste von Semaphoren, deren interne Variablen sämtlich auf 1 gesetzt werden (sonst hätte der Aufruf von acquire am Anfang keinen Effekt). Wir definieren das Gastmahl:

---

5 Lesen Sie *Platons Gastmahl*, dann wissen Sie, wie lange und ausdauernd ein Philosoph denken kann; da wird auch getrunken ('...nachdem hierauf das Trankopfer dargebracht wurde, fuhr Aristophanes mit seiner Rede wie folgt fort ...'), aber das ignorieren wir einfach.

```
rechts = lambda x: (x+1)%wie viele
Symposium = [threading.Thread(target=einPhilosoph,\
            args=(AlleSem[j], AlleSem[rechts(j)], j))\
            for j in AnzPhil]
```

Für jedes Philosoph wird ein Prozess erzeugt, dessen Funktion gerade einPhilosoph ist, als Argumente für das Philosoph j nehmen wir, wie nicht anders zu erwarten, das linke Stäbchen AlleSem[j] und das rechte Stäbchen AlleSem[rechts(j)], j wird als Name vermerkt.

Dann kann es losgehen:

```
for s in Symposium: s.start()
for s in Symposium: s.join()
print('fertig')
```

Irgendwann erscheint dann die Botschaft fertig, wenn man in einPhilosoph die Schleife while True: durch for _ in range(soOft): für einen annehmbaren Wert soOft ersetzt.

Um zu sehen, ob ein Philosoph nicht gut ernährt wird, habe ich die Funktion esse ersetzt: Ich habe eine wiederverwendbare Sperre vom Typ RLock mit StatLock = threading.RLock() instanziiert, ein Lexikon freq zum Eintrag der jeweiligen Häufigkeiten initialisiert mit freq = {i:0 for i in AnzPhil} und den Aufruf von esse ersetzt durch

```
with StatLock:
    freq[name] += 1
```

name ist wie oben der Name des Philosoph. Dann habe ich acht Philosophen – statt der obigen sechs – jeweils fünfzehn Runden lang essen lassen:

```
print(freq)
{0: 15, 1: 15, 2: 15, 3: 15, 4: 15, 5: 15, 6: 15, 7: 15}
```

Jedes Philosoph isst also gleichhäufig, was bei der regulären Struktur nicht anders zu erwarten war. Die Lösung wird durch eine Schleife getrieben, die über die Philosophen iteriert, was vielleicht nicht ganz der Lebenswirklichkeit entspricht, denn ein Gastgeber läuft schließlich nicht im Kreis um den Tisch herum, um die Teilnehmer zum Essen anzuhalten.

Eine Alternative

Mit diesen Erfahrungen modellieren wir die Lösung auf andere Art und Weise, wobei wir an die formale Diskussion zu Beginn dieses Abschnitts anschließen. Wir verzichten auf die Beschreibung der Philosophen durch eine eigene Funktion und konzen-

trieren uns auf die Handhabung der Stäbchen. Wie oben definieren wir AnzPhil als
die Liste der Philosophen und instanziieren die Stäbchen als Liste AlleSem von Semaphoren. Die Überlegungen, wer essen kann, nachdem ein Philosoph seine Stäbchen
freigegeben hat, wird in eine Funktion kannEssen übertragen:

```
def kannEssen(fertig, isstGerade):
    G = [(j, rechts(j)) for j in AnzPhil]
    A1 = [a for a in G if (a[0] in isstGerade) & (a[0] != fertig)]
    PA1 = [a[0] for a in G if a not in A1]
    PA2 = [a[1] for a in G if a not in A1]
    PA = [b for b in PA1 if b in PA2]
    M = [x for x in PA if rechts(x) in PA]
    return M
```

Die Bezeichnungen sind weitgehend von oben übernommen. Die Berechnung der Liste G könnte nach außen verlagert werden, wir zitieren ihre Definition im Text der Funktion, weil es dann verständlicher wird. Die Iteration über die essenden Philosophen,
die in der Menge set(esser) notiert sind, sieht dann so aus:

```
for i in set(esser):
    Stäbchen[i].acquire(); Stäbchen[rechts(i)].acquire()
    time.sleep(0.2)
    Stäbchen[i].release(); Stäbchen[rechts(i)].release()
    esser = [j for j in esser if j != i]\
            + kannEssen(fertig = i, isstGerade = esser)
```

Das gerade essende Philosoph i wartet also darauf, das linke und das rechte Stäbchen
in die Hand zu bekommen, isst dann (was wir durch time.sleep(0.2) modellieren),
und gibt dann sein Stäbchen zurück. Dann wird die Menge der möglichen neuen Essenden bestimmt: es sind die gerade essenden Philosophen ohne i, vermehrt um die
Liste derjenigen, die durch die Funktion kannEssen bestimmt sind. Mit dieser Liste
wird die Iteration über esser fortgesetzt. Wir verwenden zur Steuerung der Iteration
allerdings nicht die Liste esser, sondern die daraus konstruierte Menge, um Dubletten
zu eliminieren.

Lassen wir diese Schleife, sagen wir, dreißigmal durchlaufen, so erhalten wir für
die Häufigkeit, mit der jedes der acht Philosoph zugreifen kann, für die Anfangsver-
teilung esser = [0, 2, 6] die Werte, die in Abbildung 13.7 mit *Eins* beschriftet sind.
Die Philosophen 1 und 3 kommen offenbar nie zum Zuge.

Ändern wir hingegen die Vorgehensweise, indem wir sagen, dass die neue Liste
esser durch kannEssen(fertig = i, isstGerade = esser) bestimmt ist, so ergibt
sich eine weitaus regelmäßigere Sättigung; das sind die mit *Zwei* beschrifteten Werte in Abbildung 13.7. Diese Strategie verlangt jedoch, dass, sobald ein Esser fertig ist,
alle anderen, die auch gerade essen, damit aufhören müssen, um einer neuen Liste
von Essern Platz zu machen; das würde in der Realität wohl zu einem Wettessen füh-

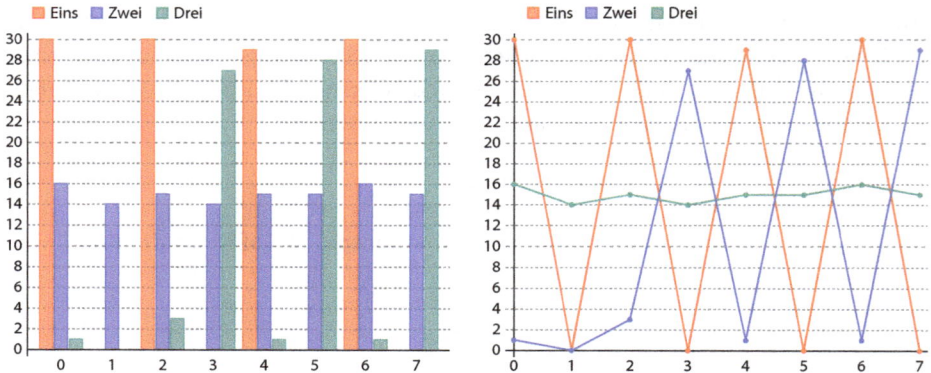

Abb. 13.7: Quantitative Auswertung unterschiedlicher Fütterungsstrategien für Philosophen

ren. Schließlich ändern wir unsere Strategie so, dass wir aus der Liste der Esser das gerade fertiggewordene Philosoph entfernen und, falls es existiert, das letzte Element der von kannEssen gelieferten Liste anfügen. Das ergibt die mit Drei beschriftete, eher unbefriedigende Verteilung der Sättigung in Abbildung 13.7. Die Philosophen 3 und 5 essen sich satt, die anderen müssen sich mehr oder weniger mit einer ziemlichen Schlankheitskur zufriedengeben. Ich habe zwei Arten der Darstellung gewählt und nebeneinander gestellt: die erste ist vielleicht informativer, die zweite zeigt durch ihre Linien die enormen Schwankungen zwischen den Strategien und ist deshalb auch informativ. Beide Graphiken wurden mit pygal (vgl. Abschnitt 5.4) gezeichnet.

Abschließende Bemerkungen

Wir haben in diesem Abschnitt einige Eigenschaften leichtgewichtiger Prozesse in Python kennen gelernt. Zunächst ging es darum, diese Prozesse ins Leben zu rufen, entweder durch Instanziierung als Threat oder durch Spezialisierung der entsprechenden Klasse, also als eigenes Objekt. Hier wurde übrigens sichtbar, dass Python eine Art Rahmenwerk zur Verfügung stellt, in das man sich einhaken kann, indem man die Methode run redefiniert. Wir haben dann gesehen, welche Möglichkeiten zur Synchronisierung dieser Prozesse zur Verfügung stehen; Sperren, bedingte Sperren und Semaphore sind die wesentlichen und traditionellen Instrumente hierfür. Damit konnten wir zeigen, wie sich das klassische Produzenten-Verbraucher-Problem lösen lässt.

Koroutinen stellen eine Alternative dar, die sich bei näherer Betrachtungsweise als ziemlich attraktiv erweist, weil dem Programmierer ein Teil der Arbeit zur Synchronisation abgenommen wird.

Schließlich haben wir uns des Problems der dinierenden Philosophen angenommen und Lösungen dafür aus unterschiedlichen Sichtweisen vorgeschlagen.

A Aufgaben

Aufgabe 1. Das Datum des Ostersonntag für ein Jahr nach 1582 wird nach dem Ende des sechzehnten Jahrhunderts angegebenen Algorithmus der beiden Astronomen *A. Lilius* und *C. Clavius*[1] wie folgt berechnet [16, 1.3.2, Aufgabe 14]. Hierzu benötigen wir die Funktion x % y, die den Divisionsrest von x bei der Division durch y angibt und x // y für den ganzzahligen Anteil (22 % 5 == 2 und 22 // 5 == 4), vgl. Abschnitt 3.1.

Sei Y das Jahr, dessen Osterdatum berechnet werden soll. Ostern soll am ersten Sonntag gefeiert werden, der dem ersten Vollmond an oder nach dem 21. März folgt. Die hier benötigten Hilfswerte resultieren aus astronomischen Beobachtungen und sind daher empirische Werte.

- Man setzt G = 1 + (Y % 19) und C = Y // 100 + 1.
- Setze X = 3 * C // 4 - 12 (das ist die Anzahl der Jahre, in denen das Schaltjahr zur Synchronisation mit dem Sonnenzyklus „ausgeschaltet" wurde), und Z = ((8 * C + 5) // 25) - 5 (das wird zur Synchronisation mit dem Mondumlauf benötigt).
- D = (5 * Y)//4 - (X + 10) dient zur Bestimmung des Sonntags.
- E = (11 * G + 20 + Z - X) % 30. Ist E == 25 und G > 11 oder gilt E == 24, so erhöhe man E um 1. Der Wert von E dient zur Bestimmung des Datums für den Vollmond.
- Setzt man N = 44 - E und, falls N < 21, erhöht N um 30, so hat man den Nten März als Tag des Vollmonds.
- Mit N = N + 7 - ((D + N)% 7) berechnet man einen Sonntag. Ist N > 31, so ist das Osterdatum der (N - 31)te April, sonst der Nte März.

Berechnen Sie das Osterdatum Ihres Geburtsjahrs.

Aufgabe 2. Mit k = int(input('Eingabe? ')) lesen Sie nach der Eingabeaufforderung Eingabe? eine ganze Zahl ein und weisen sie der Variable k zu (vgl. Abschnitt 5.3.2).

1. Berechnen Sie die Quersumme einer positiven ganzen Zahl, die Sie einlesen.
2. Bestimmen Sie, ob die Zahl teilbar ist durch
   - 2 (dann ist die letzte Ziffer durch zwei teilbar),
   - 3 (dann ist die Quersumme durch drei teilbar),
   - 9 (dann ist die Quersumme durch neun teilbar),
   - 11 (dann ist die Differenz der Summe der Ziffern an geraden Positionen und der Summe der Ziffern an ungeraden Positionen durch elf teilbar, z. B. 135784 ist durch 11 teilbar, da (8 + 5 + 1) - (4 + 7 + 3) == 0)

---

1 In B. Brechts unvergleichlichem Drama *Das Leben des Galilei* leitet Pater Christopher Clavius die Kommission des Papstes zur Untersuchung der Ergebnisse des Galilei. Er hat im sechsten Akt einen einzigen Auftritt, als er sagt „Es stimmt".

https://doi.org/10.1515/9783110544138-015

Aufgabe 3. Der größte gemeinsame Teiler ggT(a, b) zweier positiver ganzer Zahlen a und b ist die größte ganze Zahl c, die beide teilt. Entwickeln Sie aus der Beziehung

$$ggT(a, b) == ggT(a\%b, a)$$

(für a > b) eine rekursive Funktion zur Berechnung des größten gemeinsamen Teilers.

Aufgabe 4. Die *Pisano-Zahlen* zur Basis k ergeben sich so: Man fängt mit k an, weiter geht's mit $k + 3$, und jede folgende Zahl ist die Summe der beiden vorhergehenden (also $2k + 3 = k + (k + 3)$, weiter $3k + 6 = (2k + 3) + (k + 3)$ etc.). Lesen Sie eine ganze Zahl ein und berechnen Sie die ersten sechs Pisano-Zahlen zu dieser Basis.

Aufgabe 5. Lesen Sie eine bis zu neun Ziffern lange positive ganze Zahl ein und drucken Sie sie so aus, dass Sie nach der Stelle für die Hunderter und die Hunderttausender ein Leerzeichen drucken.

Aufgabe 6. Lesen Sie eine Ziffer ein, multiplizieren Sie sie mit 9 und dann mit 12345679. Sehen Sie sich das Resultat an. Was ist geschehen? Warum?

Aufgabe 7. Lesen Sie drei reelle Zahlen ein und drucken Sie Summe, Durchschnitt und Produkt aus.
Hinweis: Einlesen geschieht analog zu oben mit float(input('Eingabe? ')).

Aufgabe 8. In englischsprachigen Ländern wird die Temperatur gelegentlich noch in *Grad Fahrenheit* (F°) gemessen. Diese Skala setzt den Gefrierpunkt des Wasser bei $32F°$, seinen Siedepunkt bei $212F°$ an. Die Umrechnung von Celsius in Fahrenheit und umgekehrt ergibt sich aus den Formeln

$$F° = \frac{9}{5} \cdot C° + 32$$
$$C° = \frac{5}{9} \cdot (F° - 32).$$

Lesen Sie eine reelle Zahl g ein. Interpretieren Sie g als Grad-Angabe in Fahrenheit und ermitteln Sie die Temperatur in Celsius, und konvertieren Sie umgekehrt die Grad-Angabe g in Celsius in eine in Fahrenheit.

Aufgabe 9. Durch a = [-1, -2, -3, -4, -5] ist eine Liste a der Länge 5 definiert, sodass gilt a[0] == -1, a[1] == -2, a[4] == -5. Setzt man a.append(-6), so wird der Wert -6 an a angefügt (also gilt dann a == [-1, -2, -3, -4, -5, -6]); die Zuweisung a[3] = 17 ändert den Wert -4 in der Liste auf 17. Das alles wird in Abschnitt 3.2.1 im Detail behandelt.

Die *Kleingruppe organisierter GroßZwerge* bestimmt ihren Vorstandsvorsitzenden so: Der Vorstand stellt sich im Kreis auf, jedes zweite Mitglied setzt sich hin, wobei zirkulär vom alten Vorsitzenden aus gezählt wird. Wer als letzter steht, bekommt den

Vorsitz. Bei zehn Mitgliedern und der Nummer 1 als altem Vorsitzenden würde Nr. 5 der neue Vorsitzende, denn die Vorstandsmitglieder setzen sich in der Reihenfolge 2, 4, 6, 8, 10, 3, 7, 1, 9). Implementieren Sie das Vorgehen.

Hinweis: Mit `a = [1 for j in range(14)]` definieren Sie eine Liste, die 14 Einsen enthält.

Dies ist eine friedliche Variante des JOSEPHUS-PROBLEMS aus der Kombinatorik.

Aufgabe 10. Manche Großzwerge sind ein wenig exzentrisch. Das zeigt sich in ihrer Zeitmessung: sie haben Uhren, die nur die Sekunden des Tages angeben. Das ist offensichtlich bei Verabredungen nur dann nützlich, wenn beide Partner dasselbe Zeitsystem haben. Rechnen Sie die Zeitangaben ineinander um:
- Gegeben ist eine Uhrzeit in der Form *hhmmss*, also eine geeignete sechsstellige ganze Zahl, berechnen Sie die Sekunden.
- Gegeben ist eine Anzahl Sekunden, berechnen Sie die Uhrzeit in der obigen Form.

Aufgabe 11. Gelegentlich möchte man den Preis einer Ware ohne die Mehrwertsteuer von gegenwärtig 19 % kennen. Entwickeln Sie ein Programm, das einen Betrag der Form *eu ct* einliest und einen Betrag der Form *eu ct* ausgibt; der erste Betrag ist der Preis mit Mehrwertsteuer, der zweite ohne (das Eingabeformat deutet an, dass die Preise so eingegeben werden sollen: zuerst der Euro-Betrag, dann der Cent-Betrag).

Aufgabe 12. Berechnen Sie die Geradengleichung der durch die beiden nicht identischen Punkte $\langle x_1, y_1 \rangle$ und $\langle x_2, y_2 \rangle$ bestimmten Geraden in der Ebene. Stellen Sie die Punkte sind als Zweier-Listen dar und lesen ihre Komponenten ein.

Aufgabe 13. Durch die drei Punkte P_1, P_2 und P_3 in der Ebene wird ein Dreieck aufgespannt, falls die Punkte nicht kollinear sind, also nicht alle auf einer Geraden liegen. Berechnen Sie, ob drei Punkte in der Ebene kollinear sind; das können Sie tun, indem Sie zwei Punkte auswählen, und nachprüfen, ob der dritte Punkt auf der Geraden durch diese Punkte liegt.

Aufgabe 14. Die niederländische Nationalflagge besteht aus den Farben rot (R), blau (B) und weiß (W). Nehmen Sie an, wir haben ein Feld von k Steinchen in diesen drei Farben, allerdings in beliebiger Reihenfolge. Implementieren Sie ein Programm, das die Reihenfolge der Steinchen in Ordnung bringt. Hierbei dürfen Sie lediglich die Farbe von Steinen identifizieren und ggf. Steine miteinander vertauschen (ein Zugang, der einfach die Zahl der entsprechend farbigen Steinchen feststellt und das Feld damit neu definiert wäre also nicht akzeptabel).

Hinweis: Iterieren Sie von unten (d. h. bei 0 beginnend und aufwärts) und von oben (d. h. bei k - 1 beginnend und abwärts) über das Feld.

Dies ist eine vereinfachte Variante des bekannten, von E. W. Dijkstra definierten DUTCH NATIONAL FLAG PROBLEMS.

Aufgabe 15. Die Binärdarstellung einer positiven ganzen Zahl besteht bekanntlich aus einer Folge von 0 und 1. Die notwendige Anzahl dieser Bits zur Darstellung der Zahl k lässt sich durch fortgesetztes Halbieren feststellen: Sie halbieren die Zahl solange, bis die Zahl 0 erreicht ist, und zählen mit. Bei $k = 23$ ergibt sich z. B. 11, 5, 2, 1, 0. Die Binärdarstellung von 23 ist 10111, umfasst also fünf Bits.

1. Die erste Aufgabe besteht nun darin,
   - die Zahl k einzulesen,
   - die Anzahl b der Bits zu berechnen,
   - die Binärdarstellung von k in einer Liste abzuspeichern.

   Hinweis: Die Binärdarstellung ergibt sich als Folge der Reste bei der Division durch 2, wie unser Beispiel 23 zeigt:

$$
\begin{aligned}
23 &= 2 \cdot 11 &+ 1 &\rightarrow 1 \\
11 &= 2 \cdot 5 &+ 1 &\rightarrow 1 \\
5 &= 2 \cdot 2 &+ 1 &\rightarrow 1 \\
2 &= 2 \cdot 1 &+ 0 &\rightarrow 0 \\
1 &= 2 \cdot 0 &+ 1 &\rightarrow 1
\end{aligned}
$$

2. Erweitern Sie die vorige Aufgabe, indem Sie die Darstellung einer positiven ganzen Zahl zur Basis 7 berechnen.

Aufgabe 16. Gegeben sei eine Zeichenkette, die runde, eckige und geschweifte Klammern enthält. Schreiben Sie eine Funktion, die entscheidet, ob die Klammerung korrekt ist (z. B. ist ([()]{}) korrekt, nicht aber ([{]})).

Aufgabe 17. Erzeugen Sie die Liste aller Permutationen von [1, . . . , n] und weisen Sie die Korrektheit nach.

Aufgabe 18. *Caesars Chiffre* bestand bei der Verschlüsselung eines Texts darin, jeden Buchstaben durch seinen dritten Nachfolger zu ersetzen (also etwa 'a' durch 'd', 'b' durch 'e',... 'w' durch 'z', 'x' durch 'a', 'z' durch 'c'). Hätte Caesar Umlaute und Sonderzeichen gekannt, so hätte er sie nicht durch andere verschlüsselt; wir verwenden nur Kleinbuchstaben. Schreiben Sie Funktionen verschl und entschl mit den Signaturen zur Ver- und zur Entschlüsselung von Nachrichten mit Caesars Chiffre. Testen Sie mit veni vidi vici.

Aufgabe 19. Im alten England (dem sog. *Merry Old England*) war die Währungseinheit das Pfund Sterling, das in Shilling und Pence unterteilt war. Zwölf Shilling machten ein Pfund aus, zwanzig Pence einen Shilling. Offenbar kann das durch ein Tupel der Länge 3 realisiert werden. Formulieren Sie eine Funktion zur Addition von Währungsbeträgen, und eine Funktion Zins, mit deren Hilfe Zinsberechnungen durchgeführt werden können, und die den Zinsbetrag als Wert zurückgibt.

Aufgabe 20. Gegeben sind die ersten tausend positiven Zahlen $1, \ldots, 1000$. Streichen Sie alle Vielfachen von $2, 3, 5, 7, \ldots, 31$, so bleiben 1 und alle Primzahlen zwischen 2 und 1000 übrig (das Sieb des Erathostenes).

1. Implementieren Sie dieses Vorgehen.
2. Lesen Sie eine Zahl k mit $0 \le k \le 1000000$ ein und drucken Sie die Primfaktoren von k aus.

Ist t eine positive ganze Zahl und s die größte ganze Zahl mit $s \cdot s \le t$, so gilt folgendes: falls t keine Primzahl ist, dann hat t einen Primfaktor f mit $f \le s$. Könnte man nämlich t schreiben als Produkt $t = m \cdot n$ mit $m > s$ **und** $n > s$, so müsste $t > s \cdot s$ sein, was aber mit der Wahl von s im Widerspruch steht. Daher braucht man nur Faktoren bis zur Wurzel einer Zahl zu testen, woraus sich die Zahlen 31 und 1000000 von oben erklären.

Aufgabe 21. Eine *Relation R* zwischen zwei Mengen X und Y ist eine Teilmenge $R \subseteq X \times Y$ des cartesischen Produkts von X und Y. Auf Relationen sind einige Operationen definiert. Hierzu sei R wie oben, S eine Relation zwischen Y und einer Menge Z.

- $R^{-1} := \{\langle y, x \rangle \mid \langle x, y \rangle \in R\}$ ist die zu R *inverse Relation*. R^{-1} ist eine Relation zwischen Y und X.
- $R \circ S := \{\langle x, z \rangle \mid$ es gibt $y \in Y$ mit $\langle x, y \rangle \in R$ und $\langle y, z \rangle \in S\}$ ist die *Komposition* von R und S. Das ist eine Relation zwischen X und Z.
- Ist R eine Relation auf X (also ist $R \subseteq X \times X$), so setzt man $\langle x, x' \rangle \in R^*$, falls entweder $x = x'$, oder falls es $x_1, \ldots, x_n \in X$ gibt mit $x = x_1$, $x' = x_n$ und $\langle x_i, x_{i+1} \rangle \in R$ für $1 \le i < n$, also einen Pfad in R von x nach x'. Die Relation R^* ist die *transitive Hülle* von R.

Ein ungerichteter Graph kann als Relation R zwischen den Knoten aufgefasst werden, indem man $\langle x, y \rangle \in R$ setzt, falls der Knoten x mit dem Knoten y direkt verbunden ist. Es gilt dann offensichtlich $R^{-1} = R$.

1. Zeigen Sie zum Aufwärmen, dass $(R \circ S)^{-1} = S^{-1} \circ R^{-1}$ gilt.
2. Implementieren Sie Relationen und die obigen Operationen als Lexika (vermeiden Sie Dubletten). Nehmen Sie für die transitive Hülle an, dass X endlich ist, vgl. auch Aufgabe 23.

Aufgabe 22. Implementieren Sie Multimengen. Während ein Element in einer Menge nicht mehr als einmal enthalten ist, kann es in einer Multimenge mehrfach auftauchen. So besteht etwa die Multimenge $\{\{a, b, a, c, b, d, e, d, b\}\}$ aus den Elementen der Menge $\{a, b, c, d, e\}$, hierbei kommen die Elemente a und d jeweils zweimal vor, b erscheint dreimal. Sie müssen sich insbesondere überlegen, wie Gleichheit, die Teilmengenbeziehung und die üblichen Operationen (Einfügen, Entfernen, Enthaltensein eines Elements, Durchschnitt, Vereinigung, Mengendifferenz) sinnvoll definiert werden können. Eine Abbildung einer Multimenge auf die zugehörige Menge sollte ebenfalls realisiert werden.

Aufgabe 23. Ein *Pfad* $\langle v_0, \ldots, v_k \rangle$ in einem gerichteten Graphen (V, K) ist eine Folge von Knoten $v_0, \ldots, v_k \in V$ mit $\langle v_i, v_{i+1} \rangle \in K$ für $0 \le i < k$, vgl. Aufgabe 21. Der *Algorithmus von Dijkstra* berechnet den kostengünstigsten Pfad zwischen einem Knoten und beliebigen anderen Knoten in einem gerichteten Graphen. Er nimmt hierzu vereinfachend an, dass die Menge der Kanten gerade $\{1, \ldots, n\}$ ist. Gegeben seien die Kosten $C(i, j) > 0$ für die Kante zwischen den Knoten i und j. Ist keine Kante zwischen diesen Knoten vorhanden, so wird $C(i, j) := \infty$ gesetzt. Der Algorithmus nimmt schrittweise aus einer Menge von Kandidaten den jeweils nächstgelegenen (im Hinblick auf die Kosten) und justiert die Summe der Kosten; der Pseudocode ist in Abbildung A.1 angegeben.

```
S := {1};
for i := 1 to n do D(i) := 1;
for i := 1 to n-1 do
begin
    wähle einen Knoten w in {1, ..., n}\S, sodass D(w) minimal ist;
    füge w zu S hinzu;
    für jeden Knoten v in {1, ..., n}\S
        D(v) := min{D(v), D(w) + C(w, v)};
end;
```

Abb. A.1: Der Algorithmus von Dijkstra in Pseudocode.

1. Implementieren Sie diesen Algorithmus in Python.
2. Indem man $C(i, j) := 1$ setzt, falls es eine Kante zwischen den Knoten i und j gibt, und sonst $C(i, j) := \infty$, lässt sich aus dem obigen Algorithmus von Dijkstra ein Programm gewinnen, das testet, ob es zwischen zwei Knoten eines gerichteten Graphen einen Pfad gibt. Adaptieren Sie das Python-Programm für ungerichtete Graphen.

Aufgabe 24. Ein *Zyklus* in einem gerichteten Graphen $\mathcal{G} = (V, K)$ ist ein Pfad $\langle v_0, \ldots, v_k \rangle$ mit $v_0 = v_k$ und $k > 0$, also ein Pfad, in dem der Anfangs- und der Endknoten identisch sind. Eine *topologische Sortierung* des Graphen $\mathcal{G}$ ist eine totale Ordnung $<$ auf der Menge der Knoten mit der Eigenschaft, dass $\langle v, w \rangle \in K$ impliziert $v < w$ (sodass der Graph in die totale Ordnung eingebettet ist). Offensichtlich kann man eine topologische Sortierung durch eine Liste darstellen, „kleine" Knoten stehen dort vor „größeren".

Ein rekursiver Algorithmus zur Berechnung einer solchen Liste ist in Abbildung A.2 angegeben (für einen Graphen $\mathcal{G}$ und einen Knoten n ist $\mathcal{G}\backslash n$ der gerichtete Graph, der entsteht, wenn n aus der Menge der Knoten entfernt wird und alle Kanten der Form $\langle n, k \rangle$ oder $\langle k, n \rangle$ eliminiert werden, also alle Kanten, an denen der Knoten n beteiligt ist).

```
topSort(G){
    falls es einen Knoten n gibt, der nicht Endpunkt einer Kante ist,
    dann
        gib ([n] + topSort(G\n)) zurück
    sonst
            gib [] zurück.
}
```

Abb. A.2: Topologisches Sortieren in Pseudocode.

1. Zeigen Sie, dass der Algorithmus genau dann eine Liste berechnet, die alle Knoten von $\mathcal{G}$ enthält, wenn $\mathcal{G}$ keinen Zyklus enthält.
2. Implementieren Sie den Algorithmus in Python.

Aufgabe 25. Implementieren Sie einen gerichteten Graphen wie in Aufgabe 21. Die *Tiefensuche* in einem gerichteten Graphen geht von einem Knoten aus, markiert ihn als besucht, und besucht dann rekursiv alle unbesuchten Knoten auf der Adjazenzliste des Knotens. Dies geschieht solange, bis alle Knoten besucht sind. Implementieren Sie die Tiefensuche.

Aufgabe 26. Berechnen Sie den Vater eines Knotens in einem binären Baum, der als gerichteter Graph wie in Aufgabe 25 implementiert ist. Berechnen Sie die Blätter in einem binären Baum, und für jedes Blatt den Pfad zur Wurzel.

Aufgabe 27. Implementieren Sie eine Funktion zur Anzeige für binäre Bäume so, dass jeder Knoten in einer eigenen Zeile steht. Hierbei soll die Einrückung eines Knotens zu seinem Vater jeweils genau zwei Leerzeichen betragen. Der Vater wird also in Spalte 0 gedruckt, seine Söhne jeweils in Spalte 2, deren Söhne jeweils in Spalte 4 etc. Die *Baumansicht* für hierarchische Dateisysteme ist ein Beispiel für diese Darstellung.

Aufgabe 28. Eine Abbildung $f\colon X \times Y \to Z$ wird zu einer Abbildung $C(f)\colon X \to (Y \to Z)$ *curryfiziert*, indem man setzt $C(f)(x)(y) := f(x, y)$. Implementieren Sie anonyme Funktionen curry und uncurry, die eine solche Funktion currifiziert bzw. aus $F\colon X \to (Y \to Z)$ eine Funktion $u(F)\colon X \times Y \to Z$ erzeugt.

Aufgabe 29. Wir erweitern die Definition eines Heap auf Seite 44. Sei a eine Liste von Werten, auf denen eine ganzzahlige Abbildung f definiert ist. Dann heißt a ein f-*Heap*, falls f(a[i/2]) < f(a[i]) für alle Indizes i = 2, . . . ,n gilt. Dann kann zum Beispiel eine Liste von Tripeln ein f-Heap sein, wenn man f als die erste Komponente des Tripels definiert, sofern sie ganzzahlig ist, oder man benutzt $f(x_1, x_2) := \sqrt{x_1^2 + x_2^2}$ zum Vergleich der euklidischen Länge von Paaren reeller Zahlen.

Modifizieren Sie die Funktion heapify von Seite 49 und die entsprechenden Hilfsfunktionen wie insert, indem Sie zum Vergleich im Baum eine Abbildung f benutzen. Modifizieren Sie Heapsort entsprechend.

Aufgabe 30. Der populäre Sortieralgorithmus *Quicksort* arbeitet für eine Liste `Li` folgendermaßen:
- Enthält `Li` höchstens ein Element, so wird `Li` zurückgegeben,
- Sonst wird ein Pivot-Element `p` aus `Li` ausgesucht (zum Beispiel `p = Li[0]` oder `p = Li[-1]`), Quicksort für die Elemente aufgerufen, die kleiner bzw. größer als `p` sind, und das Ganze mit `p` in der Mitte zusammengefügt.

Implementieren Sie Quicksort und verwenden Sie hierzu anonyme Funktionen zum Filtern. Realisieren Sie eine Variante, die nicht Elemente x, y der Liste selbst vergleicht, sondern dies durch eine Funktion `f` tut (also `f(x)` mit `f(y)` vergleicht), vgl. Aufgabe 29.

Aufgabe 31. In der funktionalen Programmierung sind *Rechts-* und *Linksfaltung* wichtige Operationen. Seien dazu X und Y Mengen, mit Y^* sei die Menge aller endlichen Folgen mit Buchstaben aus Y bezeichnet (und e als leerem Wort).

Die Linksfaltung **L** hat als Argument eine Funktion $f: X \times Y \to X$, ein Element $x \in X$ und eine Folge $w \in Y^*$ mit

$$\mathbf{L}(f, x, \langle w_1, \ldots, w_n \rangle) := \begin{cases} x, & \text{falls } n = 0, \\ \mathbf{L}(f, f(x, w_1), \langle w_2, \ldots w_n \rangle) & \text{falls } n > 0. \end{cases}$$

Ist + die binäre Addition, so ergibt sich etwa

$$\begin{aligned} \mathbf{L}(+, 0, \langle 1, 2, 3, 4 \rangle) &= \mathbf{L}(+, 0 + 1, \langle 2, 3, 4 \rangle) \\ &= \mathbf{L}(+, 0 + 1 + 2, \langle 3, 4 \rangle) \\ &= \mathbf{L}(+, 0 + 1 + 2 + 3, \langle 4 \rangle) \\ &= \mathbf{L}(+, 0 + 1 + 2 + 3 + 4, e) \\ &= 10. \end{aligned}$$

Analog ist die Rechtsfaltung **R** mit einer Funktion $g: X \times Y \to Y$ und $y \in Y, v \in X^*$ definiert durch

$$\mathbf{R}(g, y, \langle v_1, \ldots, v_n \rangle) := \begin{cases} y, & \text{falls } n = 0, \\ g(v_1, \mathbf{R}(g, y, \langle v_2, \ldots, v_n \rangle)) & \text{falls } n > 0 \end{cases}$$

Analog ergibt sich

$$\begin{aligned} \mathbf{R}(+, 0, \langle 1, 2, 3, 4 \rangle &= 1 + \mathbf{R}(+, 0, \langle 2, 3, 4 \rangle) \\ &= 1 + 2 + \mathbf{R}(+, 0, \langle 3, 4 \rangle) \\ &= 1 + 2 + 3 + \mathbf{R}(+, 0, \langle 4 \rangle) \\ &= 1 + 2 + 3 + 4 + \mathbf{R}(+, 0, e) \\ &= 1 + 2 + 3 + 4 + 0 \\ &= 10. \end{aligned}$$

– Implementieren Sie Links- und Rechtsfaltung in Python.
– Zeigen Sie, wie man mit der Konkatenationsfunktion con: `lambda x, y: x+y` und der Linksfaltung Listen von Listen *flach klopfen* kann (also z. B. aus `[[1, 2, 3], [4, 5]]` die Liste `[1, 2, 3, 4, 5]` erzeugen kann). Geht das auch mit der Rechtsfaltung?
– Gegeben sei eine Liste von Listen ganzer Zahlen. Berechnen Sie die Summe aller Zahlen durch eine Linksfaltung.
– Die Funktion `map` wendet eine (einstellige) Funktion f auf alle Elemente einer Liste Li an und gibt `[f(j) for j in Li]` als Wert zurück. Definieren Sie `map` durch eine Rechtsfaltung.

Hinweis: Es kann sich als nützlich erweisen, eine Hilfsfunktion g mit

$$g(x, \langle y_1, \ldots, y_n \rangle) := \langle f(x), y_1, \ldots, y_n \rangle$$

zu definieren.

Aufgabe 32. Reversieren Sie eine beliebige binäre Datei.

Aufgabe 33. Die Tabelle A.1 auf Seite 282 dient zur Herstellung der *Vigenère Chiffre*. Jede Zeile entsteht aus der vorherigen durch eine zyklische Verschiebung um einen Buchstaben und kann daher zur Verschlüsselung dienen, wie wir es bei Caesars Chiffre gesehen haben (vgl. Aufgabe 18).

Nehmen wir an, dass wir das Wort `schwer` als Schlüssel haben (wir betrachten nur kleine Buchstaben), dann gibt die folgende Tabelle die Zeilen an, die zur Verschlüsselung herangezogen werden:

Schlüssel	s	c	h	w	e	r
Zeile	18	2	7	22	4	r

Wenn wir nun einen Satz verschlüsseln wollen, so nehmen wir den ersten Schlüssel aus Zeile 18, den zweiten aus Zeile 2, den dritten aus Zeile 7, usw., bis wir den Schlüssel erschöpft haben. Dann fangen wir das Spiel wieder von vorn an, nehmen also den nächsten Schlüssel aus Zeile 18, den nächsten aus Zeile 2 usw. Also würden wir `eine aufgabe` wie folgt verschlüsseln (wobei wir Leerzeichen ignorieren):

Schlüssel	s	c	h	w	e	r	s	c	h	w	e
Text		e	i	n	e	a	u	f	g	a	b	e
Nachricht		w	k	u	a	e	l	z	i	h	x	i

Das liegt daran, dass der Buchstabe e mit dem Schlüssel aus Zeile 18 als w verschlüsselt wird, der Buchstabe c mit dem Schlüssel aus Zeile 2 als k usw. Die Entschlüsselung geht (bei Kenntnis des Schlüssels!) völlig analog vor sich.

Tab. A.1: Tafel zur Vigenère Chiffre

	a	b	c	d	e	f	g	h	i	j	k	l	m	n	o	p	q	r	s	t	u	v	w	x	y	z
1	b	c	d	e	f	g	h	i	j	k	l	m	n	o	p	q	r	s	t	u	v	w	x	y	z	a
2	c	d	e	f	g	h	i	j	k	l	m	n	o	p	q	r	s	t	u	v	w	x	y	z	a	b
3	d	e	f	g	h	i	j	k	l	m	n	o	p	q	r	s	t	u	v	w	x	y	z	a	b	c
4	e	f	g	h	i	j	k	l	m	n	o	p	q	r	s	t	u	v	w	x	y	z	a	b	c	d
5	f	g	h	i	j	k	l	m	n	o	p	q	r	s	t	u	v	w	x	y	z	a	b	c	d	e
6	g	h	i	j	k	l	m	n	o	p	q	r	s	t	u	v	w	x	y	z	a	b	c	d	e	f
7	h	i	j	k	l	m	n	o	p	q	r	s	t	u	v	w	x	y	z	a	b	c	d	e	f	g
8	i	j	k	l	m	n	o	p	q	r	s	t	u	v	w	x	y	z	a	b	c	d	e	f	g	h
9	j	k	l	m	n	o	p	q	r	s	t	u	v	w	x	y	z	a	b	c	d	e	f	g	h	i
10	k	l	m	n	o	p	q	r	s	t	u	v	w	x	y	z	a	b	c	d	e	f	g	h	i	j
11	l	m	n	o	p	q	r	s	t	u	v	w	x	y	z	a	b	c	d	e	f	g	h	i	j	k
12	m	n	o	p	q	r	s	t	u	v	w	x	y	z	a	b	c	d	e	f	g	h	i	j	k	l
13	n	o	p	q	r	s	t	u	v	w	x	y	z	a	b	c	d	e	f	g	h	i	j	k	l	m
14	o	p	q	r	s	t	u	v	w	x	y	z	a	b	c	d	e	f	g	h	i	j	k	l	m	n
15	p	q	r	s	t	u	v	w	x	y	z	a	b	c	d	e	f	g	h	i	j	k	l	m	n	o
16	q	r	s	t	u	v	w	x	y	z	a	b	c	d	e	f	g	h	i	j	k	l	m	n	o	p
17	r	s	t	u	v	w	x	y	z	a	b	c	d	e	f	g	h	i	j	k	l	m	n	o	p	q
18	s	t	u	v	w	x	y	z	a	b	c	d	e	f	g	h	i	j	k	l	m	n	o	p	q	r
19	t	u	v	w	x	y	z	a	b	c	d	e	f	g	h	i	j	k	l	m	n	o	p	q	r	s
20	u	v	w	x	y	z	a	b	c	d	e	f	g	h	i	j	k	l	m	n	o	p	q	r	s	t
21	v	w	x	y	z	a	b	c	d	e	f	g	h	i	j	k	l	m	n	o	p	q	r	s	t	u
22	w	x	y	z	a	b	c	d	e	f	g	h	i	j	k	l	m	n	o	p	q	r	s	t	u	v
23	x	y	z	a	b	c	d	e	f	g	h	i	j	k	l	m	n	o	p	q	r	s	t	u	v	w
24	y	z	a	b	c	d	e	f	g	h	i	j	k	l	m	n	o	p	q	r	s	t	u	v	w	x
25	z	a	b	c	d	e	f	g	h	i	j	k	l	m	n	o	p	q	r	s	t	u	v	w	x	y
26	a	b	c	d	e	f	g	h	i	j	k	l	m	n	o	p	q	r	s	t	u	v	w	x	y	z

Implementieren Sie dieses Verfahren durch einen Modul VChiffre, der Ver- und Entschlüsselungsfunktionen zur Verfügung stellt: Der zu verschlüsselnde Text kommt aus einer Textdatei, die Verschlüsselung und der Schlüssel werden mit pickle in eine binäre Datei geschrieben. Analog geht die Entschlüsselung vor sich.

Aufgabe 34. Schreiben Sie einen Modul, in dem die Binomialkoeffizienten $\binom{n}{k}$ für $n \in \{0, \ldots, 25\}$ berechnet werden, und stellen Sie diese Koeffizienten als Dreieck dar. Um eine dreieckige Ausgabe zu erzielen, müssen Sie die Zahlen jeweils gleichlang ausdrucken; die größte vorkommende Zahl ist $\binom{25}{12} = 5200300$, hat also sieben Stellen. Stellen Sie das Dreieck auch graphisch dar, indem Sie für eine ungerade Zahl ein *, für eine gerade Zahl ein Leerzeichen ausgeben.

Aufgabe 35. Eine reelle $n \times m$-Matrix hat n Zeilen und m Spalten. Sie lässt sich als Liste von Listen auffassen: n Listen jeweils der Länge m (zeilenweise) oder m Listen jeweils der Länge n (spaltenweise).

Schreiben Sie einen Modul für Matrix-Operationen:

1. Eine Matrix soll eingelesen werden als Tupel (n, k, dat) mit n als Anzahl der Zeilen, k als Anzahl der Spalten und einer n * k Elemente enthaltenden Liste dat. Die Eingabe (3, 4, [1, 1, 8, 1, 1, 2, 1, 3, 5, 6, 7, 8]) entspricht dann der Matrix

$$\begin{bmatrix} 1 & 1 & 8 & 1 \\ 1 & 2 & 1 & 3 \\ 5 & 6 & 7 & 8 \end{bmatrix}.$$

2. Überführen Sie die zeilenweise Darstellung in die spaltenweise (das entspricht dem Transponieren der Matrix).

3. Die Multiplikation einer $n \times m$ – mit einer $m \times k$ Matrix ergibt eine $n \times k$-Matrix. Implementieren Sie die Matrix-Multiplikation.

4. Ist A eine reelle $n \times n$-Matrix, so bezeichnet $A(k \mid \ell)$ die $(n-1) \times (n-1)$-Matrix, die durch Streichen der k^{ten} Zeile und der ℓ^{ten} Spalte entsteht. Nach dem *Entwicklungssatz von Laplace* lässt sich die Determinante det(A) von A bei festgehaltenem Index ℓ rekursiv durch

$$\det(A) = \sum_{k=1}^{n} (-1)^{(k+\ell)} \cdot a_{k,\ell} \cdot \det(A(k \mid \ell))$$

berechnen. Implementieren Sie diese Funktion.

Aufgabe 36. Auch vor den Hobbits macht die Globalisierung nicht halt. Neulich wurde die Telekommunikation eingeführt, sodass – Zingo! – ein Hobbit mit einem anderen sogar kommunizieren kann (früher *sprachen* die Hobbits miteinander, dann *tauschten sie sich aus*, und jetzt *kommunizieren* sie gar, bald können sie auch *liken*). Aber es klappt nicht: Gandalf bekam neulich Zwiebelringe. Das COMITTEE ZUR DURCHDRINGUNG VON UNTERSUCHUNGEN stellte fest, dass die Kommunikationsgewohnheiten der Hobbits schuld waren: Sie packten alles auf eine Kommunikationsverbindung, ohne Punkt und Komma, und jeder angelte aus dem Datenstrom, soviel er wollte. Der weise Rat war: **Packt Eure Daten in Pakete.** Wir wollen uns ansehen, wie das genauer geht.

Implementieren Sie einen Modul, dessen Funktionen die folgenden Funktionalitäten realisieren sollen sollen.

1. Ein Datenpaket besteht
   - aus der Kopfinformation ANF;
   - zehn Zeichen, die Teil der Nachricht sind;
   - einem Prüfzeichen;
   - der Schlussinformation END.

Das Prüfzeichen sorgt dafür, dass die Summe aller Zeichen durch 11 teilbar ist (Zeichen lassen sich mit der Funktion ord als Zahlen interpretieren). Es wird eingeführt, um zu erkennen, ob Übertragungsfehler vorliegen.

Damit besteht ein Datenpaket aus

$$3 + 10 + 1 + 3 = 17$$

Zeichen. Implementieren Sie eine Funktion Einpacken und eine dazu komplementäre Funktion Auspacken. Der Aufruf Einpacken(ein, aus) nimmt das Feld ein mit genau zehn Zeichen und konstruiert das Feld aus, das genau siebzehn Zeichen hat, und ein Paket darstellt. Der Aufruf Auspacken(aus, ein) invertiert diesen Prozess. Ist das Feld aus kein Paket, so soll ein aus genau zehn '*' bestehen.

2. Nehmen wir an, dass wir eine Zeile mit genau fünfzig Zeichen haben, so können wir daraus fünf Pakete erzeugen. Schreiben Sie Funktionen SchnuerePakete und OeffnePakete, sodass der Aufruf SchnuerePakete(einStr, ausStr) konvertiert das Feld einStr aus genau fünfzig Zeichen in ein Feld ausStr mit genau 85 Zeichen, das die fünf entstehenden Pakete zusammenfasst. Der Aufruf OeffnePaket(ausStr, einStr) invertiert diesen Prozess. Besteht ausStr nicht aus 85 Zeichen oder sind keine fünf wohlgeformte Pakete zu erkennen, so soll einStr aus genau fünfundachtzig '#' bestehen.

3. Lesen Sie eine Eingabe als Folge von Zeichen, und geben Sie die entstehende Folge von Paketen aus. Hierzu speichern Sie immer genau fünfzig Zeichen in einem Puffer. Die Eingabe soll durch das bewährte '@'-Zeichen abgeschlossen sein, das nicht zum Text gehört. Falls die Anzahl der Zeichen kein Vielfaches von fünfzig ist, sollten Sie mit Leerzeichen auffüllen.

4. Lesen Sie eine Folge von Paketen, und extrahieren Sie aus dieser Folge den Text. Ein- und Ausgabe sollen durch Text-Dateien realisiert werden.

Aufgabe 37. Das ist eine Fortsetzung von Aufgabe 36. Sie können beim Einpacken den Text verschlüsseln (Frodo täte das gern, wenn Gollum mithört), indem Sie Caesars Chiffre (Aufgabe 18) oder die Vigenère Chiffre (Aufgabe 33) benutzen. Modifizieren Sie die Funktionen Einpacken und Auspacken entsprechend.

Aufgabe 38. Erzeugen Sie für ein Verzeichnis ein Lexikon mit den Namen aller dort enthaltenen Dateien und Unterverzeichnisse (ohne . und ..). Für jedes Unterverzeichnis sollte sein eigenes Lexikon konstruiert werden. Drucken Sie dann die Namen aller Dateien in dem Verzeichnis einschließlich aller Unterverzeichnisse als Hierarchie aus (das kann geschehen, indem jeder Dateiname in einer eigenen Zeile ausgedruckt wird, sodass der Übergang zu einem Unterverzeichnis durch eine zusätzliche Einrückung sichtbar wird).
Hinweis: Sehen Sie sich die Funktion os.walk an.

Aufgabe 39. Spezifizieren Sie mit regulären Ausdrücken
– Euro-Beträge,
– positive ganze Zahlen, die in Dreierblöcken geschrieben sind (z. B. 3 456 789),
– Ortsnamen unter Angaben ihrer fünfstelligen Postleitzahl,

- internationale Telefon-Nummern mit Leerzeichen nach dem Ländercode und der Vorwahl,
- Datumsangaben, deren Komponenten nach diesen Mustern voneinander getrennt sind: 17.8.1948, 26-1-1944, 16/10/1979 (nicht jedoch uneinheitlich, wie in 1-1/2018).

Aufgabe 40. Die Angabe eines Namens in den USA, die auf Seite 108 besprochen wurde, lässt sich erweitern. Zum einen führen manche Bürger einen Namenszusatz wie III. oder Jr. oder Sr. (Donald Trump Jr. ist ein Beispiel), zum anderen wird gelegentlich die Rufnummer um die im Büro erweitert, nach dem Muster

    Doberkat, Ernst E.: 315-265 2692 (home; office: 315-268 2482)

Erweitern Sie die auf Seite 108 angegebene Spezifikation.

Aufgabe 41. Für die Zwecke dieser Aufgabe besteht eine URL aus einem Pfad und der Angabe einer Datei, der Pfad ist eine von \ eingeleitete Folge von Angaben der Form \name, die Datei hat einen Namen und ggf. eine Erweiterung. Der Name und die Erweiterung folgen den üblichen Regeln, die durch den regulären Ausdruck [-a-zA-Z0-9_] gegeben sind; eine Erweiterung wird durch einen Punkt . vom Namen abgetrennt. Zwischen Groß- und Kleinschreibung wird nicht unterschieden. Ein HTML-Link sieht dann so aus:

    <a href="URL">zusätzlicher Text</a>

Spezifizieren Sie HTML-Links, laden eine HTML-Datei aus dem Netz und extrahieren Sie alle URLs.
Hinweis: In der Regel bieten Browser die Möglichkeit, den Seitenquelltext einer html-Datei anzuzeigen und abzuspeichern.

Aufgabe 42. Manche Leute bewahren ihre Passwörter und andere sensitive Informationen in einer Datei .pwd auf, in der sie dann suchen, indem sie die Zeile mit dem angegebenen Text ausgeben. Die Frage nach der Kreditkarte könnte zum Beispiel so aussehen:

    Frage Karte

und die Antwort als Zeilen in der Datei .pwd:

    Kreditkarte Mastercard Nr. 1234 1234 1234 1234, expires 02/2018, 000
    Karte Visa Nr. 4321 4321 4321 4321, exp. 12/2020, 999

Hierbei wird die Datei durchsucht nach dem Vorkommen der Zeichenkette "karte", es findet keine Unterscheidung zwischen Groß- und Kleinschreibung statt.

Implementieren Sie ein Programm, das von der Kommandozeile auf die beschriebene Art aufgerufen wird.

Aufgabe 43. Entwerfen und implementieren Sie ein Programm zur Verwaltung von Passwörtern. Das Programm sollte über ein eigenes Passwort das Passwort für eine Anwendung herausgeben. Hinzufügen und Entfernen von Informationen sollte ebenfalls unterstützt werden. Wie machen Sie den Zugriff besonders sicher?

Aufgabe 44. Texte, die in LaTeX geschrieben werden, können durch Makros angepasst werden. Makros sind parametrisierte Abkürzungen, die expandiert werden, wenn der Textprozessor sie liest; hierbei werden die Parameter textuell ersetzt. Die Details der Parameterübergabe sind an dieser Stelle nicht von Belang. Makrosammlungen können ziemlich umfangreich und damit unübersichtlich werden, daher soll hier eine kleine Hilfe konstruiert werden. Die Definition eines Makro hat die Form

```
\newcommand{\makroname}ParList{makrotext},
```

Hierbei ist `ParList` die Liste der Parameter, die entweder leer ist, dann also fehlt, oder von der Form `[z]` ist, mit z als kleiner natürlichen Zahl, oder schliesslich die Form `[z][default]` hat mit z als kleiner natürlichen Zahl und `default` als voreingestelltem Wert für den ersten Parameter. Weiter ist `makroname` ein Bezeichner, der den Regeln von LaTeX folgt, und `makrotext` ein Text, der beim Aufruf des Makros an die Stelle des Aufrufs tritt. Die Vorkommen von `{}` in `makrotext` müssen ausbalanciert sein. Zum Beispiel definiert

```
\newcommand{\muOp}[2][P]{\ensuremath{\mu#1.#2}}
```

das Makro `\muOp` mit zwei Parametern, der erste Parameter ist mit P voreingestellt, und der Text des Makros besteht aus `\ensuremath{\mu#1.#2}` Die Aufgabe besteht darin, dem Benutzer Informationen über seine Makros zu verschaffen. Dazu wird die Information zu einem Makro in den Namen, die Anzahl der Parameter, den voreingestellten Wert des ersten Parameters und den Rumpf, also den Text des Makros selbst, aufgeteilt. Ein Benutzer kann nach allen Makros fragen, die er in einer Datei definiert hat; dann bekommt er eine alphabetisch sortierte Liste aller Namen. Er kann auch die Definition eines Makros abfragen, dann bekommt er die Informationen über Anzahl der Parameter, Voreinstellungen und den Rumpf. Nehmen Sie an, dass die Definition der Makros in der Datei `Makros.tex` zu finden ist.

Aufgabe 45. Entwerfen und implementieren Sie eine Klasse `Bruch` zur Bruchrechnung.

1. Zähler und Nenner sind ganzzahlig,
2. der Konstruktor soll den Bruch initialisieren, die interne Darstellung des Bruchs soll Zähler und Nenner als teilerfremde Zahlen darstellen,
   Hinweis: Berechnen Sie den größten gemeinsamen Teiler von Zähler und Nenner, vgl. Aufgabe 3 auf Seite 273.
3. die Klasse soll Methoden zur Realisierung der Grundrechenarten (Addition, Subtraktion, Multiplikation, Division) enthalten,

4. die Methode `Gleich` soll die Gleichheit des Bruchs mit einem vorgelegten entscheiden

   Hinweis: Es gilt

   $$\frac{a}{b} = \frac{c}{d} \iff a \cdot d = b \cdot c$$

5. es soll eine Methode `Druck` zum Ausdruck des Bruchs vorhanden sein.

Aufgabe 46. Eine Mini-Maschine (MM) liest nicht-negative ganze Zahlen nacheinander ein und gibt als Ergebnis der Arbeit jeweils auch wieder eine nicht-negative ganze Zahl aus, deren Wert sich aus der Eingabe und einem inneren Zustand der MM berechnen. Dieser Zustand ist ebenfalls durch eine nicht-negative ganze Zahl gegeben. Die Maschine hält an, wenn sie einen Zustand ein zweites Mal annimmt. Die jeweils erreichten Zustände werden gespeichert. Die MM vollzieht die folgenden Arbeitsschritte:

– Ausgabe des aktuellen Zustands,
– Einlesen der nächsten Eingabe x im Zustand z,
– Berechnung des neuen Zustands der MM als (x + z) % 11,
– Berechnung der Ausgabe als x + z,
– Überprüfung des Abbruch-Kriteriums und eventueller Abbruch.

Realisieren Sie die MM als Klasse, die mit einem Startzustand intialisiert wird und die solange eine Eingabe fordert, bis die Maschine anhält. Die bereits angenommenen Zustände sollen in einer Liste gespeichert werden.

Aufgabe 47. Ein *Termin* besteht aus
– einem Datum,
– einer Uhrzeit,
– einer Dauer,
– einer Zeichenkette.

Implementieren Sie eine Klasse `Termin` zur Darstellung eines Termins. Berücksichtigen Sie dabei das Überprüfen, das Vereinbaren und das Löschen von Terminen. Hierzu sollten Sie Datum und Uhrzeit durch eigene Klassen realisieren. Diese Typen sollten mit eigenen Funktionen zum Überprüfen, Setzen und Löschen versehen werden.

Aufgabe 48. Orte werden im Index eines Atlanten gern durch ihren Namen, die geographische Länge und Breite sowie die Seite im Atlas beschrieben. Der Name ist eine Zeichenkette, die Geodaten Länge und Breite sind jeweils durch Grad *g*, Minuten *m* und Sekunden *s* gegeben, wobei gelten soll (*Normaldarstellung*):

$$
\begin{aligned}
0 &\leq g \leq 360, \\
0 &\leq m \leq 60, \\
0 &\leq s \leq 60.
\end{aligned}
$$

1. Entwerfen und implementieren Sie eine Klasse GeoDatum, die Grad, Minuten und Sekunden als ganzzahlige Komponenten enthält. Diese Komponenten sollen gesetzt, herausgegeben und normalisiert werden können:
   - Gradzahlen, die denselben Divisionsrest durch 360 haben, werden als gleich behandelt,
   - Minuten- und Sekundenzahlen lassen sich durch Divisionsrest und Übertrag in die gewünschte Form bringen.

   Hinweis: Eine private Methode könnte alles in Sekunden umrechnen und daraus eine Normaldarstellung gewinnen.

2. Implementieren Sie eine Klasse AtlasEintrag. Verwenden Sie hierzu Instanzen der Klasse GeoDatum als Attribute. Ort, geographische Angaben und Seitenzahl sollen gesetzt, herausgegeben und gedruckt werden können.

3. Bauen Sie ein Lexikon auf, das Instanzen der Klassen AtlasEintrag speichert, wobei der Name als Schlüssel verwendet wird. Schreiben Sie eine Funktion, die für einen Ortsnamen die geographischen Daten und die Seite im Atlas ansehnlich aufbereitet und als Zeichenkette herausgibt.

Aufgabe 49. *Hashing* ist eine wichtige Suchtechnik; die Implementierung von Python stützt sich ganz wesentlich auf Hashing ab. Lexika sind durch Hashtafeln implementiert, und für jedes Objekt kann sein Hash-Code __hash__(self) ausgelesen werden. Aber das benötigen wir hier nicht.

In dieser Aufgabe implementieren Sie zum Studium dieser Vorgehensweise den Datentyp *Hashtafel* für ganze Zahlen zur Realisierung einer Mengen M ganzer Zahlen. Jede Hashtafel h besteht aus m Listen ganzer Zahlen; diese Listen heißen *Konfliktlisten*, der Konflikt zweier Elemente besteht darin, in derselben Liste abgespeichert zu sein. Für jede Zahl k berechnen wir den Hashcode $y(k)$ mit einer Abbildung $y: \mathbb{Z} \to \{0, \dots, m - 1\}$. Um zu überprüfen, ob $k \in M$ gilt, ob also k in der Menge M enthalten ist, sehen wir nach, ob k in der Liste $h[y(k)]$ ist. Das ist die Grundidee: Die Suche in einer einzigen langen Liste wird heruntergebrochen in die Suche in einer kürzeren Liste, die durch die Hashfunktion y bestimmt wird. Die Zahl k wird in M eingefügt, indem sie in die Liste $h[y(k)]$ eingefügt wird, analog wird k aus M entfernt, indem k aus der Liste $h[y(k)]$ entfernt wird.

Implementieren Sie eine Klasse Hashing. Die Hashfunktion y soll gemeinsam mit der Größe m als Parameter an __init__ übergeben werden. Die Klasse soll über Methoden zur Initialisierung, zum Einfügen und zum Entfernen von Elementen verfügen. Realisieren Sie die Klasse mit der Hashfunktion $y(k) = k\%m$, wobei m als Primzahl angenommen wird.

Aufgabe 50. Implementieren Sie eine Klasse HashMich, die von Hashing erbt. Diese Klasse soll die Gleichheit zweier Mengen testen und Mengen angemessen ausdrucken. Hierzu ist es nötig, eine Methode gleich zu implementieren, sodass m1.gleich(m2) == True genau dann, wenn die m1 und m2 entsprechenden Mengen genau dieselben Elemente enthalten. Es kann hilfreich sein, eine Methode `teilmenge` zu implementieren (mit `m1.teilmenge(m2) == True` genau dann, na, Sie wissen schon).

Aufgabe 51. Implementieren Sie eine Klasse `HashVis`, die von der Klasse `Hashing` erbt und mit der die Qualität der Hashfunktion y visuell überprüft werden kann.

Hierzu sollen die Module `pygal` aus Abschnitt 5.4 und `random` verwendet werden. Mit `import random` und `random.randint(a, b)` haben Sie einen Generator von ganzzahligen Zufallszahlen in den Grenzen a und b (einschließlich) zur Verfügung.

Erzeugen Sie für einen festgelegten Wert m, der prim sein sollte, und für jede der zu untersuchenden Hashfunktionen eine große Anzahl von Zufallszahlen. Diese Zahlen werden in die Hashtafel eingefügt. Stellen Sie die Länge der einzelnen Listen jeweils graphisch dar. Interessante Exemplare von y könnten sein $y(k) = k\%m$ und $y(k) = k^2\%m$. Spielen Sie.

Aufgabe 52. Ein Tag kann ein Arbeitstag sein oder ein Wochenendtag, ein Termin kann ein Arbeitstermin oder ein Freizeittermin sein. Feiertage kennen wir im Augenblick nicht. Arbeitstage haben Arbeitstermine, Wochenendtage haben Freizeittermine. Wenn wir Schaltjahre vernachlässigen, haben wir in Abhängigkeit von der Anzahl der Tage drei Typen von Monaten. Entwickeln Sie eine Vererbungshierarchie und implementieren Sie einen Terminkalender, vgl. Aufgabe 47.

Aufgabe 53. In dieser Aufgabe geht es um die Modellierung des **ÖPNV**. Ein öffentliches Verkehrsmittel besitzt eine Liniennummer, einen Fahrer, sowie eine Start- und eine Zielhaltestelle, ein Bus besitzt zusätzlich die Anzahl der Sitzplätze, eine S-Bahn hat – zusätzlich zu ihren Eigenschaften als öffentliches Verkehrsmittel – den Namen des Schaffners, die Anzahl der Wagen und die Anzahl Sitzplätze pro Waggon. Die Namen der Fahrer, Schaffner und der Haltestellen werden als Zeichenketten angegeben. Die Liniennummer, die Anzahl der Wagen und die Sitzplätze werden als ganze Zahlen notiert. Die Daten sollen durch Aufruf der Methode `Info` ausgedruckt werden können.
1. Zeichnen Sie die Vererbungshierarchie.
2. Modellieren Sie die entsprechenden Klassen `Verkehrsmittel`, `Bus`, `SBahn`, wobei Sie bei der Formulierung der Klassenhierarchie von der Vererbung Gebrauch machen. Geben Sie die Klassendeklarationen mit Attributen und Methoden an.
3. Implementieren Sie die Methode `Info`, die in der Klasse `Verkehrsmittel` formuliert ist und für öffentliche Verkehrsmittel die Liniennumer, den Namen des Fahrers und die Start- und Zielhaltestelle ausdruckt.
4. Die Methode `Info` soll in den erbenden Klassen `Bus` und `SBahn` redefiniert werden. Es soll ausgedruckt werden:
   - für einen `Bus` zusätzlich zu den Angaben für öffentliche Verkehrsmittel die Anzahl der Sitzplätze;
   - für einen Wagen der `SBahn` zusätzlich zu den Angaben für öffentliche Verkehrsmittel der Name des Schaffners, und die Anzahl der Sitzplätze.
5. (Für Dortmunder Studenten) Erweitern Sie die Klassenhierarchie um die `HBahn`.

Aufgabe 54. Das Kinderspiel LEITER nimmt sich ein Wort fester Länge (z. B. maus) und versucht, es jeweils durch Änderung genau eines Buchstabens schrittweise in ein anderes (z. B. gans) zu überführen:

$$\text{\textbf{m}aus} \to \text{haus} \to \text{\textbf{h}ans} \to \text{gans}.$$

Das kann wie in [17] graphentheoretisch interpretiert werden: Es sei eine Menge $\mathcal{M}$ gleichlanger Wörter gegeben. Die Knoten des Graphen sind gerade die Wörter, und zwischen zwei Knoten besteht genau dann eine ungerichtete Kante, wenn sich die Wörter in genau einem Buchstaben unterscheiden. In diesem Graphen kann man das Spiel mit zwei Wörtern dann spielen, wenn das zweite Wort vom ersten aus erreichbar ist, wie in Aufgabe 23 definiert.

1. Implementieren Sie diesen Graphen unter Verwendung bereits vorhandener Komponenten.
2. Geben Sie zwei Wörter an und bestimmen Sie, ob Sie eine Leiter bauen können.
3. Bestimmen Sie eine Leiter zwischen zwei Wörtern, falls eine existiert.

Hierzu sollten Sie sich (als Teil der Aufgabe) eine Menge gleichlanger Wörter beschaffen.

Aufgabe 55. Die Hobbits sind der Zukunft zugewandt. Sie wollen daher auch die leistungsbezogene Energieverteilung für Magier einführen (die Energie eines Magiers wird in LeistungsZauber gemessen und vom Berufsverband zugeteilt). Die GANDALF-SCHE REFORMCOMMISSION hat dazu einen einleuchtenden Vorschlag gemacht: Die Zaubersprüche sollen als Entscheidungsgrundlage herangezogen werden. Aus den Zaubersprüchen wird das ungewichtete Leistungsmaß berechnet. Damit die jungen Magier eine Chance haben, soll durch eine lebensalterorientierte Maßzahl dividiert werden. Dieser Quotient wird als Bemessungsgrundlage in LeistungsZauber interpretiert.

Magier tragen ihre Zaubersprüche bekanntlich in einer Textdatei mit sich herum (das sind diese kleinen Taschen, von denen nur Laien denken, sie würden Sternenstaub oder ähnlichen romantischen Unfug enthalten). Bei *Weißen Magiern* berechnet sich das ungewichtete Leistungsmaß als die Anzahl der Großbuchstaben, bei *Hellrosa Magiern* als die Anzahl der Ziffern in den Zaubersprüchen (man erkennt direkt die profunde Weisheit und Aussagekraft dieser Leistungsmaße). Bei Weißen Magiern ist das Lebensalter die Maßzahl, bei ihren Hellrosa Kollegen eine Zufallszahl (vgl. Aufgabe 51), die zwischen 1 und ihrem Lebensalter liegt.

1. Beschreiben Sie die Vererbungshierarchie für die Magier.
2. Implementieren Sie die Vorschläge der COMMISSION, wobei Sie in der Basisklasse das ungewichtete Leistungsmaß und die Maßzahl durch Funktionsparameter implementieren.

Aufgabe 56. Erweitern Sie in Fortsetzung der Aufgabe 55 die Vererbungshierarchie und die Implementierung um die *Unpünktlichen Magier*. Ihr ungewichtetes Leistungsmaß ist die Anzahl der Zeilen ihrer Zaubersprüche, ihre Maßzahl ist 42 (bekanntlich die Antwort auf die ultimative Frage).

Aufgabe 57. Wir simulieren den Umgang mit einer Prioritätswarteschlange (vgl. Abschnitte 3.4 und 7.2) zum Zwecke der Verbesserung unseres Gesundheitswesens. Ein Wartezimmer hat Platz für 30 Patienten. Jeder eintretende Patient bekommt eine zufällig gewählte Zahl als Priorität zugewiesen. Er wird gemäß dieser Priorität in eine Prioritätswarteschlange, die das Wartezimmer repräsentiert, eingefügt. Zur Erzeugung von Zufallszahlen wählen wir nach import random die Funktion random.randint, vgl. Aufgabe 51.

Und jetzt geht's los:
- Am Anfang einer Behandlungsperiode wird das Wartezimmer gefüllt, indem dreissig zufällige Zahlen erzeugt werden.
- Dann geschieht folgendes solange, bis entweder das Wartezimmer leer oder 4321 Zyklen durchlaufen wurden:
  - Es wird eine Zahl zwischen 0 und 3 zufällig erzeugt.
  - Bei 0 oder 3 wird der nächste Patient behandelt, also aus der Prioritätswarteschlange entfernt.
  - Bei 1 kommt ein neuer Patient ins Wartezimmer.
  - Bei 2 verlässt der ungeduldige Patient unbehandelt das Wartezimmer.

Hinweis: Entfernen und Einfügen in die Prioritätswarteschlange erfordern natürlich, dass sie nach der Operation wieder die charakteristischen Eigenschaften hat (das nennt man *Invarianten*).

Legen Sie Ihr Programm so an, dass Sie die folgenden Fragen beantworten können:
- Wie viele Patienten wurden behandelt?
- Wie viele Patienten verließen unbehandelt das Wartezimmer?
- Wie viele Patienten saßen am Ende noch im Wartezimmer?
- Welche Haarfarbe hat der Arzt? Welche die Sprechstundenhilfe?

Aufgabe 58. In den USA haben manche Staaten Autokennzeichen der Form XYZ abc, wobei X, Y, Z jeweils große Buchstaben, und a, b, c jeweils Ziffern sind. Die Nummerierung erfolgt fortlaufend, auf AAA 997 folgt AAA 998, auf ABC 999 folgt ABD 000. Bestimmen Sie für ein Kennzeichen das darauf folgende, falls es existiert (auf ZZZ 999 folgt nichts mehr).

Aufgabe 59. Wir wissen alle, dass die sieben Zwerge von Schneewittchen gemanagt werden. Kommen sie nach Hause, so trägt Schneewittchen sie in eine Liste ein, indem sie den Namen eines jeden Zwergs eingibt (die Zwerge heißen 'null', ... ,'sechs', wie sonst?). Entwerfen und implementieren Sie ein Programm, das die Namen der Zwerge einliest, bis alle da sind, und das sich gegen eine falsche Eingabe mit dem Aktivieren einer Ausnahme wehrt.

Aufgabe 60. In Aufgabe 35 auf Seite 282 wird an die Determinante $\det(A)$ einer quadratischen $n \times n$-Matrix A erinnert. Ist b ein Spaltenvektor mit n reellen Elementen, so bezeichnet $[A, b; j]$ für $1 \leq j \leq n$ die Matrix, die entsteht, wenn die j-te Zeile in Matrix A durch b ersetzt wird. Das Gleichungssystem

$$A \cdot x = b$$

hat nach der bekannten Kramerschen Regel die Lösung $x = \langle x_1, \ldots, x_n \rangle$ mit

$$x_i = \frac{\det([A, b; i])}{\det(A)}$$

falls $\det(A) \neq 0$ und falls $\det([A, b; j])$ für mindestens einen Index j gilt.
- Implementieren Sie dieses Verfahren, wobei Sie die oben angedeuteten Ausnahmefälle als Ausnahmen behandeln.
- Lösen Sie zum Testen die folgenden Gleichungen:
  1. (Lösung $\langle -1, 2, 3 \rangle$)

$$
\begin{array}{rcrcrcr}
2 \cdot x & + & y & + & 3 \cdot z & = & 9 \\
x & - & 2 \cdot y & + & z & = & -2 \\
3 \cdot x & + & 2 \cdot y & + & 2 \cdot z & = & 7
\end{array}
$$

  2. (keine Lösung: Determinante verschwindet)

$$
\begin{array}{rcrcrcr}
2 \cdot x & + & 3 \cdot y & - & 3 \cdot z & = & 9 \\
x & - & y & + & z & = & 2 \\
3 \cdot x & + & 2 \cdot y & & & = & 5
\end{array}
$$

  3. ($\langle -2 \cdot r, 3 \cdot r, 5 \cdot r \rangle$ ist für jedes reelle r eine Lösung)

$$
\begin{array}{rcrcrcr}
2 \cdot x & + & 3 \cdot y & - & z & = & 0 \\
x & - & y & + & z & = & 0 \\
3 \cdot x & + & 2 \cdot y & & & = & 0
\end{array}
$$

Aufgabe 61. Die Größe einer Hashtafel, also die Anzahl ihrer Konfliktlisten, sei m, vgl. Seite 288. Bezeichnet λ_i die Anzahl der Elemente in der Konfliktliste i, so ist die durchschnittliche Länge χ der Konfliktlisten gerade

$$\chi := \frac{1}{m} \cdot \sum_{i=0}^{m-1} \lambda_i \,.$$

Falls χ eine große Konstante σ überschreitet, wird Hashing für praktische Zwecke ineffizient. Modifizieren Sie die Klasse `Hashing` aus Aufgabe 49 auf Seite 288 durch die Aufnahme einer Überwachungsfunktion so, dass eine Ausnahme aktiviert wird, falls $\chi > \sigma$ gilt. Die Konstante σ soll bei der Konstruktion der Hashtafel festgelegt werden und von außen nicht zugänglich sein.

Aufgabe 62. Diese Aufgabe befasst sich mit der vordefinierten Klasse `list`, aus der alle Listen geschnitzt werden.

1. Implementieren Sie einen Erben `IntList` der Klasse `list`. Instanzen von `IntList` dürfen nur ganze Zahlen enthalten; beim Einfügen eines Objekts anderen Typs soll eine Ausnahme aktiviert und ein entsprechender Text ausgegeben werden.
   Hinweis: Für die Liste `Li` wird `Li[j] = x` intern durch `Li.__setitem__(j, x)` realisiert, sodass Sie die Methode `__setitem__` redefinieren sollten.
2. Implementieren Sie einen Erben `IntListDruck` der Klasse `IntList` aus Aufgabe 62. Eine Instanz sollte geordnet ausgegeben werden.
   Hinweis: Für ein Objekt `obj` gibt `obj.__str__()` die Darstellung von `obj` als Zeichenkette an.

Aufgabe 63. Kellerspeicher sind ähnlich wie Warteschlangen wichtige Datenstrukturen, die ihre Elemente nach der Reihenfolge ihrer Ankunft behandeln, allerdings als *LIFO*-Speicher (*last in-first out*). Ein Beispiel dafür bietet ein Stapel von Tabletts in einer Kantine: Das zuletzt aufgelegte wird zuerst wieder entfernt.

1. Implementieren Sie eine Klasse `KellerSpeicher`, wobei Sie die folgenden Operationen berücksichtigen sollten:
   - Überprüfung, ob der Speicher leer ist;
   - Entfernen des ersten Elements;
   - Anschauen des ersten Elements;
   - Hinzufügen eines Elements;
   - Drucken der Elemente in der Reihenfolge ihrer Ankunft.
2. Das Entfernen eines Elements fällt schwer, wenn der Kellerspeicher leer ist. Diese Situation sollte durch eine Ausnahme behandelt werden.

Aufgabe 64. In Erweiterung von Aufgabe 57 soll eine Ausnahme aktiviert werden, wenn das Wartezimmer leer ist und der nächste Patient aufgerufen werden soll.

Aufgabe 65. Spielen Sie doch mal Schiffe Versenken mit Ihrem (oder gegen Ihren) Computer.

Aufgabe 66. Die von Seite 131 bekannte *Arbeitsgemeinschaft vortschrittlicher Designer* 𝔄𝔳𝔇 hat einen neuen, sparsamen Vorsitzenden. Pro Klasse dürfen zusätzlich zu den bekannten Einschränkungen höchstens drei Methoden definiert werden (die 𝔄𝔳𝔇 legt Wert auf eine übersichtliche Gestaltung). Implementieren Sie eine entsprechende Metaklasse: Die Verletzungen dieser Regelung soll durch die Aktivierung einer zu definierenden Ausnahme geahndet werden. Definieren Sie mit dieser Metaklasse die Klasse `Datum` neu.

Aufgabe 67. In einem Verzeichnis[2] haben Sie (möglicherweise in Unterverzeichnissen) Bilder gespeichert, die dort unter allen möglichen Namen abgespeichert sind: `Bracciano_17.jpg` oder `Lotta+Peter+Nina.jpg` oder auch `DCS00089.JPG`. Jedes Photo hat sein eindeutiges Entstehungsdatum. Ersetzen Sie die Namen der Bilder durch das jeweilige Entstehungsdatum wie in Abschnitt 9.1.1. Falls zwei Bilder dasselbe Datum aufweisen, sollten Sie eine Ausnahme aktivieren, um das Problem zu lösen.

Eine Variante dieser Aufgabe verlangt, dass Sie die Bilder wie folgt umbenennen. Hierzu werden eine Namensbasis `'BASIS'` und ein Zähler verwendet, sodass jedes Bild einen neuen Namen der Form `'BASIS-a.jpg'` bekommt. Hier ist a eine Zeichenkette, und es gilt a < b, falls `'BILD-a.jpg'` älter als `'BILD-b.jpg'` ist. Haben Sie zum Beispiel 1000 Bilder, so bekommt das älteste den neuen Namen `'BILD-000.jpg'`, das jüngste `'BILD-999.jpg'`. Dieses Vorgehen ist ganz nützlich, wenn man Bilder aus mehreren Quellen (Photoapparat, Smartphone) an Hand ihres Datums vereinheitlichen möchte.

Aufgabe 68. Der Algorithmus von Kruskal wurde unter der Annahme implementiert, dass der Graph zusammenhängend ist. Erweitern Sie die Implementierung im Abschnitt 9.2.2
– um einen Test zur Überprüfung des Zusammenhangs,
– um eine Ausnahmebehandlung, falls der Graph nicht zusammenhängend ist.

Aufgabe 69. Die Huffman-Verschlüsselung wurde in Abschnitt 9.4.3 beschrieben, die Entschlüsselung kurz skizziert.
1. Berechnen Sie die durchschnittliche und die zu erwartende Länge der einzelnen Code-Wörter. Beschaffen Sie sich hierfür eine hinreichend umfangreiche Text-Datei, z. B. L. Tolstois *Krieg und Frieden* aus der Gutenberg-Bibliothek.
2. Implementieren Sie die Entschlüsselung. Hierzu sollten Sie sich den Baum und den Bit-Strom verschaffen.

Aufgabe 70. Beschaffen Sie sich eine hinreichend umfangreiche Text-Datei, z. B. ein Kapitel aus L. Tolstois *Krieg und Frieden* aus der Gutenberg-Bibliothek. Suchen Sie mit dem in Abschnitt 9.5 angegebenen Verfahren nach fünf Zeichenketten (in dem Tolstoi-Text könnten Sie suchen nach "Napoleon", "Natascha singt", "Trump twittert", "die Rostovs", "Beresina"). Erweitern Sie das Programm um die Ausgabe der Zeilen, in denen das Muster vorkommt.

Aufgabe 71. Lösen Sie die Gleichungen aus Aufgabe 60 noch einmal, diesmal symbolisch.

---

2 Laden Sie etwa die `zip`-Datei `Aufgabe_67.zip` von `http://hdl.handle.net/2003/36234` herunter und entpacken Sie sie in das Verzeichnis `Aufgabe_67`; dort sind dann auch Unterverzeichnisse vorhanden.

Aufgabe 72. Ein zylindrischer Becher soll einen Rauminhalt von 1000 cm^3 haben. Wie hoch und wie breit muss er sein, damit bei seiner Herstellung möglichst wenig Material verbraucht wird?

Aufgabe 73. Es soll ein unterirdischer Kanal gebaut werden, dessen Querschnitt die Form eines Rechtecks mit aufgesetztem Halbkreis hat. Die Kosten der Ummauerung richten sich nach dem Umfang des Querschnitts. Der Flächeninhalt F sei mit $F = 10\ m^2$ angegeben. Wann wird der Umfang möglichst klein?

Aufgabe 74. Bestimmen Sie den Punkte $p \in \{\langle x, y \rangle \mid y^2 = 4x\}$, der vom Punkt $\langle 2, 1 \rangle$ die kleinste Entfernung hat.

Aufgabe 75. Die beiden Orte *Abra* und *Bebra* liegen auf verschiedenen Seite einer Bahnlinie *ICE*. An der Stelle *Zebra* der Bahnlinie soll ein gemeinsamer Bahnhof gebaut werden. Die Kosten pro Kilometer für den Bau der geraden Straßen *Abra-Zebra* und *Bebra-Zebra* verhalten sich wie 2 : 3. Wo muss Zebra liegen, damit die Gesamtkosten für den Straßenbau möglichst klein werden?

Aufgabe 76. An einen Kondensator der Kapazität C wird die Wechselspannung $U_m \cdot \sin(\omega \cdot t)$ mit der Scheitelspannung U_m und der Kreisfrequenz ω gelegt. Die Ladung Q des Kondensators ist dann $Q(t) = C \cdot U_m \cdot \sin(\omega \cdot t)$. Die Stromstärke ist dann $Q'(t)$. Bestimmen Sie die maximale Stromstärke I_m und berechnen Sie den Wechselstromwiderstand $R_C = U_m / I_m$.

Aufgabe 77. Eine Goldmine produziert, hm, na ja, Gold. Die Gesamtkosten für die Produktion von x Einheiten betragen $K(x) = x^3 - 30 \cdot x^2 + 500 \cdot x + 3000$ bei einem Erlös von $E(x) = 600 \cdot x$. Zeigen Sie, dass die Gewinnzone durch $\{x \mid 10 \le x \le 30\}$ gegeben ist und ermitteln Sie den maximalen Gewinn.

Aufgabe 78. Zeigen Sie mit

$$(x + y)^n = \sum_{k=0}^{n} \binom{n}{k} x^k y^{n-k} \, ,$$

dass gilt

$$2^n = \sum_{k=0}^{n} \binom{n}{k}$$

Aufgabe 79. Die *Bernoulli-Zahlen* $(B_n)_{n \ge 0}$ spielen in der numerischen Integration eine wichtige Rolle [16, 1.2.11.2]. Sie sind definiert durch

$$\sum_{n=0}^{\infty} \frac{B_n x^n}{n!} = \frac{x}{e^x - 1}$$

Berechnen Sie $B_0, \ldots, B_{10}$.

Hinweis: Es gilt

$$\frac{d^n}{dx^n} \sum_{k=0}^{\infty} a_k x^k \big|_{x=0} = n! a_n$$

Aufgabe 80. Die *Harmonischen Zahlen* $(H_n)_{n \geq 1}$ sind definiert als

$$H_n := \sum_{k=1}^{n} \frac{1}{k}$$

1. Berechnen Sie H_{1000} und H_{10^6}.
2. Die Folge der Harmonischen Zahlen konvergiert nicht, man kann vielmehr zeigen, dass gilt

$$H_n = \ln(n) + \gamma + \frac{1}{2n} - \frac{1}{12n^2} + \frac{\epsilon_n}{120n^4}$$

   mit $0 < \epsilon_n < 1$. Bestimmen Sie γ.

Aufgabe 81. Zeigen Sie, dass

$$\sin(2nx) = 2\sin(x) \sum_{k=1}^{n} \cos(2k-1)x$$

gilt und berechnen Sie damit

$$\int \frac{\sin(2nx)}{\sin(x)} dx .$$

Aufgabe 82. Berechnen Sie

$$\int \frac{(e^x - 1)(e^{2x} + 1)}{e^x} dx , \quad \int e^{x^2} x\, dx , \quad \int \frac{x}{1 + x^4} dx , \quad \int \frac{x^2}{\cos^2(x^3)} dx .$$

Hinweis: Falls Sie das Integral nicht direkt „knacken" können, versuchen Sie es durch eine geeignete Substitution.

Aufgabe 83. Transformieren Sie die Video-Datei `V.mp4`:
- in eine Datei `Vx.mp4`, in der die x-Werte gespiegelt sind,
- in eine Datei `Vy.mp4`, in der die y-Werte gespiegelt sind,
- in eine Datei `Vxy.mp4`, in der die x- und die y-Werte gespiegelt sind.

Die Datei `V.mp4` ist unter `http://hdl.handle.net/2003/36234` zu finden. Dann:
1. Konstruieren Sie daraus eine neue Video-Datei `Vf.mp4`, in der die Einzelvideos rechteckig angeordnet sind:

V.mp4	Vx.mp4
Vy.mp4	Vxy.mp4

2. Erzeugen Sie aus `V.mp4` eine Video-Datei `V_sw.mp4` in Schwarz/Weiß, die rückwärts laufen soll.

3. Setzen Sie V_sw.mp4 zentriert in Vf.mp4 und unterlegen Sie das Resultat mit einem Wiener Walzer.

Aufgabe 84. Das Verzeichnis Serie-3 enthält Video-Dateien V1.mp4, ..., Vn.mp4 für ein nicht zu großes n³. Die size-Parameter der Videos stimmen überein.
1. Erzeugen Sie für jedes i mit $1 \leq i \leq n$ eine Video-Datei Ti.mp4, die lediglich vor einem honigfarbenen Hintergrund aus dem horizontal und vertikal zentrierten Text "Das ist das Video Nr. i" besteht und die zwei Sekunden lang läuft.
2. Konstruieren Sie ein Video VV.mp4, das aus der Abfolge T1.mp4, V1.mp4, ...Tn.mp4, Vn.mp4 besteht. Unterlegen Sie das Video VV.mp4 mit einem geeigneten Jodler.
3. Erzeugen Sie eine gif-Datei VV.gif aus VV.mp4.
4. Konstruieren Sie einen Modul, der die beschriebenen Aufgaben durchführt, der __init__-Methode soll das Verzeichnis als Parameter übergeben werden. Die Dateien VV.* sollen in das gegenwärtige Arbeitsverzeichnis geschrieben werden.

Aufgabe 85. Der bekannte *AuWe-Index* misst *Kennzahlen für Irgendwas*. In unserem Fall wurde eine Population von Wählern zu jeder Stunde mit politischer Werbung beschallt, die Effekte wurden gemessen. Das geschah dreizehn Mal. In der csv-Datei AuWe.csv in http://hdl.handle.net/2003/36234 finden sich 24 Zeilen, indiziert durch die Stunde, in jeder Zeile ist die Stunde angegeben zusammen mit den Messwerten für die dreizehn Versuche. Die Werte sind durch Semikolon ; voneinander getrennt.
1. Benutzen Sie pygal, um für jeden Versuch den Verlauf der Messwerte für die Stunden 0, ..., 23 graphisch darzustellen; schreiben Sie hierzu eine Funktion, die jeweils eine png-Datei ausgibt.
2. Erzeugen Sie aus jeder Datei eine Video-Datei, die diese Datei wiedergibt. Sie sollten mit der Länge der Wiedergabe experimentieren, um eine angenehme Darstellung zu erhalten.
3. Kombinieren Sie diese Videodateien zu einer einzigen, die dann die zeitliche Entwicklung in der Population wiedergibt. Unterlegen Sie die Bilder mit einem geeignet langen Ausschnitt aus einer Audio-Datei, z. B. mit Prokofieffs Suite „Iwan der Schreckliche"[4].
4. Erzeugen Sie aus dieser Video-Datei eine gif-Datei.

Aufgabe 86. Stellen Sie die Entwicklung der Vampire in Westfalen mit pygal und mit Daten aus VampirVestfalen.html aus http://hdl.handle.net/2003/36234 graphisch dar.

---
3 Hierzu können Sie die zip-Datei Serie-3.zip von http://hdl.handle.net/2003/36234 herunterladen und in das Verzeichnis Serie-3 entpacken.
4 https://www.youtube.com/watch?v=gjyr2q0YRVs

Aufgabe 87. Die Web-Seite der TU Dortmund lautet, wie oben diskutiert, `http://www.tu-dortmund.de`. Wann ist die Universitätsbibliothek geöffnet? Können Sie den Speiseplan der Mensa ausdrucken?

Aufgabe 88. Machen Sie eine Liste aller Bild-Dateien auf der Web-Seite des Rundfunksenders *WDR2* des *Westdeutschen Rundfunks*, `www.wdr.de` (Sie müssten wohl hier zu der gewünschten Seite navigieren).

Aufgabe 89. Suchen Sie im Netz eine Seite mit Korrespondenzen zwischen alter und neuer Rechtschreibung (z. B. `https://de.wikipedia.org/wiki/Wikipedia:Helferlein`). Konstruieren Sie für jeden Kleinbuchstaben ein Lexikon `Lex`, das die Korrespondenz darstellt (also z. B. `Lex['dass'] == 'dass'`). Der Text `Storm_Aquis.txt` in `http://hdl.handle.net/2003/36234` ist das aus dem Gutenberg-Archiv von DER SPIEGEL entnommene erste Kapitel der Novelle *aquis submersus* von Theodor Storm, der als Autor des neunzehnten Jahrhunderts der Segnungen unserer Rechtschreibreform nicht teilhaftig werden konnte. Ersetzen Sie im Text die alte durch die neue Rechtschreibung.

Aufgabe 90. Die Funktion `map(f, Li)` hat als Argument eine Funktion `f` (mit einem Parameter) und eine Liste `Li`, sie gibt die Liste `[f(x) for x in Li]` als Ergebnis zurück, vgl. Seite 91. Implementieren Sie `map`, indem Sie für jedes Element der Liste einen leichtgewichtigen Prozess erzeugen. Wie behandeln Sie Ausnahmen?

Aufgabe 91. Finden Sie auf der Seite der TU Dortmund `www.tu-dortmund.de` alle Bild-Dateien mit der Endung `jpg`. Legen Sie für jede Datei einen eigenen Prozess an und laden Sie sie in Ihr Arbeitsverzeichnis.

Aufgabe 92. Lesen Sie die Text-Dateien `text-1.txt` und `text-2.txt` parallel in jeweils einem eigenen Prozess und geben Sie sie auf dem Bildschirm aus. Benutzen Sie Sperren, um die Dateien zeilenweise auszugeben.

Aufgabe 93. Erzeugen Sie die Lexika aus Aufgabe 89 für jede Datei durch einen eigenen Prozess. Schreiben Sie die erzeugten Lexika mit `pickle` in eine gemeinsame Datei.

Aufgabe 94. Erzeugen Sie für jeden der Filme aus Aufgabe 83 eine `gif`-Datei jeweils durch einen eigenen Prozess.

Aufgabe 95. *Schere, Stein, Papier* ist ein beliebtes Spiel. Die Regeln sind einfach: Zwei Spieler spielen gegeneinander uns wählen Schere, Stein oder Papier. Die Schere schneidet das Papier (Schere gewinnt), das Papier wickelt den Stein ein (Papier gewinnt), und der Stein macht die Schere stumpf (Stein gewinnt). Entscheiden sich beide Spieler für dasselbe Symbol, wird das Spiel als Unentschieden gewertet und wiederholt. Lassen Sie zwei Spieler (Engel und Dämon) einige Runden gegeneinander spielen. Jeder Spieler soll als leichtgewichtiger Prozess implementiert werden.[5]

Aufgabe 96. Nehmen wir an, wir haben eine große Anzahl von Texten (sagen wir, fünftausend), können aber nur jeweils eine kleine Anzahl davon gleichzeitig verarbeiten (sagen wir, zwanzig). Wir suchen alle Texte, in denen ein gegebenes Wort vorkommt. Implementieren Sie das Vorgehen.

Aufgabe 97. In Aufgabe 20 wurde das Sieb des Erathostenes diskutiert. Implementieren Sie es mit leichtgewichtigen Prozessen.

Aufgabe 98. Modifizieren Sie das Produzenten-Konsumenten-Problem aus Abschnitt 13.2 wie folgt:
- es sind mehrere Konsumenten vorhanden,
- Produkte werden in eine Warteschlange beschränkter Länge eingestellt,
- Konsumenten bedienen sich aus der Warteschlange, sofern diese nicht leer ist,
- der Produzent stellt in die Warteschlange ein, sofern sie nicht voll ist.

Aufgabe 99. An einer Kreuzung steht an jeder der vier aus Norden, Osten, Süden und Westen kommenden Straßen jeweils eine Ampel, die die in der Abbildung dargestellten Zustände und Übergänge kennt. Zwei gegenüberliegende Ampeln weisen immer das gleiche Schaltverhalten auf und werden als Ampelpaar betrachtet ($\mathcal{R}$: rot, $\mathcal{G}$: grün, $\mathcal{Y}$: gelb).

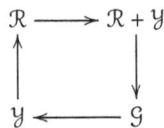

$$
\begin{array}{ccc}
\mathcal{R} & \longrightarrow & \mathcal{R} + \mathcal{Y} \\
\uparrow & & \downarrow \\
\mathcal{Y} & \longleftarrow & \mathcal{G}
\end{array}
$$

Zwei Ampelpaare regeln dann den Verkehr auf der beschriebenen Kreuzung. Für die aus zwei Ampelpaaren bestehende Ampelanlage sind die in dem Diagramm der Abbildung beschriebenen Zustandsüberführungen möglich, wobei Paare jeweils einen Zustand bestimmen.

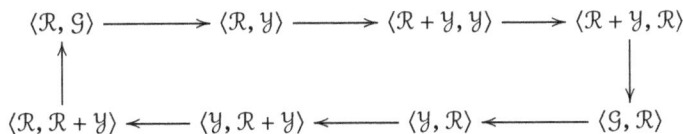

$$
\begin{array}{ccccccc}
\langle \mathcal{R}, \mathcal{G} \rangle & \longrightarrow & \langle \mathcal{R}, \mathcal{Y} \rangle & \longrightarrow & \langle \mathcal{R} + \mathcal{Y}, \mathcal{Y} \rangle & \longrightarrow & \langle \mathcal{R} + \mathcal{Y}, \mathcal{R} \rangle \\
\uparrow & & & & & & \downarrow \\
\langle \mathcal{R}, \mathcal{R} + \mathcal{Y} \rangle & \longleftarrow & \langle \mathcal{Y}, \mathcal{R} + \mathcal{Y} \rangle & \longleftarrow & \langle \mathcal{Y}, \mathcal{R} \rangle & \longleftarrow & \langle \mathcal{G}, \mathcal{R} \rangle
\end{array}
$$

Implementieren Sie die Ampelsteuerung mittels leichtgewichtiger Prozesse.

---

[5] Eine Version in Java habe ich in https://javawebandmore.wordpress.com/2013/03/28/ in der Datei ein-schere-stein-papier-spiel-in-java-programmieren, eine Version in Python habe ich bei YouTube gefunden: https://www.youtube.com/watch?v=aRYAoy3yvgw, beides im Oktober 2017.

B Vordefinierte Ausnahmen

Das sind die Ausnahmen, die durch Python vordefiniert sind. Durch die Einrückung ist die Vererbungsrelation gekennzeichnet.

BaseException	Die Wurzel aller Ausnahmen
GeneratorExit	Erzeugt von close eines Generators
KeyboardInterrupt	Die Eingabe wird abgebrochen (meist Ctrl+C)
SystemExit	Programm-Ende
Exception	Basis-Klasse, nicht-terminierende Ausnahmen
StopIteration	Erzeugt, um eine Iteration abzubrechen
StandardError	Basis für vordefinierte Ausnahmen in Python 2. Die Basisklasse in Python 3 ist stattdessen Exception (Kompatibilität)
ArithmeticError	Basisklasse für arithmetische Ausnahmen
FloatingPointError	
OverflowError	Ganzzahliger Wert ist zu groß
ZeroDivisionError	
AssertionError	Erzeugt von der assert-Anweisung
AttributeError	Aktiviert bei ungültigem Attribut
EnvironmentError	Fehler außerhalb von Python
IOError	Fehler bei Ein-Ausgabe oder Datei-Operation
WindowsError	Windows-spezifischer Fehler
EOFError	Aktiviert, wenn Datei-Ende erreicht
ImportError	Fehler in der import-Anweisung
LookupError	Fehler bei Schlüsseln und Indizes
IndexError	Bereichsfehler bei einem Index
KeyError	Nicht-existierender Schlüssel
MemoryError	Nicht mehr genug Speicherplatz
NameError	Globaler oder lokaler Name nicht gefunden
UnboundedLocalError	Nicht-gebundene lokale Variable
ReferenceError	Referenz-Fehler
RuntimeError	Generischer Laufzeitfehler
NotImplementedError	Nicht-implementierte Eigenschaft
SyntaxError	Fehler in der Syntax-Analyse
IndentationError	Fehler bei der Einrückung
TabError	Fehler, Benutzung des Tabulators
SystemError	Nicht-fataler Fehler im Interpreter
TypeError	Unangemessener Typ wird an eine Operation übergeben
ValueError	Ungültiger Typ
UnicodeError	Unicode-Fehler
UnicodeDecodeError	
UnicodeEncodeError	
UnicodeTranslateError	

https://doi.org/10.1515/9783110544138-016

C Ressourcen

Die zentrale Anlaufstelle für Python ist die Seite www.python.org, von der auch Interpreter für Python 3 heruntergeladen werden können, und die eine reichhaltige Dokumentation enthält, unter anderem die jeweils aktuelle Dokumentation für die Sprache und die verfügbaren Module. Das Netz ist voller guter Ratschläge zur Verwendung von Python, man kann sich zum Beispiel die Python-*Tipps* unter pythontips.com ansehen, und hier insbesondere die Seite

```
20-python-libraries-you-cant-live-without/
```

im Verzeichnis

```
pythontips.com/2013/07/30/
```

Einige Hinweise habe ich auch www.scipy-lectures.org/ entnommen. Reiche Quellen von **Python**-Wissen und Erfahrungen findet man unter **GitHub**, github.com und unter **stackoverflow**, stackoverflow.com.

Als Programmiersysteme habe ich die unter www.anaconda.com/ zu findenden Werkzeuge verwendet, alle hier vorgestellten Programme laufen darunter. Diese in der *public domain* befindliche Suite von Werkzeugen erscheint mir besonders attraktiv, weil sie neben den Interpretern für **Python** und **iPython** die SPYDER-Umgebung bereitstellt und weil sie hilft, die Installation von Modulen durch pip zu unterstützen. Die Verwendung unterschiedlicher virtueller Umgebungen, also solcher Umgebungen, die unterschiedliche Module unterstützen, wird unter ANACONDA auf recht transparente Art und Weise unterstützt (und nachvollziehbar beschrieben). Ich möchte hier keine Hinweise zur Installation des ANACONDA-Systems geben, weil sich Details rasch ändern können. Unter der angegebenen Seite finden sich Hinweise zur Installation. Es sei darauf hingewiesen, dass recht häufig System-Updates stattfinden, die durch die Nutzung von conda (einem zusammen mit ANACONDA installierten Verwaltungssystem) unter der Nutzereingabe von WINDOWS und Terminal von MACOS effektiv, schnell und gründlich verwaltet werden können.

Natürlich ist die Verwendung eines anderen Systems für **Python** 3 – und derer gibt es viele – mit diesem Buch nicht ausgeschlossen.

https://doi.org/10.1515/9783110544138-017

Literatur

[1] D. M. Beazley. *Python. Essential Reference*. Addison-Wesley, Upper Saddle River, NJ, 4. Auflage, April 2015.

[2] D. M. Beazley und B. K. Jones. *Python Cookbook*. O'Reilly, Cambridge, 3. Auflage, 2013.

[3] W. B. Bloch. *The Unimaginable Mathematics of Borges' Library of Babel*. Oxford University Press, Oxford, 2008.

[4] H. Brenner. Einführung in die Algebra. Skript, Fachbereich Mathematik/Informatik, Universität Osnabrück, 2009.

[5] N. M. Ceder. *The Quick Python Book*. Manning Publications, Greenwich, CT, 2. Auflage, 2010.

[6] T. H. Cormen, C. E. Leiserson und R. L. Rivest. *An Introduction to Algorithms*. The MIT Press, Cambridge MA, 1992.

[7] S. Dissmann und E.-E. Doberkat. *Einführung in die objektorientierte Programmierung mit Java*. Oldenbourg Verlag, München und Wien, 2. Auflage, 2002.

[8] E.-E. Doberkat. *Haskell für Objektorientierte*. Oldenbourg-Verlag, München, 2012.

[9] E.-E. Doberkat. *Special Topics in Mathematics for Computer Science: Sets, Categories, Topologies, Measures*. Springer International Publishing Switzerland, Cham, Heidelberg, New York, Dordrecht, London, 2015.

[10] E.-E. Doberkat, P. Rath und W. Rupietta. *Programmieren in PASCAL*. Studientexte Informatik. Akademische Verlagsgesellschaft, Wiesbaden, 3. Auflage, 1985.

[11] J. Ernesti und P. Kaiser. *Python 3. Das umfassende Handbuch*. Rheinwerk Verlag, Bonn, 4. Auflage, 2015.

[12] Th. Häberlein. *Praktische Algorithmik mit Python*. Oldenbourg Wissenschaftsverlag, München, 2012.

[13] D. Hellmann. *The Python 3 Standard Library by Example*. Developer's Library. Addison-Wesley, Boston, Juni 2017.

[14] T. W. Hungerford. *Algebra*. Springer-Verlag, Berlin, Heidelberg, New York, 2. Auflage, 1974.

[15] H. C. Johnston. Cliques of a graph – variations of the Bron-Kerbosch algorithm. *Intern. J. Comp. Sci.*, 5:209–246, 1976.

[16] D. E. Knuth. *The Art of Computer Programming. Vol. I, Fundamental Algorithms*. Addison-Wesley, Reading, Mass., 2. Auflage, 1973.

[17] D. E. Knuth. *The Stanford GraphBase. A Platform for Combinatorial Computing*. Addison-Wesley, Reading, Mass., 1994.

[18] Mark Lutz. *Python Pocket Reference*. O'Reilly, Sebastopol, CA, 5. Auflage, 2014.

[19] W. McKinney. *Python for Data Analysis*. O'Reilly, Boston, 2013.

[20] A. C. Müller und S. Guido. *Machine Learning with Python. A Guide for Data Scientists*. O'Reilly, Boston, 2017.

https://doi.org/10.1515/9783110544138-018

Stichwortverzeichnis

https://doi.org/10.1515/9783110544138-019